# 翡翠

## 行家这样买

珍藏版

汤惠民 著

文化发展出版社
Cultural Development Press
·北京·

**图书在版编目(CIP)数据**

行家这样买翡翠：珍藏版 / 汤惠民著 .— 北京：文化发展出版社，2019.7（2024.4 重印）

ISBN 978-7-5142-2657-7

Ⅰ.①行… Ⅱ.①汤… Ⅲ.①翡翠－基本知识Ⅳ.①TS933.21

中国版本图书馆 CIP 数据核字（2019）第 109011 号

# 行家这样买翡翠（珍藏版）

HANGJIA ZHEYANG MAI FEICUI（ZHENCANG BAN）

汤惠民 著

出 版 人：宋 娜
策划编辑：肖贵平
责任编辑：肖贵平 孙 烨
助理编辑：乔 鑫
责任校对：岳智勇
责任印制：杨 骏
封面设计：侯 铮
排版设计：辰征 · 文化

出版发行：文化发展出版社（北京市翠微路2号 邮编：100036）
网 址：www.wenhuafazhan.com
经 销：各地新华书店
印 刷：北京博海升彩色印刷有限公司
开 本：787mm × 1092mm 1/16
字 数：320千字
印 张：22
版 次：2020年1月第1版 2024年4月第5次印刷
定 价：158.00元
ISBN：978-7-5142-2657-7

◆如发现任何质量问题请与我社发行部联系。发行部电话：010－88275710

作者序

# 感谢有您

《行家这样买翡翠》在2013年上市后大受广大消费者欢迎，这是出乎我意料的。《行家这样买翡翠》2013年在当当网艺术投资收藏类年度排行第一名，这几年下来已经累积有5000多个好评，在珠宝类书籍中评价最高。有几万名翡翠爱好者通过这本书来跟笔者交流。2017年与前出版社合约到期后就没有再印，直到2018年重新与文化发展出版社签约，再次提笔将这几年不合乎潮流的章节修改，并且增加许多新的章节内容。本书大量增修文字与内容，几乎将书中图片全部更新，为老读者与新粉丝展现一个全新的面貌。这几年翡翠真的是大起大落。疯狂的时候，一个手镯在瑞丽是一个价，到了广州可以加上几百万元。拿到了北京又可以加上几百万元。金有价玉无价是最好的形容。翡翠文化一直跟国人生活息息相关，举凡生小孩、嫁女儿、祝寿、贺升官等，翡翠都是最佳的伴手礼，有保平安与吉祥丰收升官等寓意。经过这几年的洗牌，有人离开了翡翠圈，也有生力军刚刚踏入这市场。有人靠翡翠赚了第一桶金，成为上市公司老董。也有人赌石赌输流落街头成为流浪汉。本书持续对如何买翡翠与翡翠市场变化去做调研，让读者更容易接触翡翠，也可以轻松买到自己心仪的翡翠。

做翡翠难吗？看完这本书你大概可以了解一二。翡翠市场千变万化，变的是消费者的消费习惯与渠道，业者若是不跟着改变，也有可能消失在这一波新的市场营销当中。翡翠不会因为市场不景气而消失，经过2015～2019年的盘整，翡翠价格让更多消费者可以接受。只要多听、多问、多看、多跑与多比较，还是可以判断一个翡翠的合理价的。

如果看了这本书，你对翡翠有更深入的了解，欢迎您加我好友互动。匆忙下笔，书中必定有疏漏之处，恳请前辈同行不吝指教，使这本书更加周全与完善。

在2019年中秋前夕，笔者祝福所有翠友，合家团圆，身体健康，生意兴隆。

汤惠民于台北 2019年9月7日

# 作者序

# 翡翠行业里没有百战百胜

首先说明，我不是什么翡翠专家，也没有能力当专家。很多的翡翠从业者与前辈都是我的老师，直到现在我还是一直在学习翡翠。翡翠这一行业里，永远没有专家（只有学者、前辈与行家），也没有百战百胜的人。消费者选购翡翠可以多咨询几位行业内的朋友或者是接触翡翠很久的朋友，请他们给您宝贵意见。

自从2010年出版《行家这样买宝石》后，受到两岸很多读者的热烈回应。读者也通过微博或书信希望我能再写一些宝石书籍来充实宝石知识。该写什么好呢？就来写翡翠吧——这阵子最热最火的翡翠。然而，市面上有关翡翠的书不下三十本，好几位大师级的书，都是叫好又叫座，有写翡翠历史文化的，有讲翡翠坑口、赌石技巧的，有讲翡翠商贸、翡翠投资评估与鉴赏的，有讲翡翠鉴定与仿冒品、翡翠雕工寓意及翡翠选购要诀的。光是有博士学位、教授头衔以及地质背景者就有将近十位，都是学界与业界顶尖的前辈，累积几十年以上的功力。我是来凑热闹的，还是来认真的？我该如何写呢？我有能力写吗？这样的话不断地在我脑海里盘旋，停笔吧，你算老几？你去过缅甸矿区吗？你会认翡翠的坑口吗？你玩过赌石吗？写写文章投投稿就算了，小打小闹吧，写翡翠书就别瞎搅和了，充其量不就是东拼西凑、移花接木的书而已，别再忽悠读者了，让读者省省荷包吧！

要写就要认真写，别辜负读者的期待。把自己当作初学者，完全不懂，我该如何引领他们到翡翠的世界里。消费者最在意什么？怕买到假的、贵的，怕买到有优化处理的，不知道去哪里（比较有公信力、靠谱一点的鉴定机构）鉴定、不会鉴赏翡翠雕工好坏、不知道该如何跟商家问价钱、也不敢杀价。翡翠买贵可以退吗？戴翡翠可以消灾解厄吗？翡翠还有升值空间吗？去哪买翡翠最便宜？翡翠真假怎么看？翡翠会越戴越绿吗？如何投资翡翠？拍卖会买的翡翠比较有增值空间吗？花多少钱挑选翡翠送礼最恰当？古董翡翠有价值吗？翡翠该如何转手？网络购买翡翠靠谱吗？翡翠什么时机进场比较合适？何时脱手最好？戴翡翠可以炫富吗？翡翠会跌价吗？买翡翠有行规吗？什么时间、什么光源看翡翠最好？听过翡翠有国家标准吗？翡翠是矿物还是岩石？选择坑口很重要吗？要挑种还是要挑色？料子烂是不是就没救了？旅游景点有好货吗？诸如此类的问题，相信是许多消费者最想知道的。

翡翠行业是一个水很深的行业，买与卖之间很多都是几倍、几十倍甚至上百倍的利润。买的人想找性价比高的货品，越便宜越好，卖的人却是想多卖一点，多赚一些。这种不对等的方式，造成交易的复杂与困难。在我的学生中很多人都花得起钱买块翡翠坠子或手镯来戴戴，但是这几年翡翠价格一再攀升，往往听到业者开价后，就退避三舍，也不敢还价钱。这样会大大降低成交率，也不是一件开心的事。另外，投资与投机的人越来越多，往往今天买明天就想卖掉赚取差价，一个货品兜来兜去转过几手后价差可以达到好几十万元甚至上百万元。卖家以翡翠为不可再生资源，种老色好的翡翠越来越少，现在不买隔天就后悔的说辞，来达到成交的目的。

我相信买翡翠是一种缘分，不同的个性与气质，不会看中相同的一块翡翠。买翡翠不强求，得之我幸，不得我命。买到之后就得好好珍惜与对待，随时把玩或与亲友交流。每一块翡翠都有它自己的历史与故事，让翡翠文化继续传承下去，世世代代成为传家宝，那种亲情与文化传承是金钱无法衡量的。

2012年12月于北京

推荐序

# 你能成为翡翠购买的行家

余晓艳，中国地质大学（北京）珠宝学院教授、宝石教研室主任（宝石学学科负责人），英国宝石学会FGA认可教学中心负责人，中宝协鉴定与评估专业委员会委员，《有色宝石学教程》一书作者。

由汤惠民先生所著的《行家这样买翡翠》即将付梓，受著者之托，我有幸先睹为快。认识汤先生的时间不长，但我知道汤先生从硕士研究生阶段就开始对翡翠进行研究，本书不仅是著者长期研究翡翠的心血结晶，同时也是著者丰富市场贸易经验的总结。在此，我很愿意在该书付梓之际写下自己的读后感言，祝贺这一新作的面世，并希望以此和喜欢翡翠的朋友们一起分享。

翡翠是天地孕育之精华，大自然创造之杰作。翡翠的种、水、色所展示的美多种多样、变幻无穷，使人赏心悦目；翡翠的雕刻和设计工艺所蕴含的文化寓意凝聚了人类的智慧和文明，令人浮想联翩。翡翠体现了大自然鬼斧神工般的自然美和人类巧夺天工的工艺美，让人心动不已，并成为人们投资和收藏的热点，因此如何购买和投资翡翠也成为人们关注的热门话题。《行家这样买翡翠》是专门写给消费者看的，是一本翡翠购买投资的实用指南。全书特色鲜明，作者把自己的专业知识和翡翠的市场贸易经验融合在一起，采用生动而通俗的语言、丰富而精美的图片，通过入门篇、出门篇和实战篇三个部分，逐渐引领读者进入翡翠的世界，作者旨在使读者通过对翡翠的知识有了全面的认识和了解后，懂得如何购买和投资翡翠。

全书涉及的内容丰富，可读性强。从翡翠的基本性质到如何鉴别真伪；从翡翠的优化处理到翡翠的加工工艺；从翡翠的种类到价值评估；从翡翠的雕刻过程到雕刻寓意；从翡翠的市场到经营方式；从翡翠的选购到投资收藏；甚至包括翡翠拍照的技巧、翡翠的培训机构、翡翠市场周边吃住行的基本情况等书中都应有尽有。

我相信读者通过阅读本书，即使你是一个完全不懂翡翠的人，也定能从中受益，通过不断的学习和实践，一定能变成一个购买翡翠的行家里手。

余晓艳

中国地质大学（北京）珠宝学院教授

2012年12月

推荐序

# 随一本书行万里路，在实践中认知翡翠

手机叮咚一响，我点开了汤老师的信息，得悉他深受珠宝翡翠爱好者欢迎、脱销两年多的《行家这样买翡翠》已经完成更新，马上就要付印再版了，我实在为阿汤哥高兴，更替读者开心！

翡翠，从大自然那里获得了丰富的种质、地张、颜色、水头等特质，独有的稀缺属性，不同质量特征的产状；在人类社会中又融入了中华民族的数千年文明结晶，人民群众的智慧提炼，以及艺术家们的创作发挥。翡翠，已经毫无异议地成为极具深度表现力、文化承载性和广泛市场认受度的一个重要珠宝品类，正承载着自然界的精彩，中华民族的优秀文明，引领海内外珠宝市场，并作为中国文化的友谊使者走向世界。

翡翠的表现力很强，这个行当的水也很深。人们对翡翠充满了向往，而翡翠对人们而言则充满了神秘感。从如何认识、鉴别翡翠，到鉴赏、投资翡翠，乃至翡翠商贸，都显得甚为深奥，仿佛没有十几二十年的功力都不敢轻易深度参与，因为，那通常是行家才具有的本领。

要认知翡翠，最好的办法就是实践——买翡翠。阿汤哥用他多年的游历和市场实战经验，编写和再版更新了《行家这样买翡翠》一书，从入门、出门到实战三篇，处处体现实践的特点，当中的理论知识讲解图文并茂地将实践经历融合在一起，并且补充了最新的市场信息和行业发展趋势。再读此书，我也仿佛被风趣的阿汤哥引领着，再度穿越缅甸的矿区、标场，重游云南瑞丽、腾冲、昆明，广东四会、平洲、揭阳、广州，还有香港广东道和台北玉市。听激动人心的开标；开惊心动魄的赌石；赏玉雕大师和翡翠设计师的作品；在玉石市场砍价；在朋友圈揣摩心情；还跟随数字的跳动领略新一代销售渠道的神奇魅力。

读万卷书不如行万里路。阿汤哥用他走过的翡翠行家路，为我们呈现了翡翠圈内一本精彩的实践著作。

很高兴能与您，与阿汤哥，随一本书行万里路，在实践中认知翡翠。

广州钻石交易中心总经理

2019年7月

# 推荐序

# 翡翠探寻路上的良师益友

玉乃石之美，翠为玉中王。

中华民族自古崇爱玉石，造就了博大精深的玉石文化。在漫长的历史演进中，玉石文化已经深深地渗透了我们的血脉和灵魂。所以喜爱玉石，对中国人来说是与生俱来的。

润物无声人养玉，随身有缘玉养人。人们喜爱玉石，收藏玉石，佩戴玉石或者把玩玉石，在此过程中玉得到养护而更加温润，人得到滋养而更加康乐。

自古先贤崇玉德，至今吾辈爱玉翠。随着时代的变化，尤其对外开放带来的东西方文化的交融，我们的玉石文化也与时俱进了。优质翡翠兼具宝石颜色明快、晶莹剔透等光彩外溢的美感，以及玉石光泽柔美、质地温润等灵秀内敛的特质，已成为承载玉石文化的后起之秀。然而，翡翠又是一种最为神秘的玉石，深深吸引而又困扰着很多人。优质翡翠就像一团团迷雾，带给人们的不仅是吸引、好奇和惊喜，也让许多原石经营和加工商家受挫、失落或困惑，让爱好者和消费者犹豫、彷徨或担忧。所以，如何精心挑选、切割、设计、雕刻、鉴别和收藏翡翠，是很多人需要学习和探寻的。

假如完全靠自己摸索，无异于盲人摸象，很多人容易陷入片面、盲目状态甚至付出很大代价。汤惠民先生（阿汤哥）毕业于台湾大学地质研究所，主修翡翠矿物学，是研究翡翠且颇有造诣的研究生。汤先生将自己20多年来所学结合学术理论与市场实物的研究成果，无私地在本书中呈现。

感谢阿汤哥做了一件对于翡翠购买者、销售者、加工者乃至研究者都很有意义的事。本书对翡翠的矿物组成与结构、成因与产状、命名与分级、真假辨识、优化处理鉴定、设计与雕刻等都深入浅出进行了介绍，让读者能知其然亦知其所以然。

阿汤哥在书中还对翡翠赌石的注意事项、饰品选购要诀、手镯如何挑选、耳环怎么选择等买货的知识、方法及技能进行了从理论到经验的介绍。书中还对各地的翡翠市场及其经营方式、翡翠公盘游学、翡翠珠宝设计及翡翠如何拍摄等经验进行了分享。尤其难能可贵的是，对目前流行的微商和直播进行了讲解，体现了与时俱进的时代节奏。一组爱好者、研习者华丽转身成为快乐从业者的故事，更是鼓舞人心，催人奋进，证明了阿汤哥已取得非常不错的引领效果。

愿汤先生和他的《行家这样买翡翠（珍藏版）》，以及我们更多专业人士成为读者朋友翡翠探寻路上的良师益友！

王礼胜

河北地质大学宝石学院院长
中国珠宝玉石首饰行业协会鉴定评估委员会委员
中国珠宝玉石首饰行业协会学术教育委员会副主任
全国职业院校技能大赛珠宝玉石鉴定赛项专家组组长

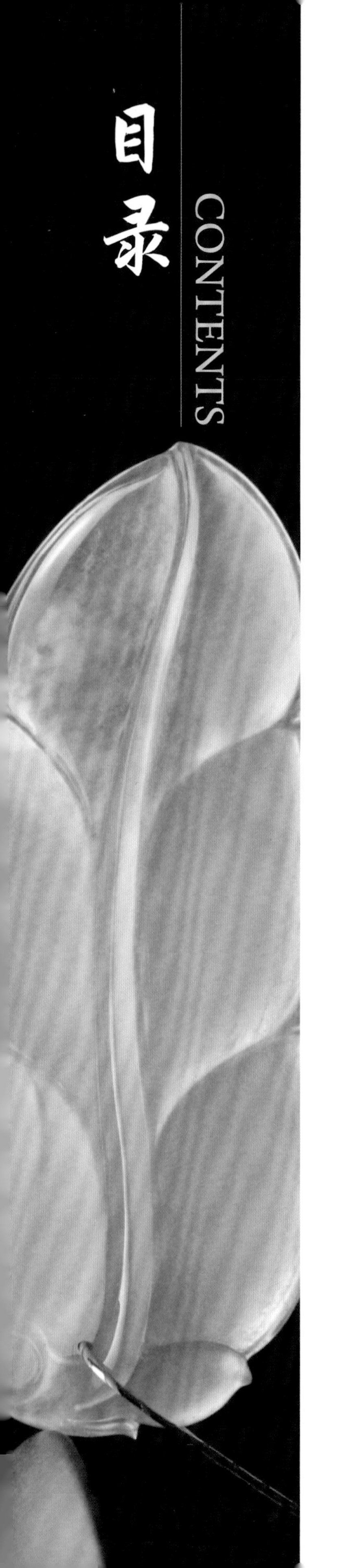

# 目录 CONTENTS

## 翡翠的文化与历史



## 翡翠的成因、矿带、产状及场区



## 翡翠的种类

# 目录 CONTENTS

## 翡翠的雕刻过程



## 翡翠的雕刻意涵



## 翡翠的价值评估

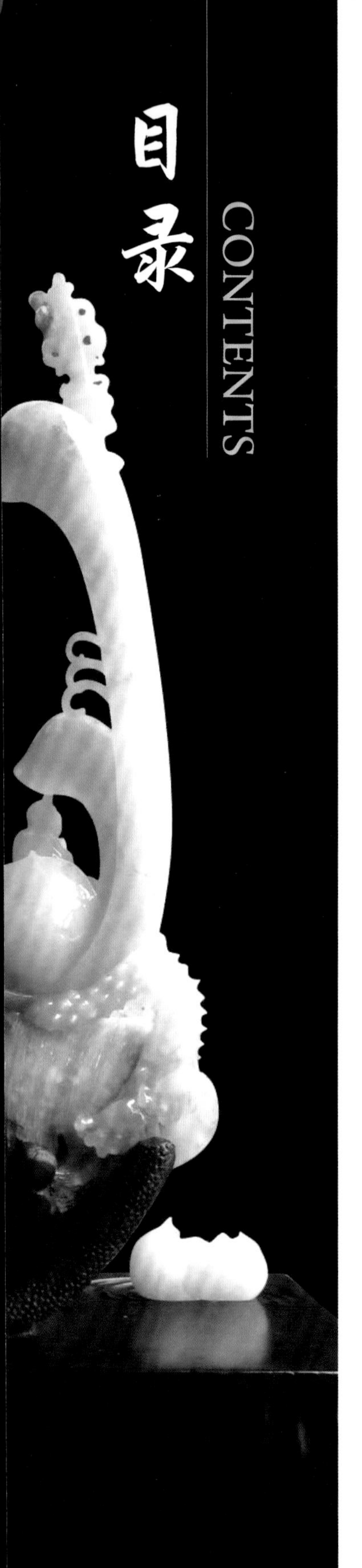

# 目录 CONTENTS

## 翡翠鉴定的仪器

# 出门篇

## 翡翠赌石注意事项



## 饰品选购要诀

## 玉雕大师作品介绍



## 翡翠珠宝设计



## 缅甸内比都第55届翡翠公盘游学记

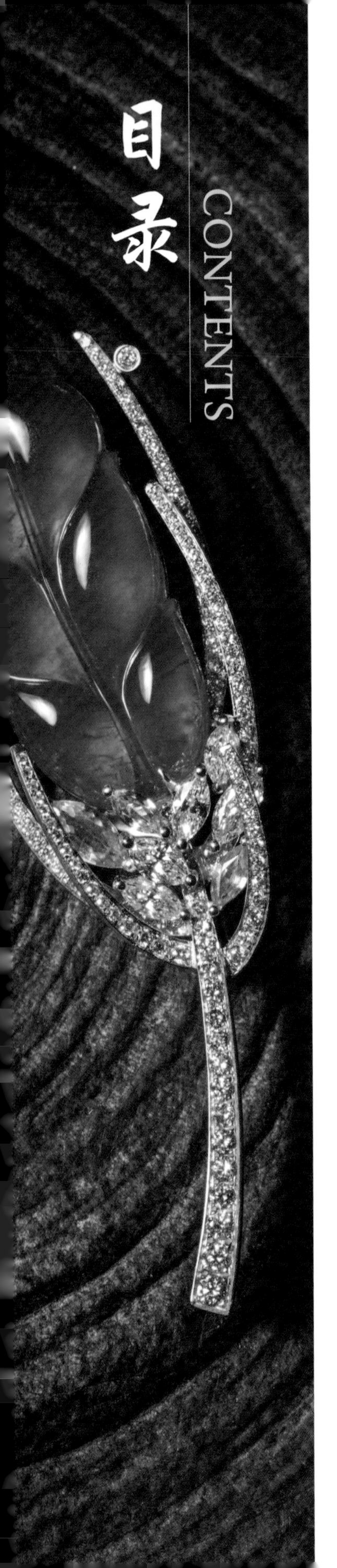

# 目录 CONTENTS

## 实战篇

### 翡翠各地市场



### 行家这样拍翡翠——如何拍出翡翠大片



### 翡翠的经营方式

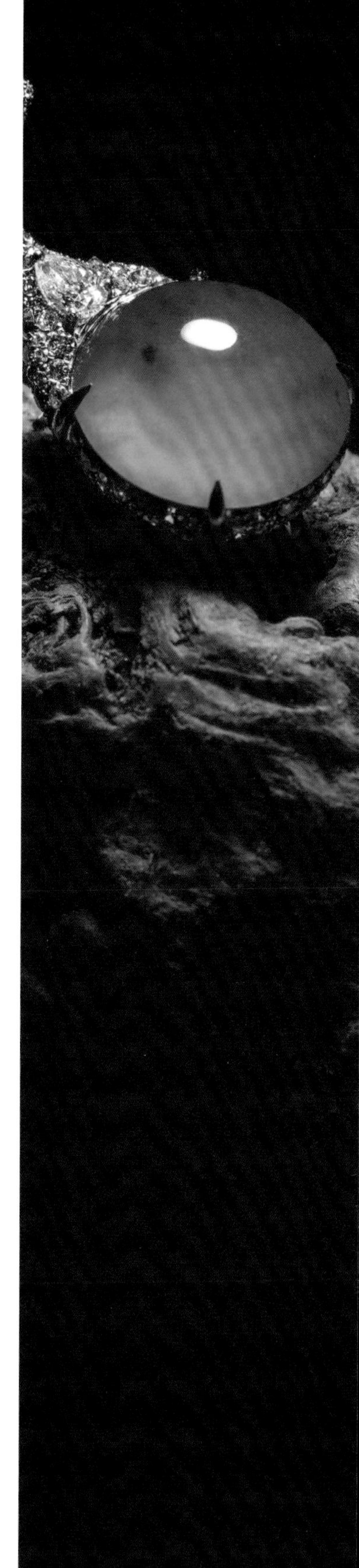

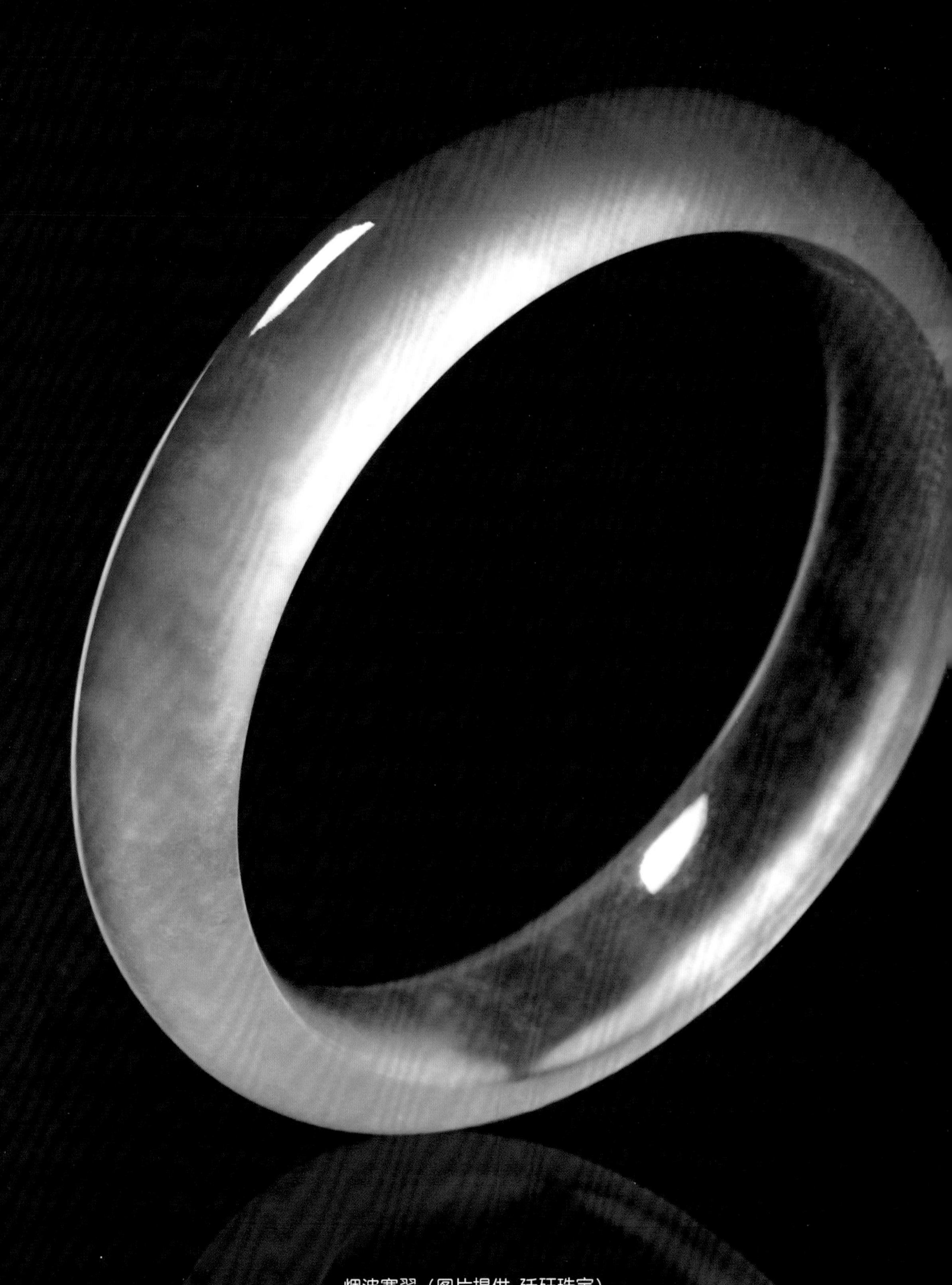

烟波寒翠（图片提供 廷砡珠宝）

# 入门篇

# 从翡翠开采到销售的流程图

## 矿山开采

缅甸翡翠原石的开采，可以经过缅甸政府合法申请，缴交税金，进行开采。早年都是用手工开挖，如今都是机械大量开挖。（图片提供 王俊懿）

## 原石毛料

开挖出来的翡翠毛料会经过有经验的师傅筛选开窗观察内部质地与颜色，或者剖开成明货。大部分原石会被送到缅甸首都内比都拍卖，少部分经由私人买卖流到市场。左图为开采出来的原石毛料。

## 原石拍卖

原石买卖（包含赌石与明料）通过国内外各地公盘（内比都、腾冲、瑞丽、平洲等）公开标售，或者在瑞丽姐告玉城出售。主要买家有各地珠宝店、工厂、赌石业者、玉雕师、收藏玩家。

瑞丽公盘拍卖投标现场

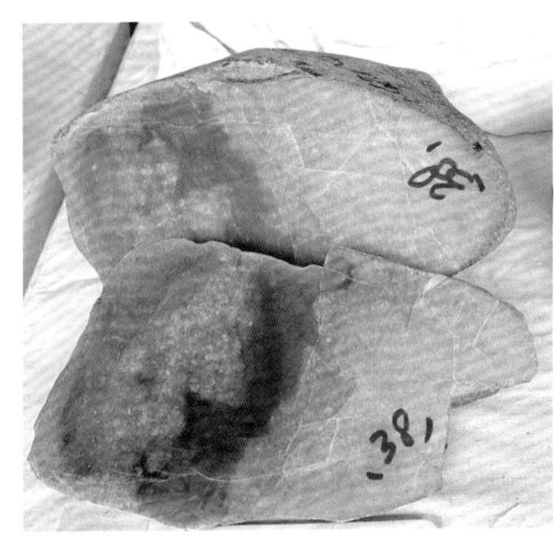

参与公盘拍卖的原石

## 原石买卖

图为在各地市场买卖的原石。

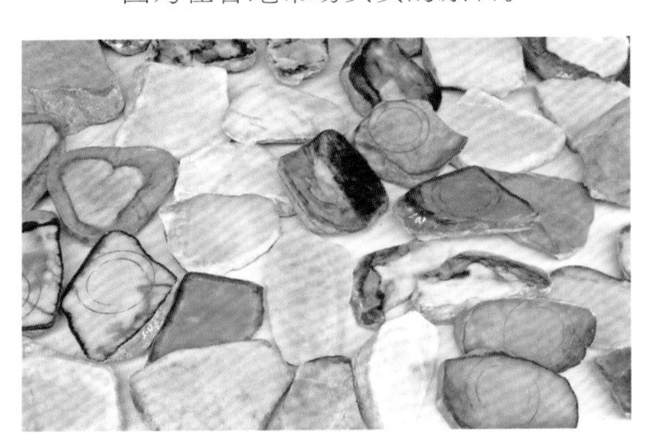

## 玉雕设计

图为本书作者参观翡翠玉雕设计过程。

## 琢磨与雕刻

翡翠工厂把翡翠原石加工成各种成品与半成品在各地批发（平洲以手镯为主，四会以摆件、花件半成品为主，揭阳以高档翡翠吊坠、手镯为主，广州有各种等级成品翡翠）。左下图为翡翠的琢磨，右下图为翡翠的雕刻现场。

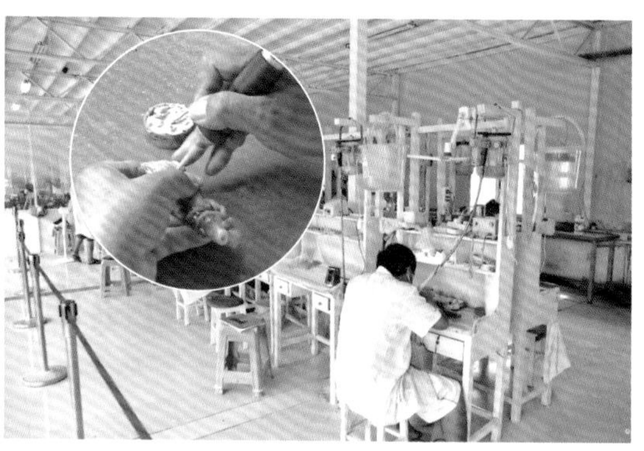

## 出售成品

玉雕师将翡翠做成摆件、雕件、把玩件、吊坠后，进入各地市场贩售。

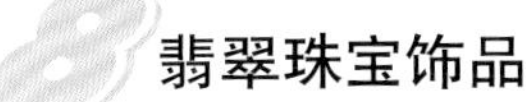

## 8 翡翠珠宝饰品

设计师与金工师将蛋面翡翠与各种吊坠搭配钻石或其他宝石设计与加工成白金或 K 金戒台。左图为翡翠套链。(图片提供 翠祥缘)

## 9 鉴定证书

消费者可以到珠宝店、会所、工作室、各地玉石批发市场、淘宝网、微商、直播商、电视台购物频道等选购，并且选择有公信力的翡翠鉴定所把关。买到自己心满意足的翡翠，不管是送礼或自用、收藏与投资，都是中国玉文化的传承。下图为珠宝玉石首饰鉴定证书 NGTC 翡翠分级证书。

## 10 佩戴

女士们佩戴品位出众的翡翠，除了可以提升气质外，也可以得到亲友与同事的赞美，也是对自己在职场上的肯定，可以增强自信。

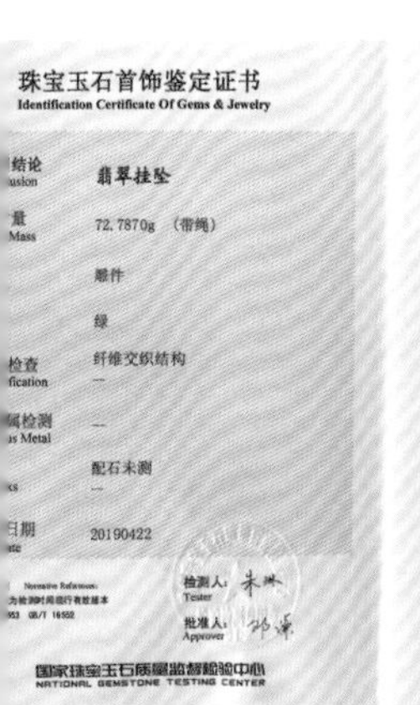


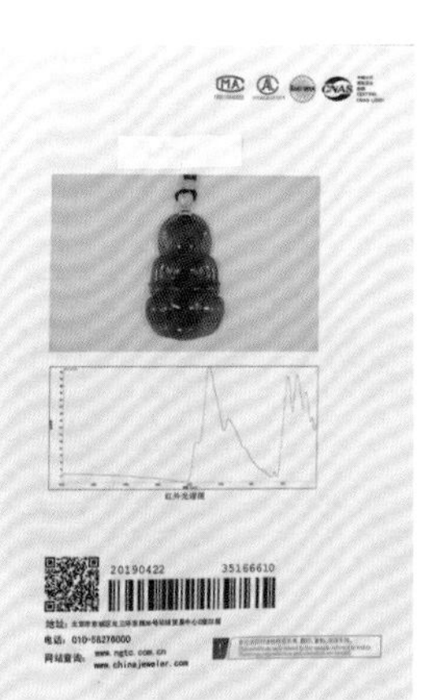

# 翡翠命名

## 翡翠一词的由来

翡翠一词最早说法是一种鸟名，雄的为红色羽毛，雌的为绿色羽毛。在台湾，有商家认为红色为翡，绿色为翠。另一种说法，“翡翠”即“非翠”，以此来区别中国新疆和田玉（被称为翠玉），因为翡翠的颜色比和田玉的颜色更绚烂多姿，故而称为“翡翠”。

古代中国的玉以白色的和田玉为主，在清朝乾隆皇帝时，缅甸玉大量流入中国，使绿色的玉大量增加，加上慈禧太后的厚爱，翡翠便从宫中到民间流行起来。至于为何要称翡翠，众说纷纭，有人说在清末时为了要区分缅甸玉与中国玉的差别，所以将缅甸运来的玉简称“非翠”（非中国的翠玉），到了北京之后，北京音就变成“翡翠”了。在内地各种颜色的缅甸玉都可以称为翡翠，然而在台湾的消费者心里，只有剔透且满绿的缅甸玉才能叫翡翠，这是两岸消费者认知的差异。如今翡翠的消费已经有凌驾和田玉的趋势，不论是销售量或者是消费金额，在学术上或者是商业上也都认可用翡翠一词的说法。翡翠的产地主要是缅甸，其他产地包括俄罗斯、危地马拉、日本等国家，但论质量与产量，缅甸翡翠永远无可取代。

清—近代帽檐上翡翠饰品（图片提供 周雪）

清—近代翡翠烟嘴（图片提供 周雪）

翡翠平安扣（图片提供 翠祥缘）

在很多人心里，提到翡翠便是绿色的玉石，其实不然，这只透白纯净的平安扣就属于翡翠。

## 翡翠的定义

关于翡翠的定义，有狭义与广义之分。狭义的翡翠，指以硬玉为主要矿物成分的玉石；广义的翡翠来自欧阳秋眉的说法，即由各种在晶体化学上与硬玉有关联的辉石类矿物组成，并且此类矿物的含量大于60%，具有颗粒镶嵌结构的玉石。目前在宝石界使用的是翡翠的狭义定义。

绿辉石型翡翠——墨翠
（图片提供 莲叶翡翠）

## 翡翠的矿物

翡翠是一种岩石，由多种矿物组合而成。

### ⊙ 主要矿物

1. 硬玉（辉玉）：钠铝硅酸盐，纯净为无色或白色，含 $Fe^{3+}$ 或 $Cr^{3+}$ 变绿色，含 $Mn^{2+}$ 变紫罗兰色。

2. 钠铬辉石：钠铬硅酸盐，通常不透，颜色深绿，如干青种或铁龙生。

3. 绿辉石：主要成分由透辉石－钙铁辉石－普通辉石与硬玉之间的固溶体，含铁高反射光呈现黑灰，穿透光呈现墨绿色（如墨翠），铬含量低或无则偏灰或偏蓝色（油清种翡翠）。与硬玉共生则出现花青种与飘蓝花（含绿辉石型翡翠）。

钠铬辉石型翡翠——干青种

### ⊙ 次要矿物

闪石族矿物：阳起石、透闪石、普通角闪石、镁钠闪石。闪石类矿物有时会以“癣”的形式出现，影响翡翠质量。

### ⊙ 其他矿物

1. 钠长石：如水沫子。

2. 铬铁矿：含在深绿色翡翠与钠铬辉石翡翠内。

### ⊙ 次生矿物

1. 褐铁矿，为棕色或黄褐色。在翡翠风化的孔隙内充填，变成黄翡。

2. 赤铁矿，呈现棕红色或褐红色，主要在翡翠风化的裂隙中由褐铁矿脱水作用形成赤铁矿，通常商业上叫红翡。市面上部分红翡是黄翡加热烤色变红，通常表面容易有细小的龟裂纹或表面粗糙没有亮光。

白色硬玉型翡翠

（图片提供 莲叶翡翠）

次生矿物致色翡翠–黄翡

（图片提供 莲叶翡翠）

绿色硬玉型翡翠

（图片提供 莲叶翡翠）

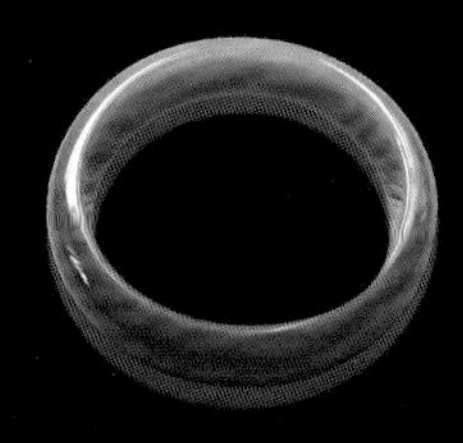

次生矿物致色翡翠–红翡

（图片提供 莲叶翡翠）

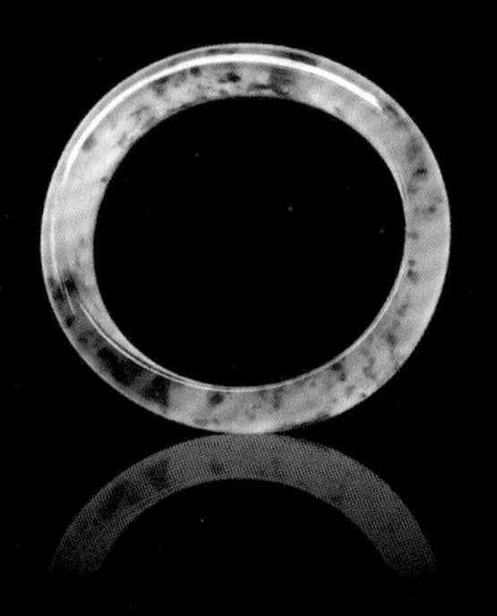

绿辉石型翡翠飘蓝花

（图片提供 莲叶翡翠）

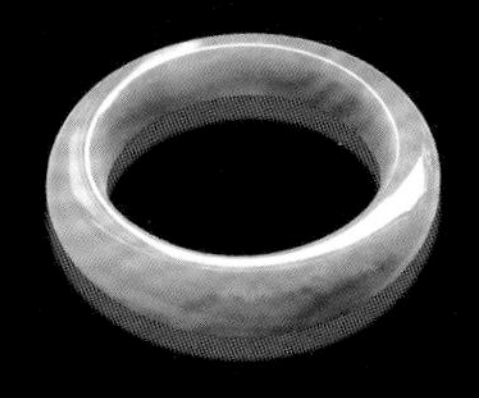

紫色硬玉型翡翠

（图片提供 莲叶翡翠）

## 翡翠与玉的关系

中国人认为，一切美丽的石头都能称得上玉，玉是个相当宽泛朦胧的概念。我国具有悠久深厚的玉石历史文化，如七八千年前的新石器时代，已出现玉的踪迹，四五千年前的红山文化、龙山文化及良渚文化时期涌现出大量精美的玉器。

中国知名的四大名玉为新疆和田玉、河南南阳的独山玉、湖北绿松石以及辽宁的岫岩玉（专业称为蛇纹石玉）。相对属于软玉和田玉来说，翡翠以硬玉为主要成分。翡翠在清代由缅甸传入中国，清朝皇室对翡翠的推崇，使翡翠在清代成为时尚。翡翠晶莹剔透、质

翡翠佛公（图片提供 翠祥缘）

翡翠晶莹剔透、鲜艳欲滴，凝聚了人们对所有美好的人格和精神特质的追求和向往。

清-近代翡翠多宝串

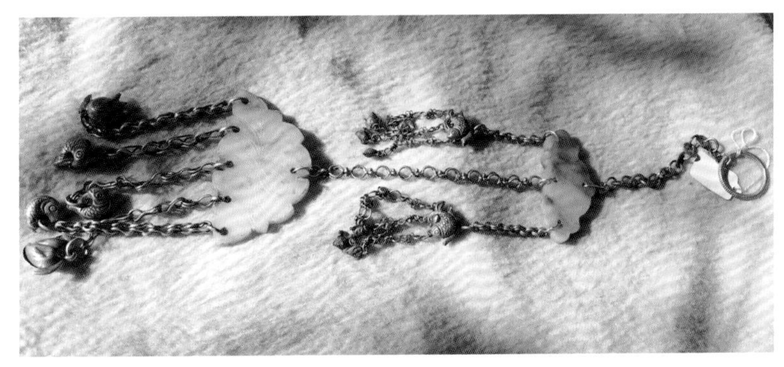

清代翡翠发簪

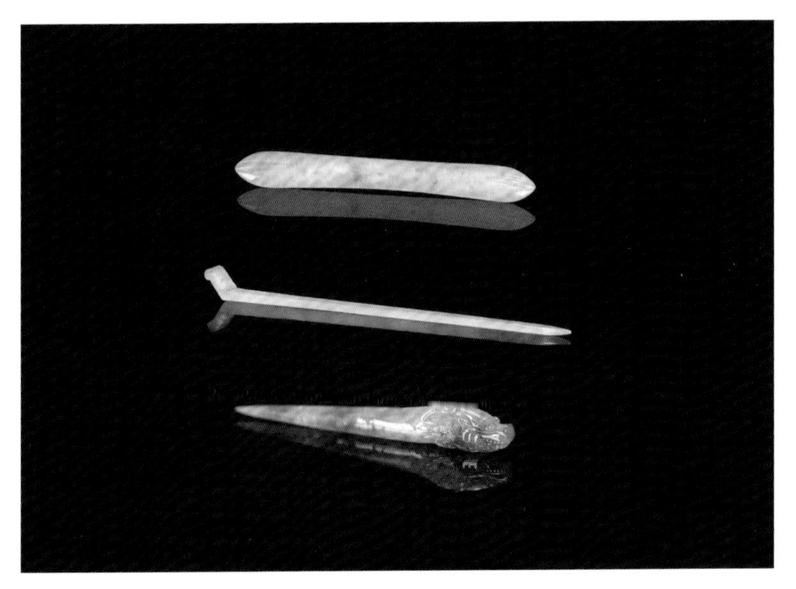

地细腻，符合中华民族对于含蓄、内秀精神品格的追求，再加上其变化多端、娇艳欲滴的色彩，备受人们珍爱，因而一股绿色的时尚潮流风起云涌。在古代，佩玉是一种身份地位、道德情操、思想境界的体现。君子比德如玉，美玉需配君子，有美玉在身，才称得上是一个有涵养、具备君子风范的人。

许慎在《说文解字》里说："玉乃石之美者，有五德：润泽以温，仁也。鳃理自外，可以知中，义也。其声舒扬远闻，智也。不挠而折，勇也。廉而不技，洁也。"仁、义、智、勇、洁为玉的五德。我们都知道，儒家文化的核心是"仁"，因而以玉的五德作为人品德行为的标准，从而锤炼一种含蓄、内秀的品格和坚韧不拔的毅力便成为中国人对佩玉的解读，也是一种美好愿望。

翡翠的绿代表了鲜活、饱满的生命力，代表春天、生机和活力，绿还代表自然、回归和希望，这也是佩戴翡翠比佩戴其他饰品更能彰显主人内在品格和涵养的原因。

# 翡翠分级

## 翡翠质量分级要素与评价

就如同钻石有钻石分级制度，如GIA、HRD、EGL等，翡翠也应该有一个分级制度标准。当然这不会由外国人来做，只能由爱玉有七千年历史且懂得怜香惜玉（翡翠）的中国人来制定。中国有条件与把握来做好翡翠分级这项工程。虽然说商人、学者、专家、政府单位有许多不同的看法，也知道推行到消费者中间需要时间，但是总要有一个开始，然后在实践中日臻完善。

## 国家标准

由国土资源部珠宝玉石首饰管理中心组织制定的《翡翠分级》国家标准于2008年12月10日通过全国珠宝玉石标准化委员会全体委员审查，2009年6月1日由国家质量监督检验检疫总局、中国国家标准化管理委员会正式批准发布，2010年3月1日开始实施。这是我国首个关于玉石分级的国家标准。

《翡翠分级》国家标准界定了翡翠的定义、翡翠分类，规定了天然未镶嵌及镶嵌磨制抛光翡翠的分级规则。

### ⊙ 翡翠的定义

翡翠是由硬玉（钠铝硅酸盐）或由硬玉及其他钠质、钠钙质辉石（钠铬辉石、绿辉石）组成的，具工艺价值的矿物集合体，可含少量角闪石、长石、铬铁矿等矿物。摩氏硬度6.5～7，密度3.34(+0.06，－0.09) $g/cm^3$，折射率1.666～1.680（±0.008），点测1.65～1.67。

### ⊙翡翠的分类

翡翠颜色非常丰富，按照颜色色调主要可分为无色翡翠（颜色饱和度低于5%）、绿色翡翠、紫色翡翠、红－黄色翡翠几个大类。

《翡翠分级》国家标准是从颜色、透明度、质地、净度四个方面对翡翠的品质进行级别划分，并对其工艺价值进行评估的基本原则。

### ⊙颜色分级

当透明度、质地、净度相同的时候，有颜色的翡翠价值要远高于没有颜色翡翠的价值，因此颜色分级是翡翠分级的重点。颜色分级包括色调分类、彩度分级、明度分级三部分。

**a. 色调分类**

在可见光的光谱中，绿色的左右分级是蓝色和黄色，所以高档翡翠颜色（绿色）除了正绿色外还经常伴有蓝色调和黄色调。翡翠（绿色）色调分为：

绿（G）、绿（微蓝bG）、绿（微黄yG）三个类型。不管偏黄或是偏蓝都会影响翡翠价值。

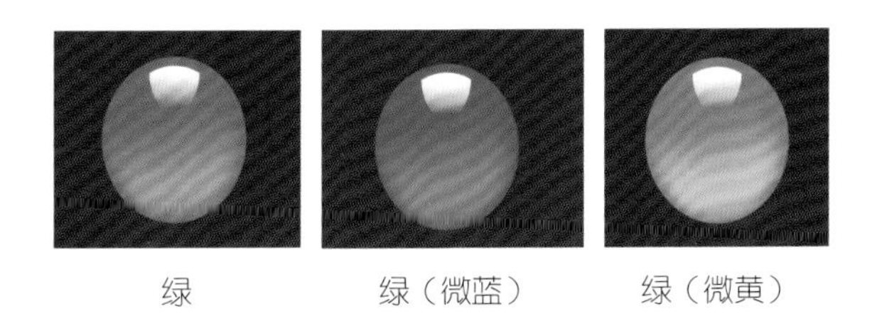


翡翠（绿色）色调示意图

**b. 彩度分级**

彩度就是人们通常说的颜色饱和度，也称浓度。按照颜色浓淡的程度将翡翠彩度分为五个级别：极浓 Ch1、浓 Ch2、较浓 Ch3、较淡 Ch4、淡 Ch5。颜色越浅越便宜，越浓则价值越高。

**c. 明度分级**

明度是指翡翠颜色的明暗程度，即俗称“浓正阳和”中的“阳”。按照翡翠的明度分为四个级别：明亮 V1、较明亮 V2、较暗 V3、暗 V4。翡翠越亮越贵，越暗价值越低。

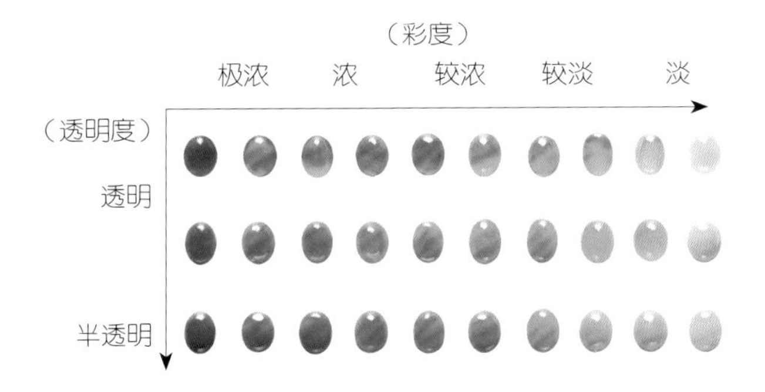


翡翠（绿色）色调示意图

### ⊙ 透明度分级

翡翠的透明度是指翡翠对可见光的透过程度。翡翠（无色）透明度分为5个等级。透明T1（玻璃地）、亚透明T2（冰地）、半透明T3（糯化地）、微透明T4（冬瓜地）、不透明T5（瓷地/干白地）。翡翠（绿色）透明度受到颜色影响，彩度升高，透明度也会随之降低，排除颜色对透明度的影响，翡翠（绿色）的透明度分为4个等级：透明T1（玻璃地）、亚透明T2（冰地）、半透明T3（糯化地）、微透明－不透明T4（冬瓜地－瓷地）。

翡翠（无色）透明度分级

11
12
13
14
15

| 透明 | 亚透明 | 半透明 | 微透明 | 不透明 |
|---|---|---|---|---|
| 85% | 80% | 75% | 65% | <65% |

图片提供：国家珠宝玉石质量监督检验中心

### ⊙ 质地分级

翡翠质地的细腻和粗糙程度是由晶粒的大小决定的。晶粒小，则质地细腻，晶粒大，则质地粗糙。质地级别根据翡翠组成矿物的颗粒划分为五个级别：极细Te1（d<0.1mm）、细Te2（0.1 ⩽ d<0.5mm）、较细Te3（0.5 ⩽ d<1.0mm）、较粗Te4（1.0 ⩽ d<2.0mm）、粗Te5（d ⩾ 2.0mm）。

翡翠质地分级样品（粗－极细）

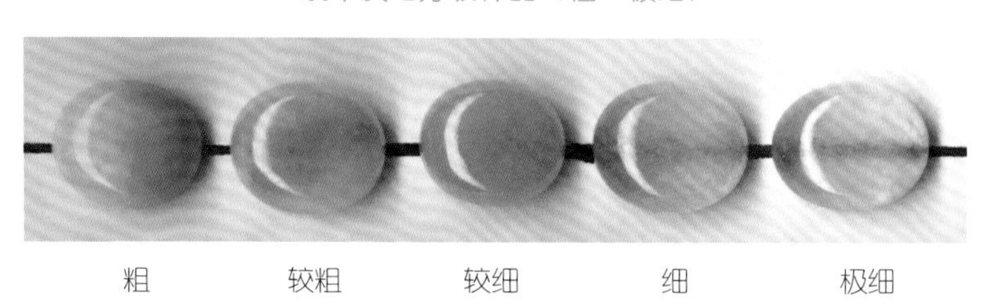

粗　　较粗　　较细　　细　　极细

### ⊙ 净度分级

根据翡翠内外部特征（内含物）对整体美观和耐久性的影响程度，将净度分为五个级别：极纯净C1（几乎无影响）、纯净C2（有轻微影响）、较纯净C3（有一定影响）、尚纯净 C4（有较明显影响）、不纯净 C5（有明显影响）。其他颜色分级参考绿色翡翠分级，如红翡、紫罗兰、黄翡与多彩翡翠等。

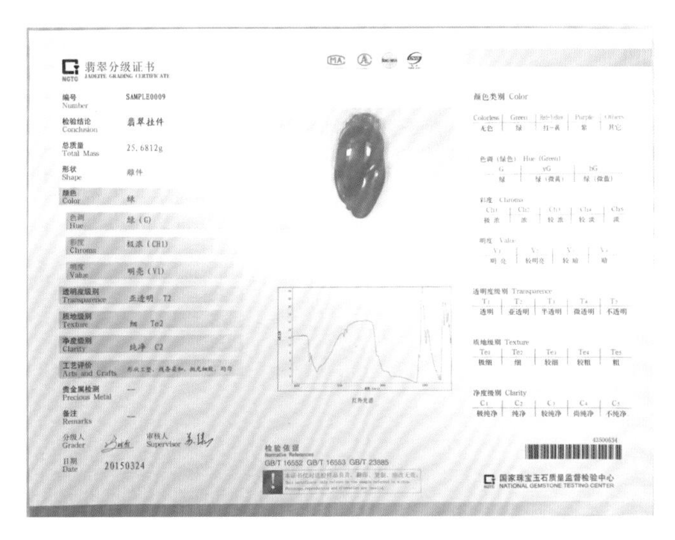
翡翠分级证书
JADEITE GRADING CERTIFICATE

| | |
|---|---|
| 编号 Number | SAMPLE0009 |
| 检验结论 Conclusion | 翡翠挂件 |
| 总质量 Total Mass | 25.6812g |
| 形状 Shape | 雕件 |
| 颜色 Color | 绿 |
| 色调 Hue | 绿（G） |
| 彩度 Chroma | 极浓（CH1） |
| 明度 Value | 明亮（V1） |
| 透明度级别 Transparence | 亚透明 T2 |
| 质地级别 Texture | 细 Te2 |
| 净度级别 Clarity | 纯净 C2 |
| 工艺评价 Arts and Crafts | [illegible] |
| 贵金属检测 Precious Metal | — |
| 备注 Remarks | — |
| 分级人 Grader / 审核人 Supervisor | |
| 日期 Date | 20150324 |

颜色类别 Color

| Colorless | Green | Red-Yellow | Purple | Others |
|---|---|---|---|---|
| 无色 | 绿 | 红-黄 | 紫 | 其它 |

色调（绿色）Hue（Green）

| G | yG | bG |
|---|---|---|
| 绿 | 绿（微黄） | 绿（微蓝） |

彩度 Chroma

| $Ch_1$ | $Ch_2$ | $Ch_3$ | $Ch_4$ | $Ch_5$ |
|---|---|---|---|---|
| 极浓 | 浓 | 较浓 | 较淡 | 淡 |

明度 Value

| $V_1$ | $V_2$ | $V_3$ | $V_4$ |
|---|---|---|---|
| 明亮 | 较明亮 | 较暗 | 暗 |

红外光谱

透明度级别 Transparence

| $T_1$ | $T_2$ | $T_3$ | $T_4$ | $T_5$ |
|---|---|---|---|---|
| 透明 | 亚透明 | 半透明 | 微透明 | 不透明 |

质地级别 Texture

| $Te_1$ | $Te_2$ | $Te_3$ | $Te_4$ | $Te_5$ |
|---|---|---|---|---|
| 极细 | 细 | 较细 | 较粗 | 粗 |

净度级别 Clarity

| $C_1$ | $C_2$ | $C_3$ | $C_4$ | $C_5$ |
|---|---|---|---|---|
| 极纯净 | 纯净 | 较纯净 | 尚纯净 | 不纯净 |

检验依据
Normative References
GB/T 16552 GB/T 16553 GB/T 23885

43500634

国家珠宝玉石质量监督检验中心
NATIONAL GEMSTONE TESTING CENTER

翡翠分级证书（样本）

⊙ 翡翠的工艺评价

高超精湛的工艺能够凸显翡翠原料的美，赋予翡翠更高的价值。工艺评价可分材料运用设计评价（设计评价、材料运用评价），加工工艺评价、磨制（雕琢）工艺评价、抛光工艺评价。

⊙ 翡翠的质量

翡翠的质量用克或千克表示，同等材质、加工工艺前提下质量越大价值越高。国家翡翠分级证书经由国内多位学者、专家与业者合作制定出划时代的翡翠分级标准，是科学上的创举也是行业上的一种突破。在鉴定上必须要有专业训练与标准的比色图或比色石来降低人为误差，建立公信，让更多人愿意将高档翡翠送来鉴定，商家可以确保自己的货品声誉，消费者也可以知道买到的翡翠是怎样的质量等级。

国家翡翠分级制度实施至今，要业界与消费者认同，至少需要三到五年时间去推广与教育。首先要知道翡翠的颜色变化因素太多了，依照传统分法有所谓的“三十六水，七十二豆（绿），一百〇八蓝”，由此可知其复杂性了。除此之外，工艺评价上材料运用与设计评价非常主观，也会造成评定出来的结果有差异。翡翠业自古以来就是一个非常神秘的行业，除非你自己是内行人，不然巨大的价差是很难分辨的。每一个商家都想获取合理甚至更大利益，翡翠这一行几十年来都是买卖双方经过一番讨价还价，然后你情我愿达成交易。商家将鉴定等级依据作为定价参考，消费者透过翡翠分级，心里有一个底价来跟业者谈价。国家严格把关翡翠分级鉴定，商家诚信卖出由政府把关的翡翠，价钱在市场机制下自由运作，政府、业者、消费者达到三赢的局面是最好不过了。

## 欧阳秋眉标准

有关于翡翠分级最早就是欧阳秋眉教授所提的翡翠 4C2T1V 标准。欧阳老师致力于翡翠研究，不论是在研究、教学、著作、鉴定上都是全心全力，一生奉献推广翡翠教育，在翡翠界里无人不知，无人不晓。欧阳老师德高望重，堪称“翡翠皇后”。

⊙ 4C，即颜色（Colour）、工（Cut）、净度（Clarity）、裂纹（Crack）

**颜色（Colour）**

欧阳老师将翡翠颜色分为四大原则：浓（Intensity）、正（Hue）、鲜（Saturation）、均（Evenness）。

A. 浓是指颜色的饱和度，也可以比喻颜色的深浅。极浓为黑色，极淡为无色。依照从浓到淡顺序可以分极浓（肉眼感觉暗）、偏浓（色调较深）、适中（色调恰到好处）、稍淡（色调清淡）、偏淡（有色但偏淡）、极淡（肉眼感觉无色）。

B. 正是指色彩的纯正度。绿色翡翠的色相变化在黄色至蓝色之间，以正绿色最佳。颜色的纯正对其价值的高低有很大影响。翡翠纯正六级可分偏黄、稍黄、正绿、稍蓝、偏蓝、偏灰。

C. 鲜是形容颜色的鲜艳度。由灰色到极鲜艳，有 0 ～ 100 的变化。和其他宝石一样，越鲜艳的翡翠价值越高。行内称鲜艳度，并将鲜艳度分成六级：很鲜、鲜、尚鲜、稍暗、暗、很暗。

D. 均，不均匀是翡翠颜色的特点，由于翡翠是由无数微小晶体组成，每颗翡翠颜色不可能均匀一致。翡翠颜色均匀度分成六级：非常均匀、均匀、尚均匀、不均匀、很不均匀、非常不均匀。

**工（Cut）**

翡翠成品的切工评级应从以下几个因素评定：造型、切工（工艺）、比例、对称、完成度。

**净度（Clarity）**

翡翠净度是指内部瑕疵多少的程度。影响翡翠净度因素可分下面几种类型：按颜色分类可以分成死黑（长柱状角闪石，芝麻状黑点），活黑（深绿色钠铬辉石，边上有扩散绿色晕），棕色（由次生矿物组成），白色（主要由闪石矿物组成）。按净度级别分成干净、微花、小花、中花、大花、多花。

**裂纹（Crack）**

裂纹对翡翠成品有负面影响，裂隙又分张性裂纹和剪性裂纹。裂隙是评定翡翠价值程度很重要的因素，并将裂隙依照出现部位、长短、裂纹类型分成六级：无裂纹、微裂纹、难见纹、可见纹、易见纹、明显裂纹。

⊙ 2T，即透光性（Transparency）、结构（Textrue）

**透光性（Transparency）**

翡翠透过的光越多，它的透明度就越高，呈晶莹剔透的感觉，行内称水头足，或种好。

翡翠透光度分六级：非常透明（玻璃种）、透明（次玻璃种）、尚透明（冰种）、半透明（次冰种）、次半透明（似冰种）、不透明（粉底）。

**结构（Textrue）**

翡翠的结构是指晶体的粗细、形状与结合方式，而且结构与透光性密不可分。根据结构颗粒可分成六个等级：非常细粒、细粒、中粒、稍粗粒、粗粒、极粗粒。

⊙ 1V，即体积大小（Volume）

对高价翡翠来说，体积对价钱影响更大。

欧阳老师对于翡翠分级看法独到，以多年研究经验累积，制作这耳熟能详的翡翠等级分类，实在是非常了不起的创举。其对于初学翡翠者与市场实践者都有很大的帮助，因为我自己从学生时代就是一直看老师的书成长的，好书当然多多推荐。详细的翡翠 4C2T1V 翡翠分级文字与内容请详阅欧阳秋眉、严军著的《秋眉翡翠：实用翡翠学》。

## 摩仫标准——《翡翠级别标样集》摘要

摩仫认为，翡翠划分的标准以绿为主，从粗到细，从简到繁，价值越高划分越细为原则。翡翠价值根据以下几点判断：翡翠的颜色、翡翠的结构与构造（种）、翡翠的透明度、翡翠的地、翡翠的设计及做工。

翡翠品质的好坏，绿色是重要条件之一，绿色十分丰富，变化多端。主要区分常见的黄秧绿、苹果绿、翠绿、祖母绿、微蓝绿、墨玉、蓝绿、灰绿、油青色。

翡翠饰品色彩标样

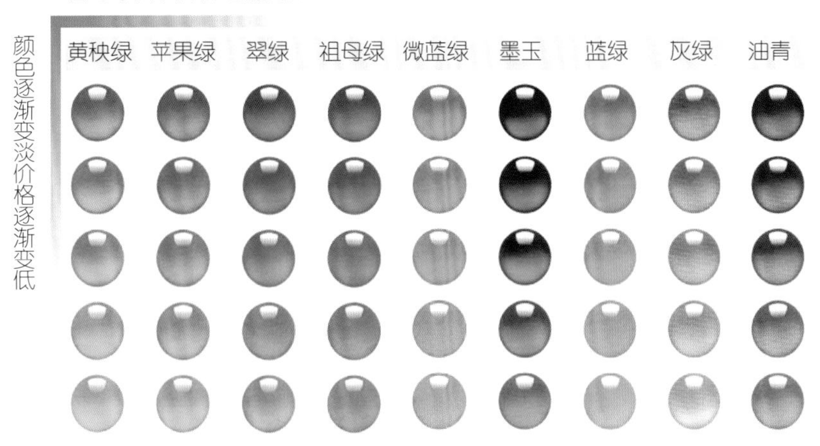


图片来源：摩仫《翡翠级别标样集》（《翡翠界》2012年第2期）

## 翡翠饰品颜色分级表

<table>
<tr><th>级别</th><th>纯正程度</th><th>均匀程度</th><th>深浅程度</th><th>色泽</th><th>光谱波长/nm(绿、蓝)</th></tr>
<tr><td>Ⅰ级</td><td rowspan="3">纯正绿色，包括：祖母绿（深正绿色）、翠绿、苹果绿及黄秧绿</td><td>极均匀</td><td>不浓不淡</td><td>艳润亮丽</td><td rowspan="3">苹果、黄秧绿 550 ～ 530；祖母绿、翠绿 530 ～ 510</td></tr>
<tr><td>Ⅱ级</td><td>整体绿色较均匀，其内有浓的绿色条带，斑块、斑点</td><td>整体绿色不浓不淡</td><td>艳润亮丽</td></tr>
<tr><td>Ⅲ级</td><td>整体绿色不均匀</td><td>浓淡不均，总体绿色较适中</td><td>艳润亮丽</td></tr>
<tr><td>Ⅳ级</td><td>微偏蓝绿色（含浅淡正绿色、浓正绿色、鲜艳红色、紫罗兰色、黄色）</td><td>整体微偏蓝绿色、均匀</td><td>不浓不淡</td><td>润亮</td><td>510 ～ 490</td></tr>
<tr><td>Ⅴ级</td><td>蓝绿色（含淡红色、淡黄绿色、淡紫罗兰色、淡黄色、纯透白色、绿油青及纯透黑色翡翠）</td><td>整体蓝绿色均匀</td><td>蓝绿色不浓不淡</td><td>润亮</td><td>490 ～ 470</td></tr>
<tr><td>Ⅵ级</td><td>蓝、灰蓝色（暗蓝色油青等）</td><td>均匀</td><td>不浓不淡</td><td>润</td><td>470 ～</td></tr>
</table>

表格来源：摩仏《翡翠级别标样集》（《翡翠界》2012年第2期）。

### ⊙ 翡翠的颜色分级

翡翠的颜色是根据“种”来分级的。种，即翡翠的结构，指组成翡翠的矿物的洁净程度、颗粒大小、结晶形态以及它们之间相互关系的特征。

种分为老种（老坑、老场等）、新老种（新坑、新老场）和新种（也可称新坑、新场等）。新种（新场、新坑）都为翡翠的原生矿床。颗粒粗大，颗粒大小分布不均匀，杂质矿物含量多时，为新种或新老种；透明度好的，一般为老种。硬玉颗粒细小，杂质矿物稀少，颗粒排列方向有序；翡翠的玻璃地、糯化地、冰地一定是老种，而润细地、润瓷地、石灰地、灰地的，大多为新种或新老种，部分为老种；一般而言，绿色很纯的翡翠为老种，但“豆种”为新老种，它绿色鲜艳，颗粒粗大疏松。紫色、紫红色的翡，一般为新老种，有“十紫九木”之说。

### ⊙ 水（透明度）

宝玉石的透明度是指宝玉石透过可见光波的能力。主要与宝玉石对光的吸收强弱有关。透明度是评价翡翠的重要标准之一。

影响翡翠透明度的因素有：翡翠的内部结构、晶质类型、颜色、厚度、杂质元素、杂质矿物等。

翡翠的透明度可分为：透明、亚透明、半透明、微透明及不透明。

## 翡翠饰品透明度（水）分级表

| 级别 | 透明度（水） | 阳光透进度 | 常见品种 |
|---|---|---|---|
| Ⅰ级 | 透明 | 10mm 以上 | 纯净无色老种玻璃地品种 |
| Ⅱ级 | 亚透明 | 6 ～ 10mm | 部分浅绿老种玻璃地品种 |
| Ⅲ级 | 半透明 | 3 ～ 6mm | 特级翡翠常出现此级 |
| Ⅳ级 | 微透明 | 1 ～ 3mm | 部分特级翡翠及绿色浓者含杂质粒粗者 |
| Ⅴ级 | 不透明 | 阳光透射不进 | 色浓、地差、杂质多，粒度粗细不均者 |

表格来源：摩仕《翡翠级别标样集》（《翡翠界》2012年第2期）。

### ⊙ 翡翠的地

“地”的含义是翡翠的绿色部分及绿色以外部分的干净程度与水（透明度）及色彩之间的协调程度，以及“种”“水”“色”之间相互映衬关系。

翡翠的“地”从好到坏，可分为：玻璃地、糯化地、糯玻地、冰地、润细地、润瓷地、石灰地、灰地等。

### ⊙ 翡翠的设计及做工

翡翠评估的物理三要素：

• 翡翠的原料质量要好，色彩丰富，要以绿为主，其色种水地要上乘。这是第一位的条件。

• 设计与做工要有创意、新颖。

• 翡翠饰品的年代远近：清末民初的翡翠作品，价值就高，因为有文物价值。鉴别翡翠原料或作品的好与差时，要综合评价。

摩仕老师是地质专业背景出身，除了精通翡翠外也是彩宝专家。笔者在学生时期，经常看老师的翡翠研究发表报告，深知老师经常进入缅甸矿区研究翡翠地质结构与坑口，分析矿物组成与结构，将地质专业知识运用在赌石上，在云南这个得天独厚的地方，毫不保留地将自己的经验分享在摩仕《翡翠级别标样集》内。他将市场常见的绿色分成黄秧绿、苹果绿、翠绿、祖母绿、微蓝绿、墨玉、蓝绿、灰绿、油青等，再依照质地透明度与颜色饱和度来制作翡翠图谱，并且提出明清时代老翡翠具有投资收藏价值的观点。由于对翡翠在中国的演进了如指掌、成就非凡，因此常受到昆明《金玉满堂》电视媒体与《翡翠界》杂志等媒体采访。他大胆地预言翡翠的未来走向，道出投资翡翠需要谨防泡沫的警讯。老师的前瞻性预言，是有理论根据的，翡翠已经涨过头了，到了需要市场重新盘整的阶段。摩老师是一位有理论基础与市场实战经验的学者，业内人尊称他为“摩公”，可见他在翡翠界地位之高，他以谦卑虚心的态度，不忘提携后辈，令晚辈尊崇与景仰。

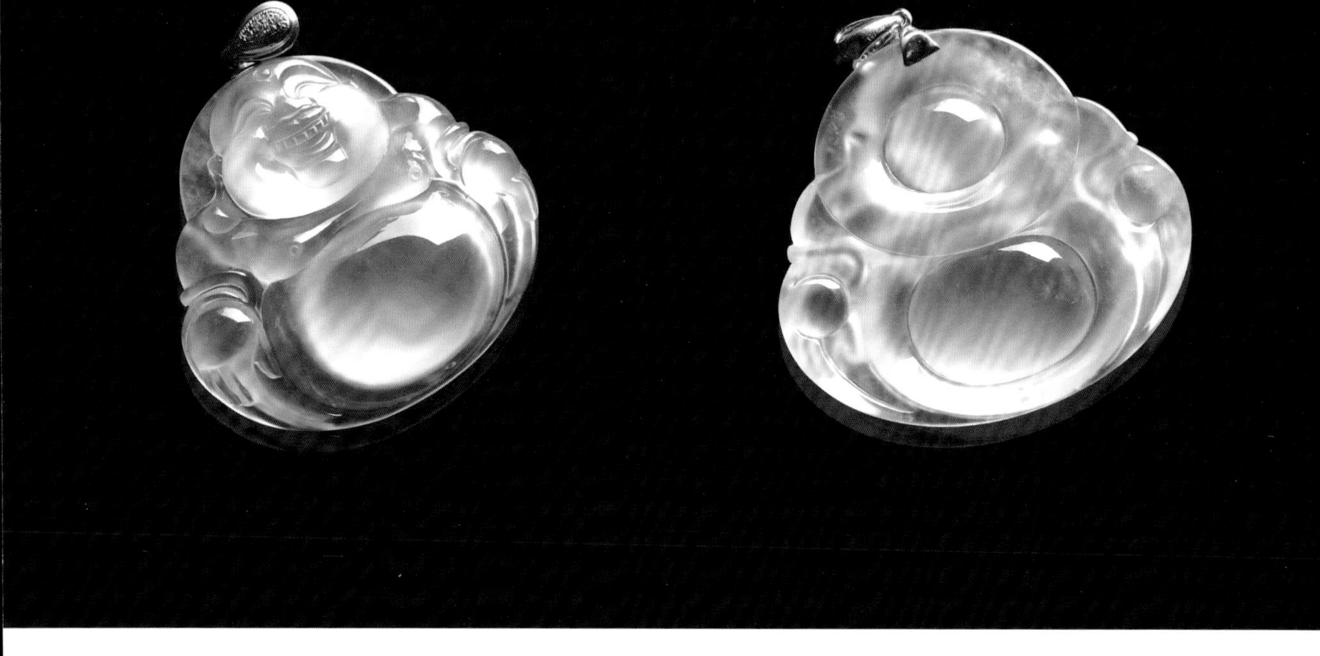

高冰荧光佛公正背面（图片提供 莲叶翡翠）

## 云南标准翡翠评价等级

2009 年云南珠宝玉石质量监督检验研究院（GIYN）起草了云南省地方标准 DB53/T302 – 2009《翡翠饰品质量等级评价》，经云南省质量技术监督局批准并报国家质检总局备案，正式发布实施。翡翠评价体系解决的是质量“好坏”的问题，让消费者明白消费，通过质地“种”、透明度“水”、颜色“色”、工艺“工”、净度“瑕”、“综合印象”几个评价标准，采用“5 档 12 级”对翡翠类饰品进行等级划分，具体评价方法上采用“5+1”评分法。消费者可以知道所购买的翡翠饰品究竟属于哪个档次，做到安心消费。云南是一个旅游城市，根据云南省珠宝玉石质量监督检验研究院邓昆院长指出的，2000 ~ 2010 年高档翡翠饰品涨幅超过百倍，中高档翡翠饰品涨幅有几十倍，2010 年下半年翡翠价格上涨约 30%，比黄金、钻石等珠宝的涨幅高太多了。虽然消费者具有购买能力，但消费者不知道自己购买到哪种等级而望之却步，从而影响翡翠业的快速发展。因而恢复消费者的信心，通过有公信力的检测单位，重建翡翠的市场秩序刻不容缓。

## 翡翠饰品 5 档 12 级质量等级划分

| 质量等级（Quality） | 等级代号 | 对应分值（分） |
|---|---|---|
| 上品（TopGrade） | 一级 TG1 二级 TG2 三级 TG3 | 900 ～ 1000 800 ～ 899 700 ～ 799 |
| 珍品（Treasure） | 一级 T1 二级 T2 三级 T3 | 650 ～ 699 600 ～ 649 550 ～ 599 |
| 精品（VeryGood） | 一级 VG1 二级 VG2 三级 VG3 | 500 ～ 549 450 ～ 499 400 ～ 449 |
| 佳品（Good） | 一级 G1 二级 G2 三级 G3 | 350 ～ 399 300 ～ 349 250 ～ 299 |
| 合格品（QualifiedFeicui） | 不分级—— | —— |

表格来源：摩汰《翡翠级别标样集》（《翡翠界》2012年第2期）。

## 翡翠饰品质量等级“5+1”评分法权重构成

| 项目 | 颜色 | 透明度（水） | 净度（瑕） | 质地（种） | 工艺（工） | 综合印象 |
|---|---|---|---|---|---|---|
| 权重 /%<br>分值 / 分 | 40<br>400 | 26<br>260 | 12<br>120 | 6<br>60 | 6<br>60 | 10 ～<br>100 |

表格来源：摩汰《翡翠级别标样集》（《翡翠界》2012年第2期）。

## 2010 年度云南翡翠价格指数表（单位：万元 / 克）

| 质量等级 / 饰品类型 | 上品三级 | 珍品三级 | 精品三级 | 佳品三级 | 合格品 |
|---|---|---|---|---|---|
| 手镯<br>挂件 | 10 ～ 20<br>4 ～ 6 | 4 ～ 7<br>1.5 ～ 3 | 0.8 ～ 1.5<br>0.3 ～ 0.5 | 0.08 ～ 0.12<br>0.03 ～ 0.05 | <0.08 ～<br><0.03 |

表格来源：摩汰《翡翠级别标样集》（《翡翠界》2012年第2期）。

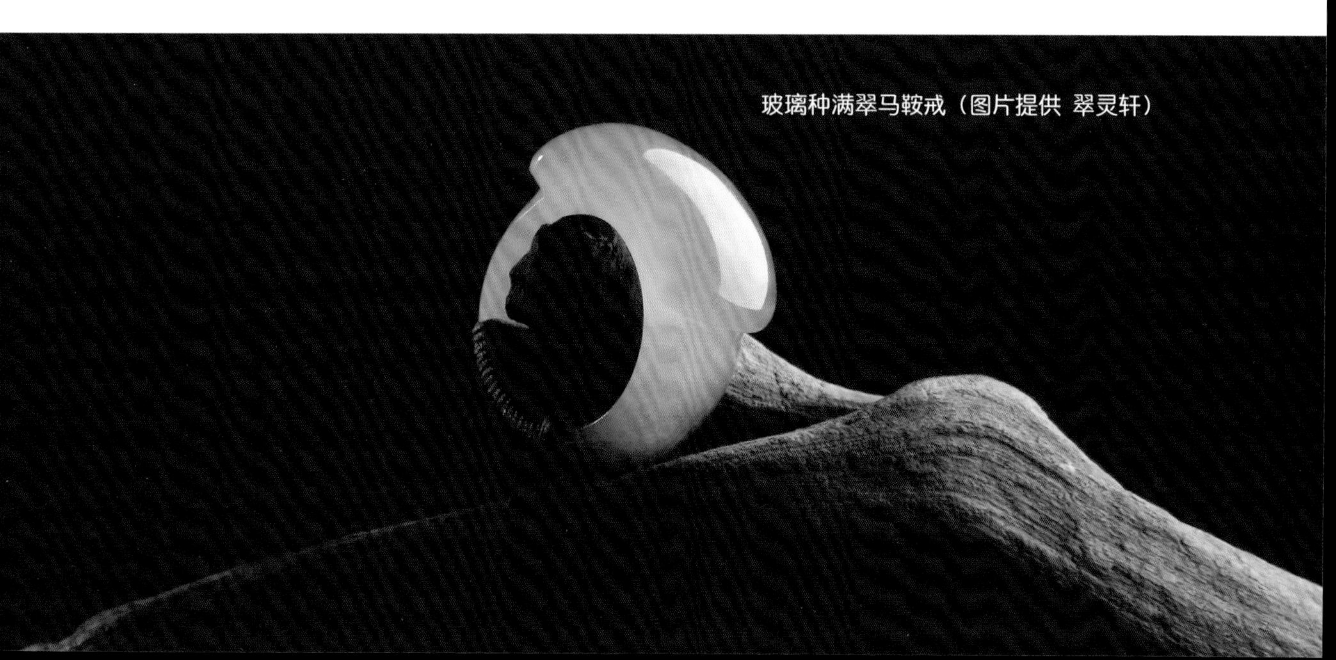

玻璃种满翠马鞍戒（图片提供 翠灵轩）

## 翡翠分级几种标准比较

| 国标 | 云地标 | 欧阳秋眉 | 摩仕 | 传统 |
|---|---|---|---|---|
| **颜色（绿色为例）**<br>1. 色调。分为绿 G、微蓝绿 bG、微黄绿 yG 三个类型。<br>2. 彩度。分为五个级别：极浓 Ch1、浓 Ch2、较浓 Ch3、较淡 Ch4、淡 Ch5。<br>3. 明度。分四个级别：明亮 V1、较明亮 V2、较暗 V3、暗 V4 | **颜色**<br>根据色调、纯正程度、均匀程度、浓淡程度、色泽划分级别。由高到低依次分为正色 S1、近正色 S2、优良色 S3、较好色 S4、一般色 S5 五个等级 | **颜色（Colour）**<br>四大原则：浓（色调，颜色的浓度）、正（色相，色彩的纯正度）、鲜（色彩，形容颜色的鲜艳度）、匀（均匀）。各分为六个级别 | **颜色**<br>绿色是重要条件之一，以绿色为主分为六个级别 | **颜色**<br>绿色为佳，标准为浓、阳、正、俏、和 |
| **透明度**<br>分为四个等级：透明 T1、亚透明 T2、半透明 T3、微透明－不透明 T4 | **透明度**<br>分为透明 M1、亚透明 M2、半透明 M3、微透明 M4 和不透明 M5 | **透光性（Transparency）**<br>行业人士称之为"种"或"水"，分六个级别 | **透明度**<br>可见光波的能力。透明度分为五个级别 | **种**<br>广义，质地＋透明度，玻璃种、冰种、糯化种、豆种都是广泛的概念 |
| **质地**<br>分为五个级别：极细 Te1、细 Te2、较细 Te3、较粗 Te4、粗 Te5 | **质地（种）**<br>分为极细粒 Z1、细粒 Z2、中粒 Z3、粗粒 Z4 四个等级 | **结构（Texture）**<br>指晶体的粗细形状及结合方式；行业上称为"地"或"质" | **结构与构造（种）**<br>矿物的结晶程度、颗粒大小、晶体形态以及它们之间相互关系的特征。分老种（老坑、老场）、新老种（新老坑、新老场）和新种（也可称新坑、新场等） | **水**<br>视觉上的光泽、润度，与质地也有一定关系 |
| **净度**<br>分为五个级别：极纯净 C1、纯净 C2、较纯净 C3、尚纯净 C4、不纯净 C5 | **净度（瑕）**<br>分为极微瑕 J1、微瑕 J2、中瑕 J3、重瑕 J4 四个等级 | **净度或瑕疵（Clarity）**<br>裂纹（Crack）<br>裂纹分六个级别 | **地**<br>绿色部分及以外部分的干净程度与水（透明度）及色彩之间的协调程度，以及"种""水""色"之间相互映衬关系。分为玻璃地、糯化地、冰地、润细地、石灰地、狗屎地等 | 裂、绺、黑点等瑕疵 |
| **工艺**<br>分为材料运用设计评价和加工工艺评价 | **工艺（工）**<br>款式设计、造型、雕工精细度、抛光程度等，分为五个等级 | **工（Craftsmanship）**<br>主要从造型、切工、设计、做工比例、对称、完成度等因素评定 | **设计、做工**<br>/ | **工艺**<br>/ |
| **质量**<br>同等条件，质量越大价值越高 | **综合印象**<br>颜色、透明度、净度、质地、工艺等方面结合其历史文化内涵、制作者、体积、稀有性、创新性等综合评价的总体印象。分四个等级 | **体积（Volume）**<br>/ | / | / |

表格来源：西格尔《让标准成为定价的基础》（《翡翠界》2012年第2期）。

## 汤老师标准

看了以上国家标准、欧阳秋眉4C2T1V、摩仕、云南省标准后，笔者也综合归纳一下简易的翡翠分级图谱，让消费者在选购时可以按照这种颜色去对比。当然翡翠颜色复杂与多变，一个标准真的是难以包罗万象，大家只能够从买卖实战中去总结经验。

经过多种分法，笔者简化出图示翡翠分级法《2C2T+ 工艺评价》。

⊙ 1C 颜色（Colour）

| 浓度 | 极浓 Ch1 | 浓 Ch2 | 较浓 Ch3 | 较淡 Ch4 | 淡 Ch5 |
|---|---|---|---|---|---|
| 明度 | 明亮 V1 | 较明亮 V2 | 较暗 V3 | 暗 V4 | |
| 色相 | 绿 G | 黄绿 yG | 蓝绿 bG | | |
| 均匀度 | 非常均匀（95% ~ 100%）E1 | 均匀（85% ~ 95%）E2 | 尚均匀（70% ~ 85%）E3 | 不均匀（60% ~ 70%）E4 | 非常不均匀（20% 以下）E6 |

实物颜色对比演示，从左到右戒指界面的颜色越来越淡。

绿G

黄绿yG

蓝绿bG

不同色相的翡翠（图片提供 翠大大珠宝）

⊙ 2C 净度与裂纹（Clarity+Crack）

也就是杂质与绺裂。绺裂是因为板块运动推挤岩石所产生的。几乎所有翡翠都有大小不等的裂纹（大到好几米，小到需用显微镜观察），都由张力与剪力两种因素形成。硬玉有两组解理面，受到外力敲击就会沿着解理面形成裂纹。杂质与裂纹通常形影不离，不管是杂质或是裂纹都会影响翡翠价值。因此把这两项合并在一起讨论。以下将净度分成六级：干净（0 ~ 5%）CI1、轻微杂质（5% ~ 10%）CI2、微杂质（20% ~ 30%）CI3、明显杂质（30% ~ 40%）CI4、严重杂质（50% ~ 60%）CI5、非常严重杂质（70% ~ 80%）CI6。翡翠的杂质可以是黑色角闪石，或者是铬铁矿，也可以是棕色矿物与白色的丝状闪石类矿物。裂纹在翡翠内最难容忍，尤其是在翡翠手镯与戒面内。其实如果是高档翡翠几乎都要求轻微杂质，明显杂质在戒面几乎不可能发生，有严重裂纹的翡翠几乎都做雕刻品或低档的珠子。

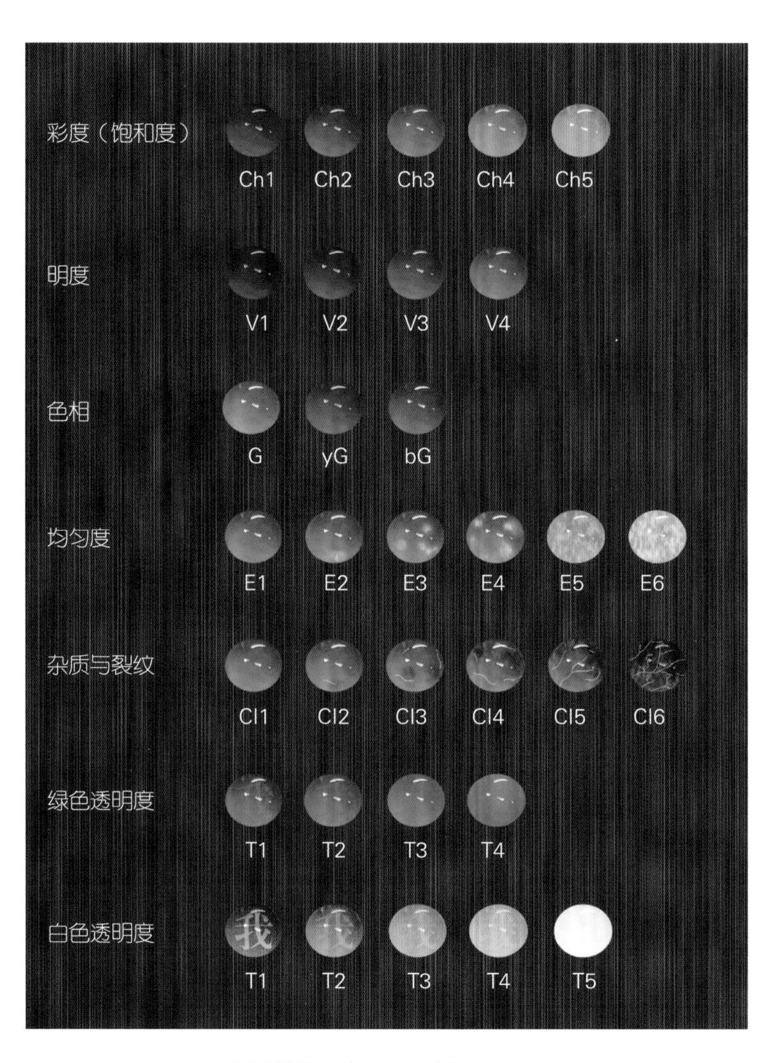


翡翠颜色、杂质、透明度图示

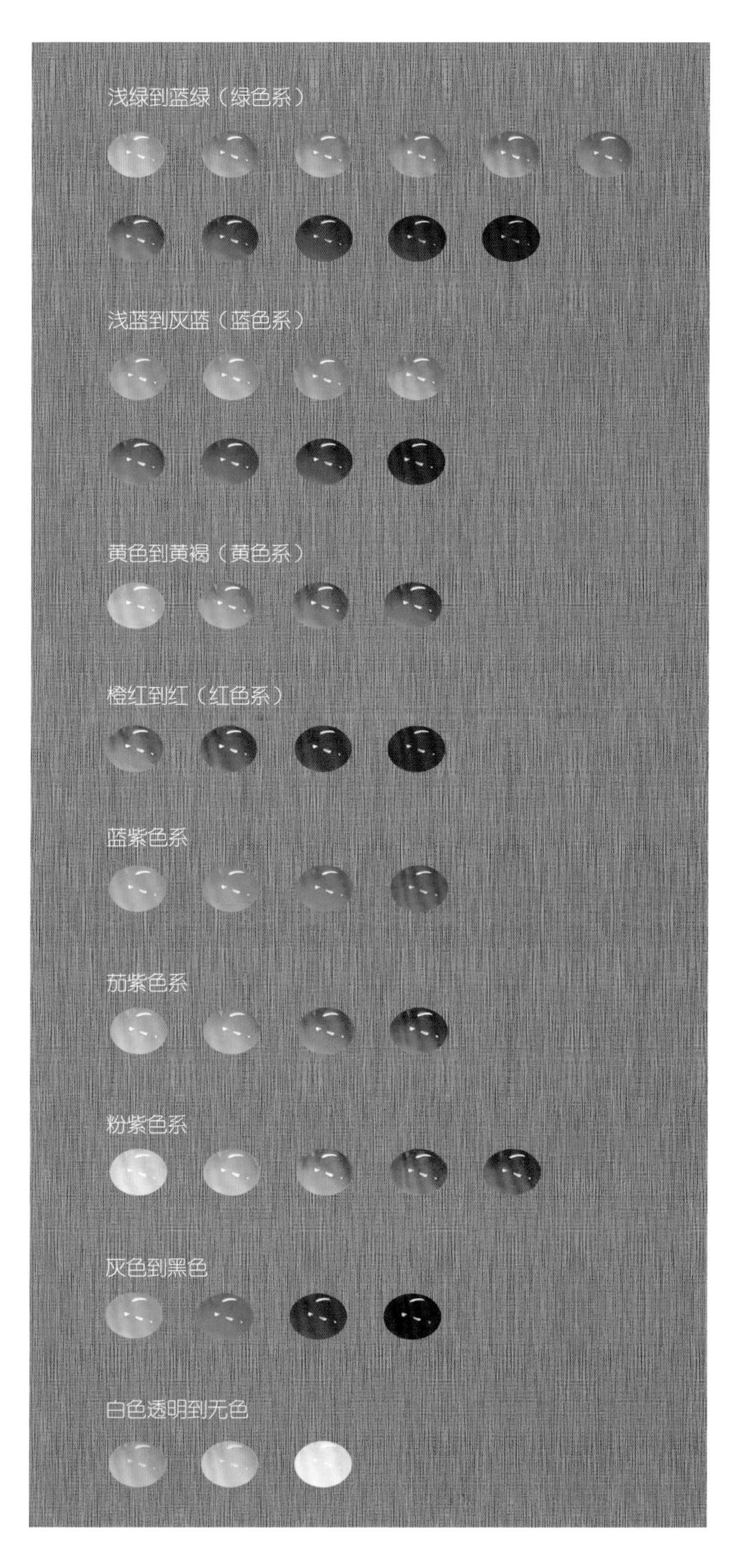


翡翠颜色（不同色系）对照表，消费者可以拿出翡翠对比接近的颜色。

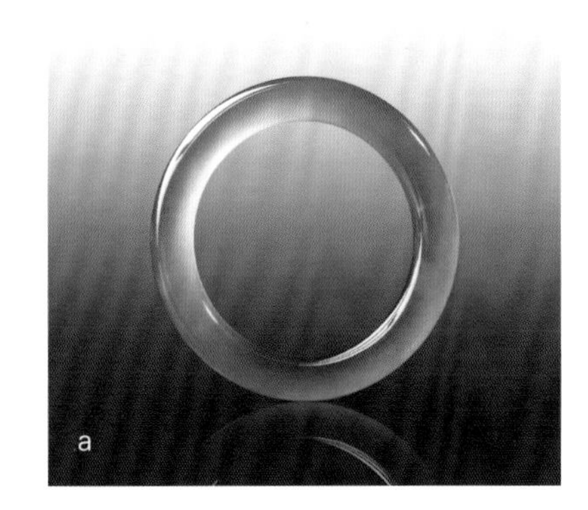


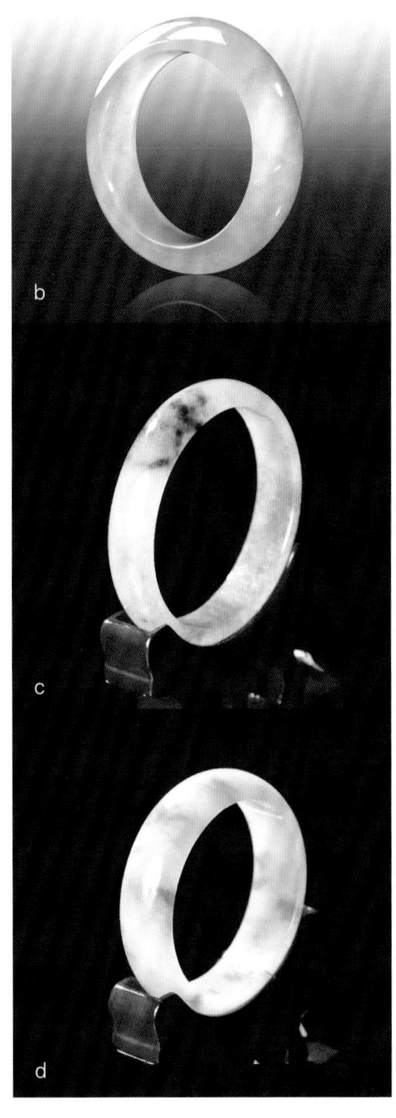


标号为a、b、c、d 的四只翡翠手镯的颗粒度大小呈依次递增状况，透明度也越来越差。

## ⊙ 1T 透明度（Transparency）

透明度就是光的穿透程度，与颗粒结晶大小有相关性，结晶颗粒越细，排列越紧密，透明度越高，结晶颗粒越粗，排列松散，则透明度越差。另外，与组成矿物有关系，组成矿物成分越多越杂，透明度越低。经化学成分分析玻璃种白翡，它主要成分硬玉达 92% 以上，由此可以证明。最后就是颗粒排列方向，排列方向越呈现一致性，透明度越高，排列方向越混乱不规则，就越不透明。传统我们说透明度高叫“水头长”，透明度低叫“水头短”。要看透明度需要用手电筒打光看穿透度。绿色透明度可分四级：透明 T1（玻璃地）、亚透明 T2（冰地）、半透明 T3（糯化地）、微透明到不透明 T4（冬瓜地－瓷地）。无色翡翠分级可分为五级：透明 T1（玻璃地）3 分水以上，透光 9mm；亚透明 T2（冰地）2 ～ 3 分水，透光 6 ～ 9mm；半透明 T3（糯化地）1 ～ 1.5 分水，透光 3 ～ 4.5mm；微透明 T4（冬瓜地）半分水，透光 0.5 ～ 1mm；不透明 T5（瓷地），基本上不透光。透明度与翡翠的厚度与杂质也有关系。

## ⊙ 2T 结构（Texture）

翡翠依照矿物颗粒大小，将质地分为五个等级。结晶颗粒大小与结晶速度有关，颗粒大的我们称为豆种，有粗、中、细豆之分。豆种算是等级较低的。极细 Te1（d<0.1mm）10 倍放大镜下不可见、细 Te2（0.1mm ≤ d<0.5mm）10 倍放大镜下可见、较细 Te3（0.5mm ≤ d<1.0mm）肉眼仔细看可看见、较粗 Te4（1.0mm ≤ d<2.0mm）肉眼可见、粗 Te5（d ≥ 2mm）相当明显。

不同比例身材的佛公，翡翠体积大小不同，价差相当大。

⊙ 翡翠的工艺评价

精湛的工艺能够凸显翡翠原料的美，赋予翡翠更高的价值。在这里可分成素面与雕刻花件品的评价。

**素面评价**

对翡翠素面的评价，包含外形轮廓、比例、对称性、大小、抛光这几方面。

1. 轮廓外形，要求弧面圆滑流畅。

2. 比例，就如同人的身材要有固定比例。切工比例以看顺眼为主，毕竟翡翠原料宝贵，很难达到完美比例。(低档翡翠例外)

3. 对称性，就是上下左右要对称，不可歪斜，在缅甸制作的戒面早期弧度都有歪斜，为了节省玉料，失去美观。

4. 大小，这是评估翡翠价值主要因素，包含重量、体积与厚度。体积越大，价值越高，而且价位不呈等比级数。大小包含翡翠重量与尺寸大小（长、宽、厚），同一块料做出一个观音与做成两个观音价钱当然不一样。一个老坑玻璃种蛋面，与两倍大的同质量蛋面翡翠，其价值也不能按两倍来衡量。厚度薄的马鞍戒容易撞裂，厚度太薄的翡翠大多数会充胶，因此厚度比例也是相当重要的。

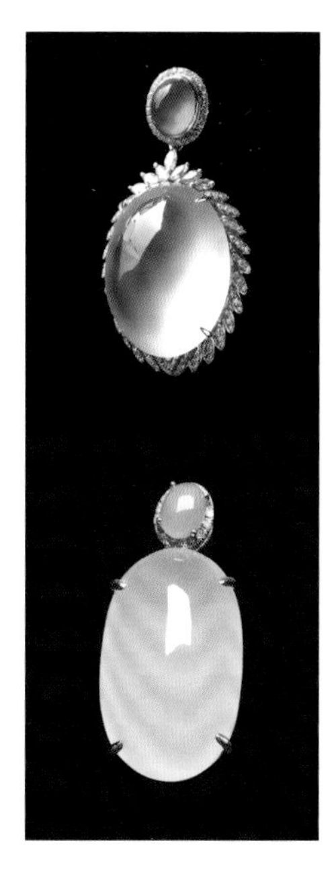

两图中的翡翠蛋面，上图起莹，下图不起莹，起莹的价格高。

以下分别以吊坠无事牌、蛋面和手镯为例简单介绍。

### 翡翠吊坠无事牌尺寸大小分级示意表

| 长 /mm | 10 ~ 15 | 15 ~ 20 | 20 ~ 25 | 25 ~ 30 | 35 ~ 40 | 40 ~ 45 | 45 ~ 55 | 60 ~ 80 |
|---|---|---|---|---|---|---|---|---|
| 宽 /mm | 5 ~ 10 | 10 ~ 15 | 10 ~ 15 | 15 ~ 20 | 20 ~ 25 | 30 ~ 35 | 35 ~ 50 | 50 ~ 70 |
| 分级描述 | 极小 | 很小 | 小 | 适中 | 大 | 很大 | 非常大 | 极大 |

### 翡翠蛋面尺寸大小分级示意表

| 长轴 × 短轴 /mm × mm | 6 × 5 | 7 × 6 | 8 × 7 | 12 × 10 | 14 × 12 | 16 × 14 | 18 × 14 | 20 × 16 | 22 × 18 | 24 × 20 |
|---|---|---|---|---|---|---|---|---|---|---|
| 分级描述 | 极小 | 很小 | 小 | 适中 | 大 | 很大 | 非常大 | 极大 | / | / |

### 翡翠吊坠及蛋面厚度分级示意表

| 厚度 /mm | 1 ~ 2 | 2 ~ 3 | 3 ~ 5 | 5 ~ 7 | 7 ~ 10 | 10 ~ 12 | 12 ~ 15 |
|---|---|---|---|---|---|---|---|
| 分级描述 | 极薄 | 薄 | 适中 | 厚 | 很厚 | 非常厚 | 极厚 |

### 翡翠手镯尺寸分级示意表

| 内径 /mm | 52 | 54 | 56 | 58 | 60 | 62 |
|---|---|---|---|---|---|---|
| 分级描述 | 非常小 | 小 | 适中 | 大 | 稍大 | 极大 |
| 宽度 /mm | 9 以下 | 9 ~ 10 | 10 ~ 12 | 12 ~ 15 | 15 ~ 18 | 18 ~ 20 |
| 分级描述 | 很窄 | 窄 | 适中 | 宽 | 很宽 | 极宽 |
| 厚度 /mm | 7 以下 | 7 ~ 8 | 8 ~ 10 | 10 ~ 12 | 12 ~ 15 | / |
| 分级描述 | 极薄 | 薄 | 适中 | 厚 | 极厚 | / |

通常消费者在选购翡翠时对样品体积大小都是要注意的。翡翠虽然没称重卖，只有看外观大小来谈价钱。因此汤老师就制定了上面表格给大家做参考，哪些尺寸算大，哪些尺寸算薄。当然便宜的东西厚度肯定很薄。业者有时考虑太厚不好卖，因此将 15mm 厚度切成两块 7mm 厚度，除了考虑价钱外也要考虑透光性与整体视觉效果。

5. 抛光，要求到“放光”或“起莹”视觉效果最好，通常质地越好光泽越好（玻璃种或冰种）。现代工艺技术，抛光都不成问题，旧料也可以重新抛光。评价外形轮廓、对称性、比例、抛光都使用以下评语。极好 Ex（Excellent）、非常好 Vg（Very good）、好 G（Good）、普通 P（Poor）四个等级评比。手镯评比参照上述，要注意清末民初的手镯，圆度不高，重新抛光会失去历史价值。手镯切工最怕比例不协调，比方说口径大，宽度小，手围小，蛋面宽。

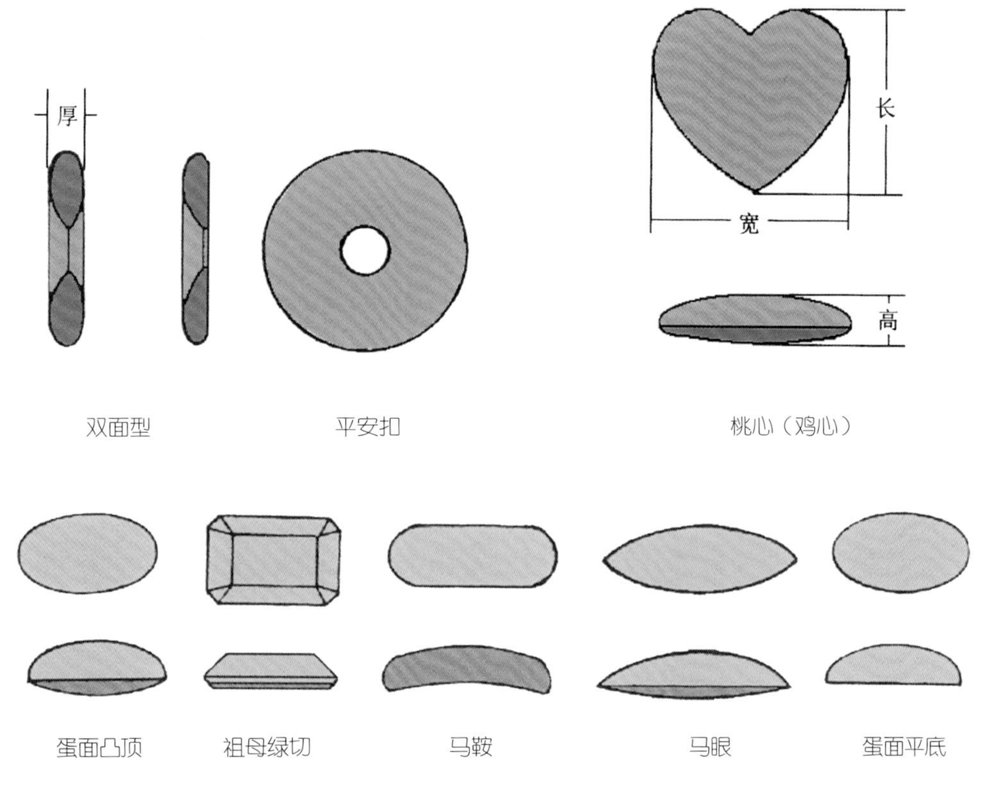


各种不同形状切工比例

**雕花工艺评价**

关于翡翠雕花工艺的评价可分为整体外观造型评价、设计创意评价、色彩布局评价，加工工艺评价等。

雕花件种类繁多，小到小吊坠、玉牌，中到手把玩件，大到放在桌上、柜子上的摆件、屏风，甚至半人高的大摆件。为何会雕花，就是因为有绺裂与杂质，通过雕工去瑕疵。

1. 整体外观造型评价。这是第一眼的直觉，就是大家说的眼缘或玉缘。评价细节如雕刻对不对称，人物眼神，身材比例（是否过胖过瘦），弥勒佛肚子弧度是否到位、外形是否完整或者是歪斜缺角，底是否平整或者歪翘，动物造型是否生动立体，比例大小是否恰当等，有主观也有客观。

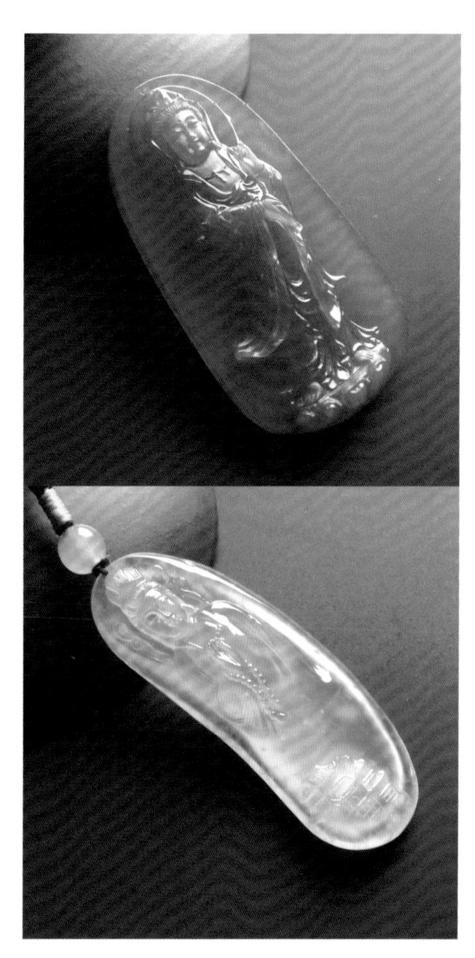

两款不同造型的观音，各人有不同的偏好。（图片提供 莲叶翡翠）

2. 设计创意评价。突破传统话题，让人耳目一新，题材令人刮目相看、啧啧称奇者，可以抽象也可以形象。如果是一般的创意，只能达到评定好（Good）的评价，“风雪夜归人”就可以达到极优（Excellent）的评价。

3. 色彩布局评价。这是在评估玉雕师的美学功力，翡翠色彩随时在改变，玉雕师必须随着色彩去做应变，琢出最好的颜色，摆在正确与适当的位置上。另外如果能高明地将脏色变成背景不可缺少的颜色，那就是天才了。比如，将大家不要的废料，如黑点与白棉，创造出飘落的雪花，这能不给他极优（Ex）的评价吗？如果只有一种颜色就不评比。

4. 加工工艺评价。这里分为基本功夫与独门功夫。通常的工艺水平都在好（G）到很好（Vg）阶段，大师级的可达到极好（Ex）阶段。刚入门三年内的学徒只达到好（Good）或普通阶段（Poor）。简单来说，就是要达到够弯、够细、够长、够薄、底部够平整等水平。线条大小是否均匀，弧度是否顺畅，有无断线，动物

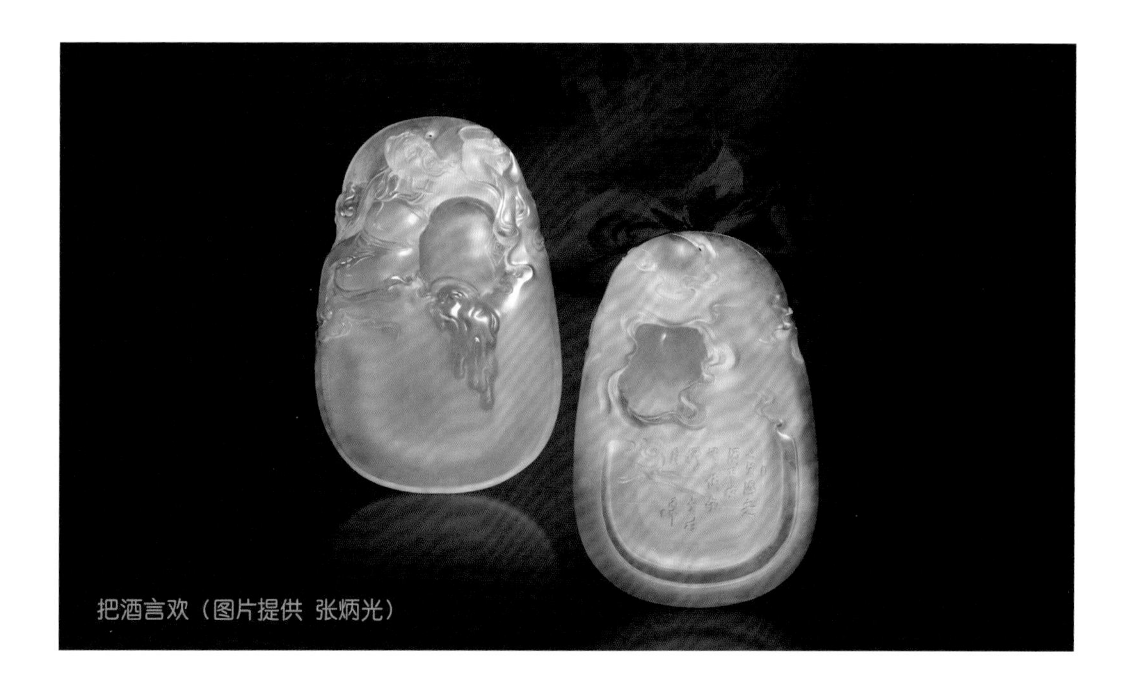

把酒言欢（图片提供 张炳光）

眼神是否锐利，螳螂脚上的小利刺是否清晰可见，蝴蝶翅膀薄度与触须，花瓶内壁可否达到薄如纸，链环大小是否均匀，抛光是否精细到位，会不会以工就料。评价内容以：极好 Ex（Excellent）、非常好 Vg（Very good）、好 G（Good）、普通 P（Poor）四个等级评比。



### ⊙ 名雕刻师落款提升价值

现在讲究工艺境界与工艺技巧，往往大师级的玉雕成为争相购买的焦点。如同国画、书法、油画大师一样，每一位大师的风格风范都值得关注。创作是一种艺术，是需要人用一生去体会，在不同环境下成长会有不同的创意与灵感，或悲伤抑郁，或趾高气扬、意气风发。格局、眼光、意境、题材更是不同。天地万物都是题材，永远引领人去追随与模仿，这就是玉雕大师的胸怀。玉雕大师有量产的，也有一年出一到两件作品的，质与量是需要兼顾的，有机缘买到玉雕大师作品，就可能与大师心灵相通、产生共鸣。仔细观察，每位玉雕大师不同时期会有不同的创作，作为收藏家就会收藏同一玉雕大师不同时期的作品，就好像收藏毕加索、莫奈的作品一样，当然增值空间就相当大。

糯化种五彩翡翠仙螺王（局部）（图片提供 王俊懿）

# 翡翠的文化与历史

## 翡翠的历史

翡翠被发现的故事如它的外形一样惊艳。《缅甸史》里记载，公元 1215 年刚被封为土司的缅甸人珊龙帕无意中发现一块静静躺在河滩上的形如鼓状的蓝玉，随后便在附近修筑城池，将此地取名勐拱，鼓城的意思。勐拱后来成为重要的翡翠集市。

另外一种说法是，13 世纪中国云南的商人在从缅甸回云南的路途中，为平衡用骡子驮的担子而捡起一块翡翠巨砾。

有比较确切的史料表明，明朝以后才有翡翠传入中国，因为元代以前腾冲的墓葬物中并没有翡翠。因而，翡翠最初的发源地在缅甸无疑，翡翠传入中国同样源于不经意，就犹如它最初在缅甸被发现的不经意一样，令人振奋。

《芸草合编》里记载，缅甸玉石在 1443 年为当地土人在被冲刷的河床中发现，后来一些华侨发现几处玉矿，于是拿到密支那与腾越交易。

据《云南北界勘查记》里记载，缅甸雾露河岸产玉区的老厂的开采始于明朝嘉靖年间，到明末的时候，云南腾冲的玉石业已经具有一定规模。

到清代，翡翠的商业规模进一步扩大。

根据《爱月轩笔记》记载，慈禧入棺时，头顶翡翠荷叶，身边放翡翠佛、玉佛等百余尊，足旁左右各放翡翠西瓜、翡翠甜瓜、翡翠白菜等，可见她对翡翠的喜爱之甚。

## 什么是玉

被矿物学家视为圣经的“Dana’s Textbook of Mineralogy”对玉（Jade，Yu）的定义是：玉是由许多种坚硬的矿物组成，具有致密的构造，颜色可以从白色到暗绿色。它在中国有很高的价值，包含软玉和硬玉。软玉（Nephrite），属于角闪石类，可以是透闪石或阳起石的固溶体，比重在2.9～3.0；硬玉（Jadeite），属于辉石类，比重在3.3～3.5。为何会有这样的研究，主要是因为英法联军侵华后，他们从中国宫廷掠夺的国宝中加以分析，发现宫廷内有和田玉与翡翠两种。对于这个法国矿物学家德目尔（Domour）的研究，日本矿物学家就将玉翻译为软玉与硬玉这两大类。

其实这样翻译并不妥，因为这两个英文字里面没有软与硬的关系，但台湾与内地的地质学者就沿用这两个名词。直到20世纪70年代，台湾大学谭立平教授研究花莲软玉时发现，软玉硬度在C轴方向时高达7.1度。有这样的讲法不是没有原因的，当地切割台湾玉的师傅说他切割台湾玉的时间比切割硬玉的时间要久。这会造成软玉比硬玉硬说不通的窘境，因此才建议中国台湾编译馆将软玉改为闪玉，硬玉改为辉玉这种说法。目前台湾学术界有部分人采用谭教授的说法，也有部分的业者采用软玉与硬玉的说法。

西方将玉分成软玉与硬玉这两种，在中国引起考古界与古玉界的不同声音，也代表他们的不同立场。因为从考古的文物中，有和田玉、岫玉、绿松石、玛瑙、玉髓等，况且中国才是最懂玉也最会用玉的国度。最耳熟能详的就是，石之美者即为玉。古时君子必佩玉，玉有五德，仁、义、智、勇、洁，举凡质地坚硬，颗粒细致，光泽温润，给予人一种

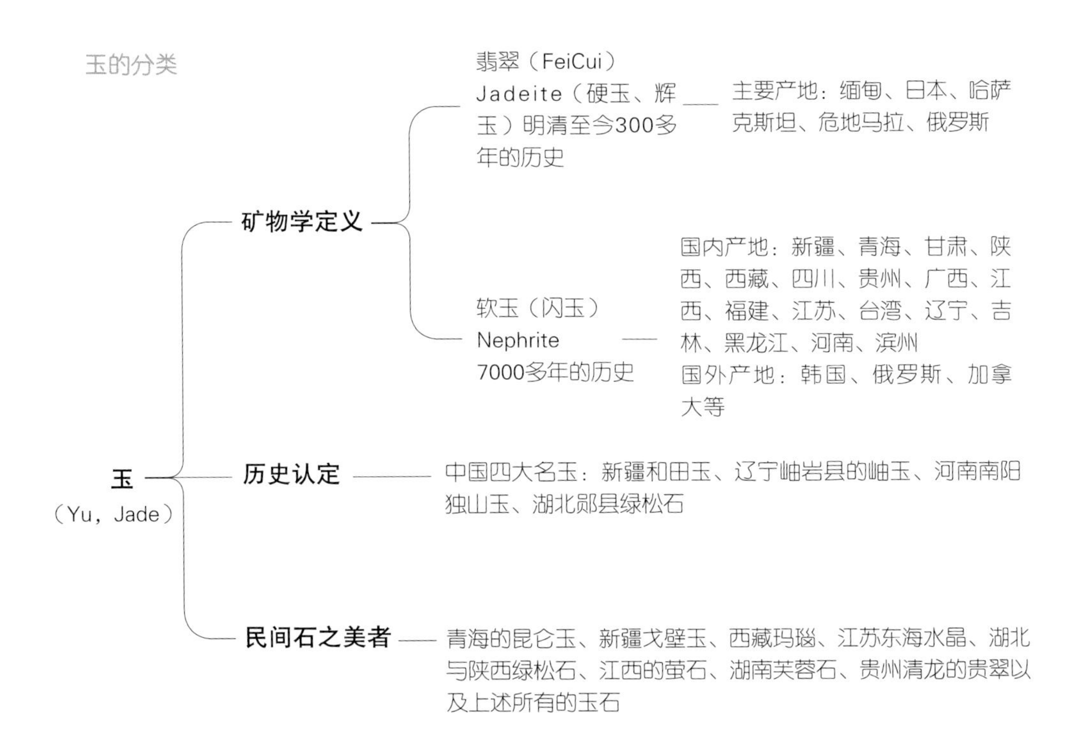

美感的石头都可以称为玉。

近代矿物学家都认定玉是指特定的两种主要矿物——翡翠（FeiCui）（硬玉、辉玉）或软玉（闪玉）。2011 年 10 月在北京大学召开的玉学会议里，许多专家学者仍然有不同的意见。有专家学者认为中国的玉应该包含从古至今有名气，且现今仍在开采的四大名玉，有新疆和田玉、辽宁岫岩县的岫玉、河南南阳独山玉、湖北郧县绿松石。有部分学者认为“石之美者”就是玉，这样的定义就有好几十种矿物，不分矿物成分，都可以叫作玉，如青海的昆仑玉、新疆戈壁玉、西藏玛瑙、江苏东海水晶、湖北与陕西绿松石、江西的萤石、湖南芙蓉石、贵州清龙的贵翠、台湾花莲丰田玉。不管如何，任何人都有它的主张，主要是消费者必须搞清楚自己买到的是石头还是玉？是矿物学家的定义，还是部分学者专家认定的四大名玉？或者是更广泛的美石？……当然都得按照国家标准走，买卖才不会产生纠纷。目前笔者也参加中国台湾经济部标准检验局的宝石名词审查，有许多两岸用语不同的地方，随着两岸人们交流日益频繁，这些都是刻不容缓需要沟通与协调的。

福临天下（图片提供 王俊懿）

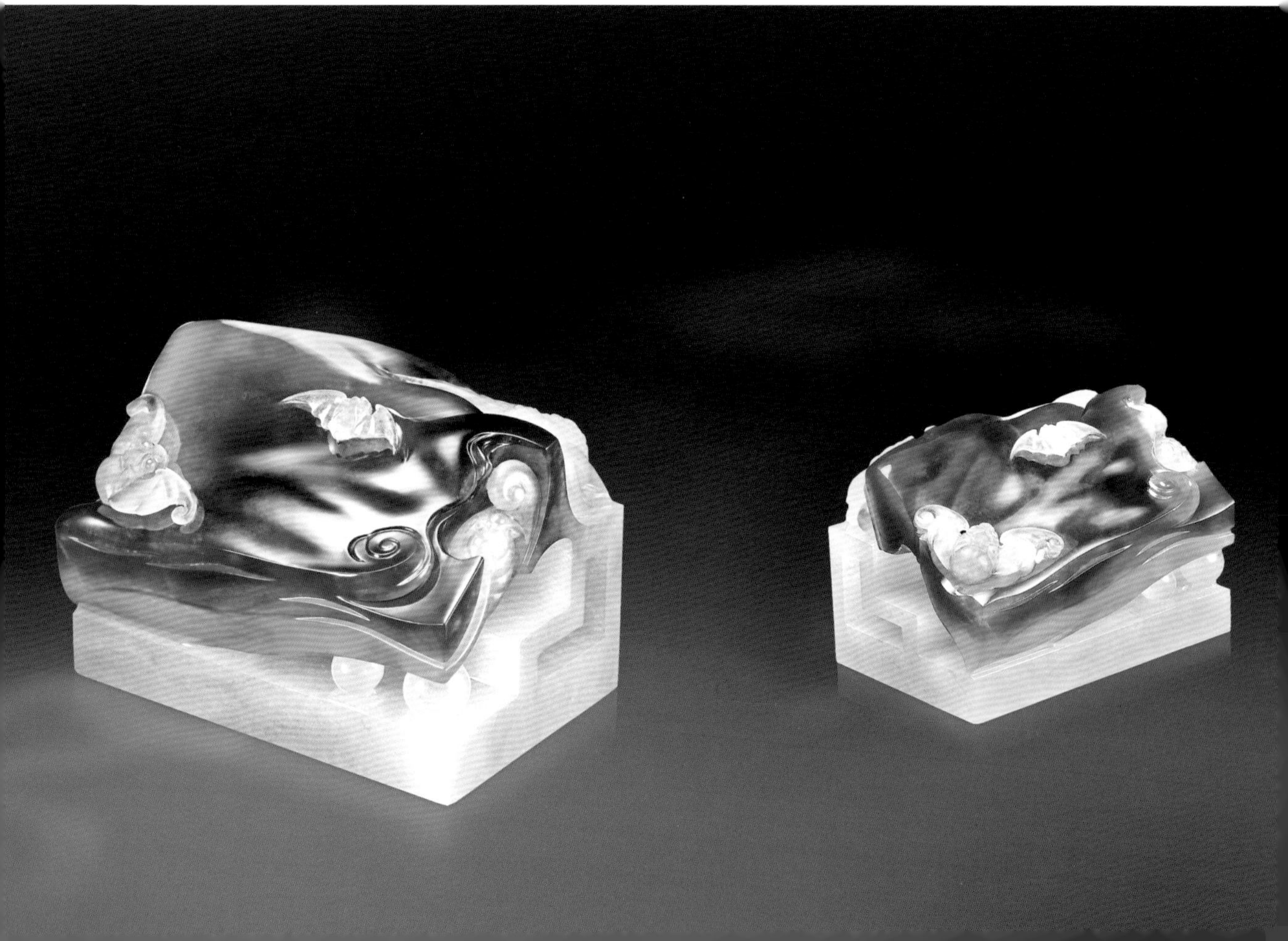

# 翡翠的成因、矿带、产状及场区

## 翡翠的成因

欧阳秋眉（1993）提出翡翠形成的地方都有钠长石的火成岩侵入体（中－基性）。钠长石化学成分为 $NaAlSi_3O_8$，所以推测翡翠是在中－低温、高压下由钠长石去硅作用而形成。翡翠产在海洋地壳，深入陆地地壳的深处，在低温高压下形成。它的钠是由海洋供给的，如果温度高压力不大，这种海洋地壳只能生成钠长石，和陆地地壳的石英长在一起。如果压力大而温度不高，石英与钠长石就会结合成翡翠。假如压力与温度都刚好在中间，翡翠、石英、钠长石就会共生在一起。

Albite（钠长石）=Jadeite（翡翠）+Quartz（石英）

$NaAlSi_3O_8=NaAlSi_2O_6+SiO_2$

## 翡翠矿带概况

缅甸北部翡翠矿带主要分为六大产区，沿雾露河与康江流域有新场区（莫西沙）、老场区（帕敢与木那）、达木坎场区、后江场区（莫地与莫龙）、雷打场区、小场区（南奇）。矿区地形崎岖，森林茂密，主要交通有公路、铁路。帕敢距离曼德勒（瓦城）720 千米，距离密支那 176 千米，距离腾冲 327 千米。近年来，帕敢是中国通往印度的必经之地，也在史迪威公路上。

## 翡翠矿带

根据摩佽 2002 年的调查，缅北硬玉带南到雾须贡，莫鲁铁路之南，北到达苏崩，南北长 190 千米。北部宽 30 千米，南部宽 50 千米，面积可达 7600 平方千米。原生硬玉目前发现所在地最高海拔在 1200 米，最低在 275 米。

## 地质产状

缅甸地质构造位于印缅板块与欧亚板块相碰撞的东部，硬玉矿带呈南北向，为高压低温变质带。根据摩佽老师的调查，它的矿床通常可以分成原生硬玉矿床、坡积硬玉矿床、第四纪砾石层中的硬玉矿床、现代河床冲积硬玉矿床与构造破碎带的硬玉矿床。

### ⊙ 原生硬玉矿床

矿体呈脉状、透镜状、串珠状，矿体多条出现。长 10 ～ 450 米，可断断续续延长数千米以上，矿体厚 0.3 ～ 5 米不等，最厚处达 20 米以上。开挖深度已经超过 100 米。主要产在蛇纹岩化橄榄岩体内，且岩体与蓝闪石片岩接触。硬玉岩、钠长石岩、角闪石片岩互层出现。岩体中心为纯的硬玉岩带，向两侧渐变为硬玉钠长石过渡带，再往外围有钠长石岩带及绿泥石带，最外一层为蛇纹岩化橄榄岩围岩。

原生硬玉矿场主要产于雾露河上游，主要分布在龙肯与雷打场区。比较具有代表性的有：度冒、纳冒、缅冒、凯苏、铁龙生、八三、目乱岗、马薩、散卡等地。未来相信还会陆续发现新的原生硬玉矿场。

原生硬玉矿场所产均为新坑玉或新场区。主要矿物颗粒疏松、矿物成分比较混杂，相对密度比老坑玉来得轻一些，因此比较少有好的翡翠发现。

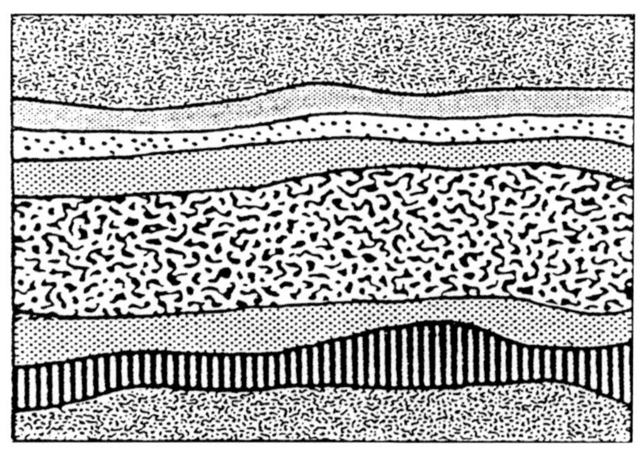


1  2  3 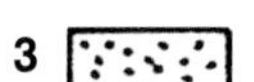 4 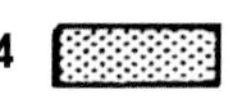

5 　6 

度冒矿床翡翠岩脉地质剖面图

### ⊙ 坡积硬玉矿床

主要以龙塘为代表。为原生硬玉矿床经过雨水冲刷搬运，沉积在附近山坡周围。有的外皮比较厚，质量介于老坑与新坑之间，有人称半山半水矿床。

### ⊙ 第四纪砾石层中的硬玉矿床

地质年代产于更新世。产地有大谷地、会卡、木那、抹岗、东各、南奇等地。主要分布在雾露河两岸的山坡阶地，通常质量较好，也称为老场玉。整个地层总厚度为 300 多米，硬玉主要分布在最底层，特征皮厚，皮的颜色有红、黑、黄、褐色等，颗粒大小不均匀，质量有好有坏。在上一层有软石，最顶层为冲积砂岩，在这两层找不到翡翠。

### ⊙ 现代河床冲积硬玉矿床

在这里所产的硬玉，质量较高。特色就是皮薄，外形圆度高，通常又称为水石。主要分布在雾露河沿岸，从散卡到达木坎几十千米的范围内。主要的产地有后江、达木坎、帕敢、摩东、马蒙等地。

### ⊙ 构造破碎带的硬玉矿床

硬玉原生矿床受到后期地质作用，造成变形破碎的角砾岩，在整个雾露河多处可见。颜色乌黑，俗称乌砂皮。通常颜色偏蓝或偏蓝绿色，主要是因为含铁量高。产地在帕敢与马蒙等地区。通常从原石外表打灯，可见翠绿，实际切出来很多都带黑，许多人玩乌砂皮赌石赚到钱，也有人赔得很惨。

## 缅甸翡翠场区

根据袁心强的说法，缅甸翡翠矿床分为三大处：后江矿区、帕敢矿区、会卡矿区，其中后江矿区的翡翠质量最好。帕敢矿区开采河流冲积砂矿的历史最久，在出产的大量翡翠中也不乏高品质的翡翠。会卡矿区的翡翠，圆润，外皮薄，呈黄、灰、黑、淡绿等各种颜色。

缅甸矿区一览图 （图片来源江镇城《 翡翠原石之旅》）

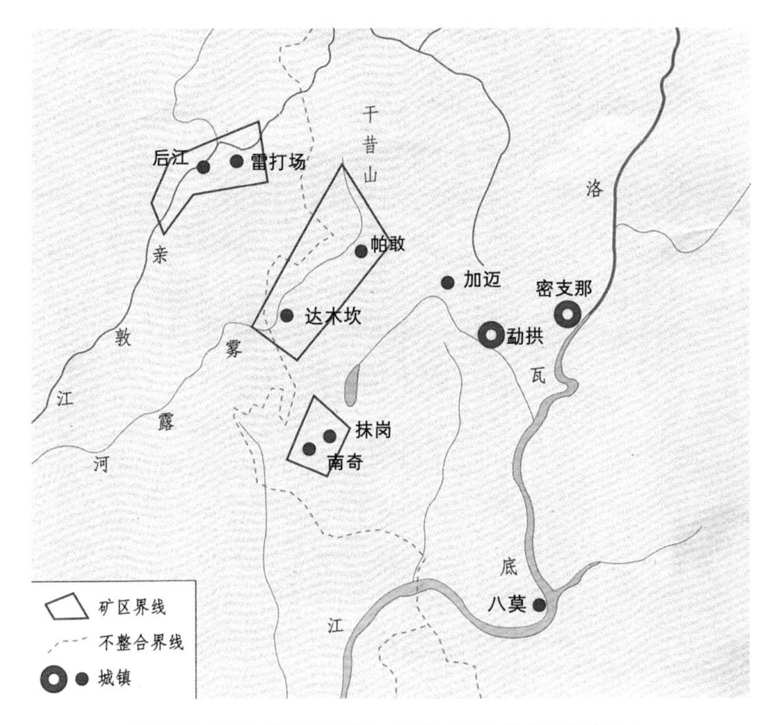


缅甸翡翠产地位置示意图（图片来源《摩休识翠》）

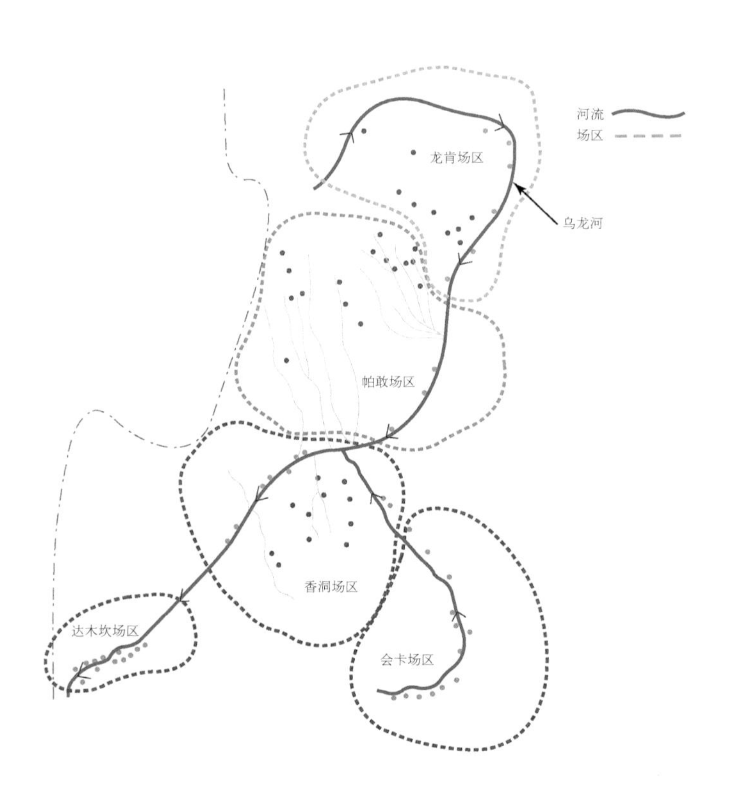


缅甸主要翡翠场区分布图（图片来源 江镇城《翡翠原石之旅》）

摩佅在《摩佅识翠》中分出老场区、新老场区、新场区等六大场区。

老场区（老厂、老坑）：(1) 达木坎场区，著名场口有达木坎、黄巴、雀丙等 14 个场口。(2) 帕敢场区，著名场口有会卡、木那、四卡通、帕敢、大地谷等 28 个场口。(3) 南奇场区，著名场口南奇、莫罕等 9 个场口。(4) 后江场区，著名场口有雷打场、加莫、后江、莫手郭等 5 个场口。

新场区（新坑、新厂）：著名的有凯苏、度冒、目乱岗、马薩等 11 个场口。

新老场区（新老厂）：著名场口有龙塘场口。

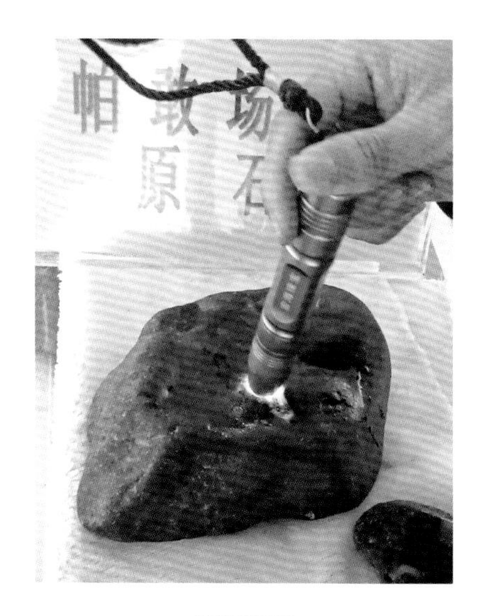

帕敢原石

## 著名的几个翡翠场区与特色

场区所产的皮壳与特色都不一样，甚至在同一场区，不同层也会有不同外皮颜色与表现的皮壳。通常在选购时行家都会说出这是哪个场口出的原石，但是追根究底，只能当作参考依据。就怕自己陷入场口迷思，会造成误判。以下整理出几个著名场区原石特色，部分是朋友提供的原石，但是不在缅甸各个矿区开采或者直接买卖的行家，是不太容易搞懂这么多场口的特色区别。笔者写至此也是战战兢兢，生怕误导读者，如果认知有误，也请前辈、专家不吝提出宝贵意见。

### ⊙ 帕敢场区

帕敢是缅甸最主要的翡翠产地。出产的翡翠毛料皮薄且质地细密，呈灰褐或灰黑色，有些翡翠砾石还具有黑色的蜡状皮。帕敢矿区开采河流冲积砂矿的历史最为悠久，出产过大量高品质的翡翠。主产个体玉，常有黄盐砂、乌砂皮翡翠，这是世上最有名的翡翠矿区，所产翡翠大多质好，色彩丰富，形体多变。

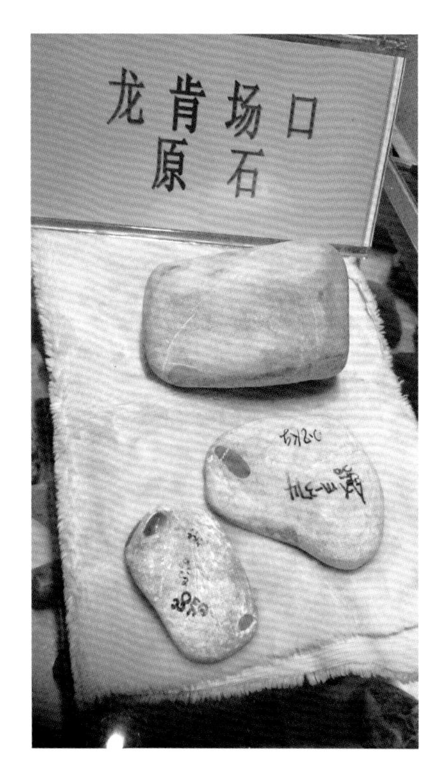

龙肯原石

### ⊙ 龙肯场区

所产玉石结晶翠，有颗粒状。龙肯场口的原石特征，以无皮玉为主，也有个体玉，个体玉皮壳厚薄不一，大部分皮壳砂粒粗大，种差砂翻得不均匀，有些松花色特别好，又鲜又艳。

### ⊙ 香洞场区

目前香洞场口采到的玉多属地层石，皮色种类比较多，白、黄、铁红砂皮皆有，靠水区域常有黑、灰泥皮。切开之玉多质好，色彩丰富。

香洞原石

### ⊙ 会卡场区

所产玉皮薄，为黄、白砂皮，透明度高，但绿色不艳。会卡场区多出水石、水翻砂石、蜡皮石，切开后底、色、样态丰富多变。

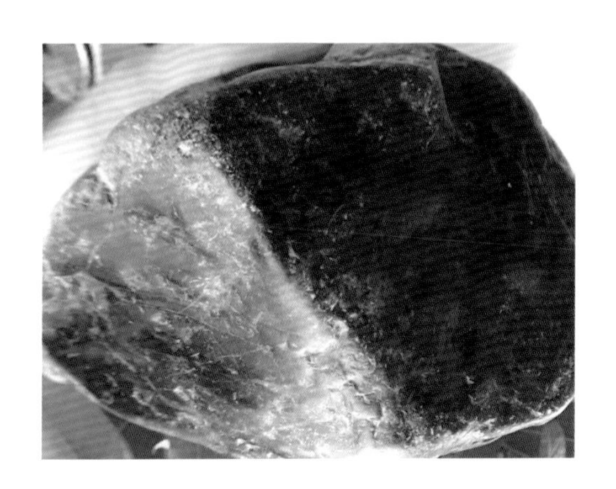

会卡黑蜡皮（图片提供 吴时壁）

### ⊙ 达木坎场区

翡翠产地的佼佼者，达木坎场区水洞多，出产玉石皮薄，种肉均好，如有色即是好的材料。该地所产水石较多，色为水绿，透明度高，皮有黄、白等色，原料块度较小，在 1 ～ 3 千克之间，所产玉多带油光，比较受光，能反射出几种色彩，因此备受人们喜爱。

### ⊙ 后江场区

与其他矿区相比，后江矿区的翡翠质量最好，但产出的翡翠砾石一般较小（小于 1 千克）。后江场区所产翡翠质地细腻，结构致密，透明度高，色碧绿或带黄。后江场区所产翡翠越光越好，非常透光的翡翠是做戒面的理想用材。近年来，后江场区因产乌砂而闻名。

会卡灰砂皮色料（图片提供 吴时壁）

各个矿区所产翡翠的外观、颜色、质量都有不同的特点，而这些特点就充分体现在翡翠的皮壳上。不同场区、场口所产的翡翠原石的特殊性，是判断翡翠价值的最重要的手段。

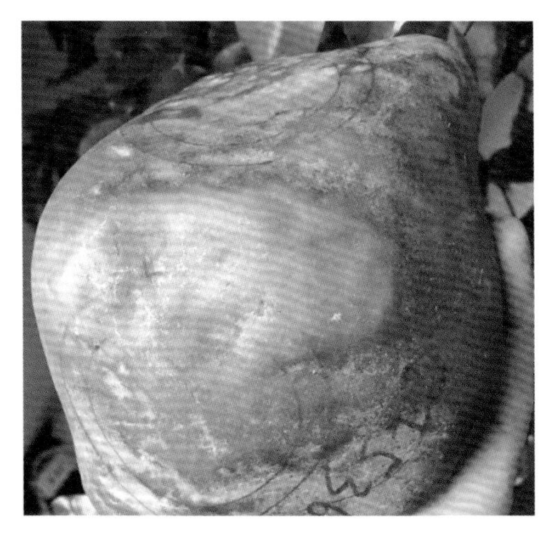

大禹坎水石（图片提供 吴时壁）

达木坎黄加绿（图片提供 吴时壁）

后江紫罗兰（图片提供 吴时壁）

后江色料（图片提供 吴时壁）

## 翡翠的种类

如果说到最近这几年珠宝业最疯狂的事，我看大家都会不约而同投翡翠一票。几年前没人想到，翡翠价钱不只三级跳，而是N级跳（N>10）。古人有云“黄金有价，玉无价”，说得真是贴切。虽说这几年黄金价钱也是节节高升，但是对翡翠来说，却是小巫见大巫，涨幅微不足道。不论是缅甸政府公盘的拍卖，还是全国各地买家赌石的买卖，预估价位与实际标的价位总是有一大段落差。买翡翠难道就是富豪的象征吗？这样的迹象会持续下去吗？缅甸翡翠真的越来越少吗？翡翠有可能泡沫化而被套牢吗？现在投资翡翠时机对吗？笔者认为，翡翠的价位与经济发展有很大关系，毕竟这不是日常生活所需，高档翡翠是看人在卖，你越买得起，越能显示自己的财力雄厚。除非全球发生重大的金融风暴，翡翠短期内要回归到五年前、十年前的价位，那真是老太婆生孩子，想都别想了。

难道平民百姓都无法接触翡翠吗？记得在我学生时代，就是因为看到同样是矿物成分，翡翠的价位可以是几百元到几千万的价钱差异，所以才好奇想去揭开翡翠的神秘面纱。当时我就想如果有机器可以检测翡翠内部颜色与质地，是不是就可以发财了？绿颜色的分布与深浅，为何又与裂纹有绝对关系呢？如果能够将学术与实务结合该有多好。翡翠就是这样的让人扑朔迷离，在还没剖开翡翠之前都有希望，剖开之后，有人一夜致富，也有人倾家荡产、落荒而逃。

这也是有这么多人愿意前赴后继，集资赌一个希望，不是开

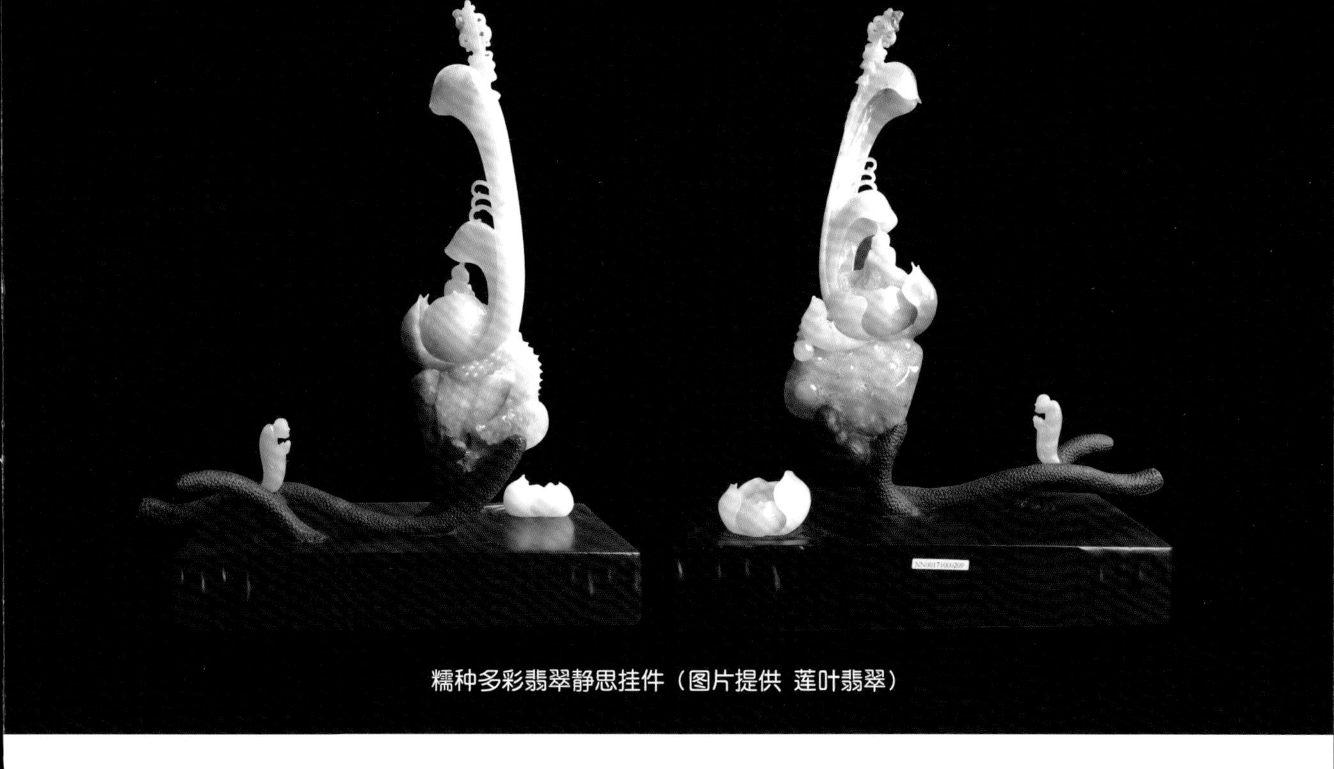

糯种多彩翡翠静思挂件（图片提供 莲叶翡翠）

奔驰当老板、吃鱼翅燕窝，就是当乞丐沿街乞讨吃馊水，落差这么大还乐此不疲的原因。

其实，决定翡翠等级高低、价钱的因素，不外乎颜色与质地。

## 颜色

翡翠的颜色有很多种，你能想得到的颜色几乎都有。唯一说法不太一样的是，在内地各种颜色的玉都称为翡翠，在台湾只有绿色的玉才能称为翡翠。在台湾还有另一种说法，叫红翡绿翠。

随着一个人年纪的增长与地区性差异，人们喜爱的翡翠颜色也会不一样。翡翠颜色与致色因子有关系，翠绿色是因为含有铬元素，紫色是因为含有锰元素，红色与黄色是含有氧化铁的缘故。年轻的女孩子不喜欢戴绿色的翡翠，除了经济因素外，最主要是感觉太老气。年轻人比较喜欢白色、浅绿色或是紫色翡翠。很多人说挑翡翠颜色的关键就是要浓、阳、正、匀。浓就是颜色的饱和度越高越好，而且要鲜艳。阳就是色调的明暗程度，不可过浅与太深。正就是色调要正，带黄或带蓝都是颜色不正。匀就是颜色分布要均匀，而且浓淡颜色也要均匀。

## 质地（种地或水头）

翡翠的质地好坏与翡翠的结晶程度、结晶颗粒大小有关系。结晶颗粒粗，相对的质地差，透明度也差。反之，结晶颗粒越细腻则透明度就越高（俗称水头好）。翡翠的质地分类以肉眼观察，全透明的商业称“玻璃种”，半透明者称“冰种”，质地最差的就是不透明。不太懂翡翠的消费者，会比较喜欢颜色，不会去挑选透明度。有鉴赏力的消费者比较喜欢翡翠的质地或水头，有无颜色就要看自己的口袋深不深，因为一分价钱一分货，想要颜色深绿又要质地透明，并不是一般家庭可以消费得起的。以前价值几十万或上百万（台币）一颗的蛋面翡翠，现在都要好几百万到上千万元（台币），讲明白的一点是一颗玻璃种翡翠蛋面，现在可能需要一间房子来换。只能说早买的，都赚到了，还没买的，就只能用双眼去欣赏了。

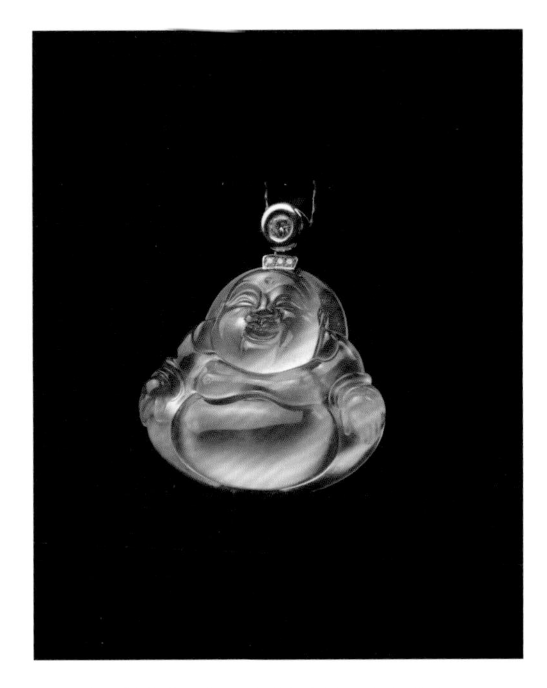

玻璃种翡翠佛公（图片提供 乐石珠宝）

消费者很难懂得商业的称呼方法，每一地区的讲法也不尽相同，同一颗翡翠不同商家的叫法也不太一样。因此，消费者只要直觉判断，依照透明程度与颜色去分辨就可以。

以下就针对比较常见的商业讲法简单地归纳出翡翠的几个种类。

## 翡翠的种

经常会有朋友拿着他（她）的翡翠来问我，老师你帮我看看这是翡翠吗？是属于哪一个品种？是不是翡翠得看你是从哪个角度看，因为在台湾几乎都认为翡翠是绿色的，只有整个全绿色才能叫翡翠。也有部分的人主张红色为翡，绿色为翠，即红翡绿翠。然而在内地，不管什么颜色，主要矿物成分是硬玉（辉玉）、绿辉石、钠铬辉石者，就可以称为翡翠。因而，红、黄、蓝、绿、紫、灰、黑、白等各种颜色都可以称为翡翠。

老坑翡翠艳绿平安扣项链（图片提供 乐石珠宝）

老坑糯种满色艳绿岁寒三友翡翠牌（图片提供 乐石珠宝）

笔者简单用翡翠的透明度与颜色、产地来区分，让大家听得懂看得懂行话。

### ⊙ 依照颜色与组成颗粒来区分

**老坑（厂）**

根据商业的说法，是较早的次生矿床发现开采的翡翠。通常颜色符合顶级的浓、阳、正、匀的绿色翡翠。纯正的绿色不偏暗也不偏蓝、灰、黄。老坑基本上质地比较透，矿物颗粒小到肉眼看不见，可以是非常剔透的玻璃种，也可以是半透明的冰种或微透明的糯种。基本上老坑种翡翠都属于高档翡翠，市面上把最顶级的翡翠称“老坑玻璃种”，也有色艳绿、水头足（长、透）的说法。商业上有一种说法是“祖母绿”色或“皇家绿”颜色。老坑翡翠在商业上都是价位高的翡翠，一个大拇指头大小的蛋面都要上百万元，一个翡翠手镯要上千万元。

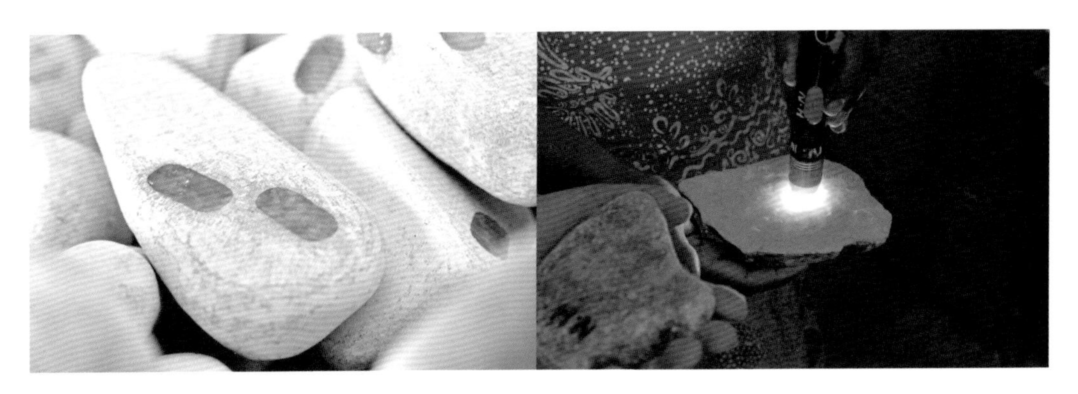

新坑原石（图片拍自 云南姐告）

大多数新坑的原石品质不好，赌石就会赌输，这个就是一个典型，原石表面是苹果绿，可是切开后却发现是完全无法做任何饰品的废料，但是新坑的原石并不全是如此，也会出现一些品质好的原石。

**新坑（厂）**

新坑或新山厂的翡翠，意味着结晶颗粒较粗，大多是原生矿，绿颜色较沉、质地不透，组成矿物复杂，且杂质多。商业上若是说这块翡翠是新山厂或新坑，意味着价值较低，无法出好色、好质量的翡翠。但这说法也不是百分百正确，原生矿床依然会有好的高翠产生，只是概率问题。好多风景区的赌石都是这种新山厂翡翠，因为一颗手掌大小的石头只需三五百块，有兴趣的朋友可以去试试看。

⊙ 依照透明度与组成颗粒粗细区分

**龙石种**

为何叫龙石种，主要是因为这翡翠相当罕见难得，就像神龙一样难求难遇，所以这样命名。又有一说由乾隆皇帝御赐。绿色完全融化于底子内，就是说色完全融入翡翠结晶颗粒中。色调不浓不淡、无痕、无棉，无色根。龙石种又叫神龙种、龙种或老龙石种。龙石种是形容翡翠颗粒结构非常紧密，质地非常细腻，水头相当好，光泽极佳，外观有如丝绸般光滑细腻，温润且荧光四射。达到了珠圆玉润境界，是翡翠里非常罕见的好品种。

龙石种的质地比玻璃种还好，光泽极强，肉眼无棉与杂质。水足且饱满，感觉水快要满出来的样子。颜色以淡绿色、绿色为主。颜色相当均匀，而且看不到色根。具有明显荧光。荧光冰寒阴冷，玉质有如丝绸般光滑细腻，而且相当温润。

在笔者接触翡翠这么多年来，还真是没遇过这种品种。多数看到网络上的照片，一般消费者或许跟我一样没听过这种品种。由于罕见，也没鉴定所能鉴定品种，只能凭自己经验判断，如果不是翡翠藏家与老玩家是很难下手购买的，当然价值也非常昂贵。

龙石种翡翠（图片提供 玉满斋）

**玻璃种**

玻璃种是一种无色透明的翡翠，就如同玻璃一般透明，组成颗粒肉眼看不见，抛光完美，在翡翠表面会造成“起莹”现象。“起莹”是玻璃种翡翠的一种光学效应，现专指在翡翠饰品内部出现的飘浮的明暗亮光，随翡翠饰品的摆动，明暗亮光的位置也发生移动的现象，这是玻璃种翡翠极致的表现，常出现在蛋面、吊坠、手镯上面。“起莹”与翡翠的“荧光”反应无关，两者千万不要搞混。荧光反应是翡翠经过灌胶，在紫外线荧光灯底下造成白色的荧光反应，主要就是环氧树脂所造成的荧光。

18K金镶钻玻璃种翡翠大蛋面吊坠（图片提供 乐石珠宝）

记得25年前，我这傻小子第一次到香港广东道买货搜集标本就发生了有趣的事。当时刚好看见有人在钻手镯，我就问老板这是不是水晶手镯，她说，年轻人，这是玻璃种的手镯，包你赚钱，一只2000元人民币就好。当时台湾大学生毕业薪水在5000～6000元人民币，相当于是1/3的薪水，一手一共12只，就将近4个月薪水。我想了想实在太贵了，谁会去买这无颜色的透明玻璃种翡翠呢？如今这个价钱找也找不到了，一只手镯都可以卖到好几十万元，千金难买早知道。有宝贵的翡翠知识，也要有胆识与眼光，每一个人都有机会掌握，下次千万别再错过。一个玻璃种手镯有可能局部为全透玻璃种，也有可能出现大部分是冰种。这时候可以称“冰带玻璃种”手镯。如果是玻璃种多，带一些冰种，就可以说“玻璃带冰种”手镯。在科学上定义，把手镯或蛋面、吊坠放在有字的纸上面，完全可以看出写的字，就可以称为玻璃种。如果是模糊无法分辨字就称为冰种。玻璃种是翡翠质地较高等级，想要找到阳绿满翠玻璃种手镯几乎就是天价，大几千万到上亿元才能够拥有，在古代可能只有帝王才有机会拥有。

**冰种**

冰种翡翠就是透明度略低于玻璃种，属于半透明状态，通常会有些白棉絮在其中，肉眼仍然无法看见矿物结晶颗粒。十几年前的冰种白翡翠几乎没人要，无色冰种蛋面，几乎是几十到小几百人民币就可以搞定。时过境迁，现在没有几千到上万元人民币，是连摸也摸不到。常听到冰种飘蓝花或飘绿花。这几年经济下滑，冰白翡价格一直往下掉，主要是因为无色，且有棉絮，不像玻璃种可以干净起莹。我们在要求冰种手镯带一点点色就要小几万元，如果有一小节阳绿就要大几十万元。能到一半阳绿手镯就可以达好几百万元。冰种翡翠容易带有灰底，带灰的冰种翡翠就提不上价，整体会变闷，所以凡是带灰底的翡翠都是有负面的评价，选购时衬白布在上面就可以一目了然。如果有部分略不透明则可以称冰糯种。现在很多商家都会自称自己的产品是冰种，其实连一点透明都没有，消费者应该自己观察，不要卖家说什么就以为是什么。现在只要说是冰种，翡翠就好卖了。部分的鉴定所对于冰种的说法也不一定一样，很多人也感到困惑，因此笔者在此也强调，自己心中要有一把尺子，自己认定最准确。

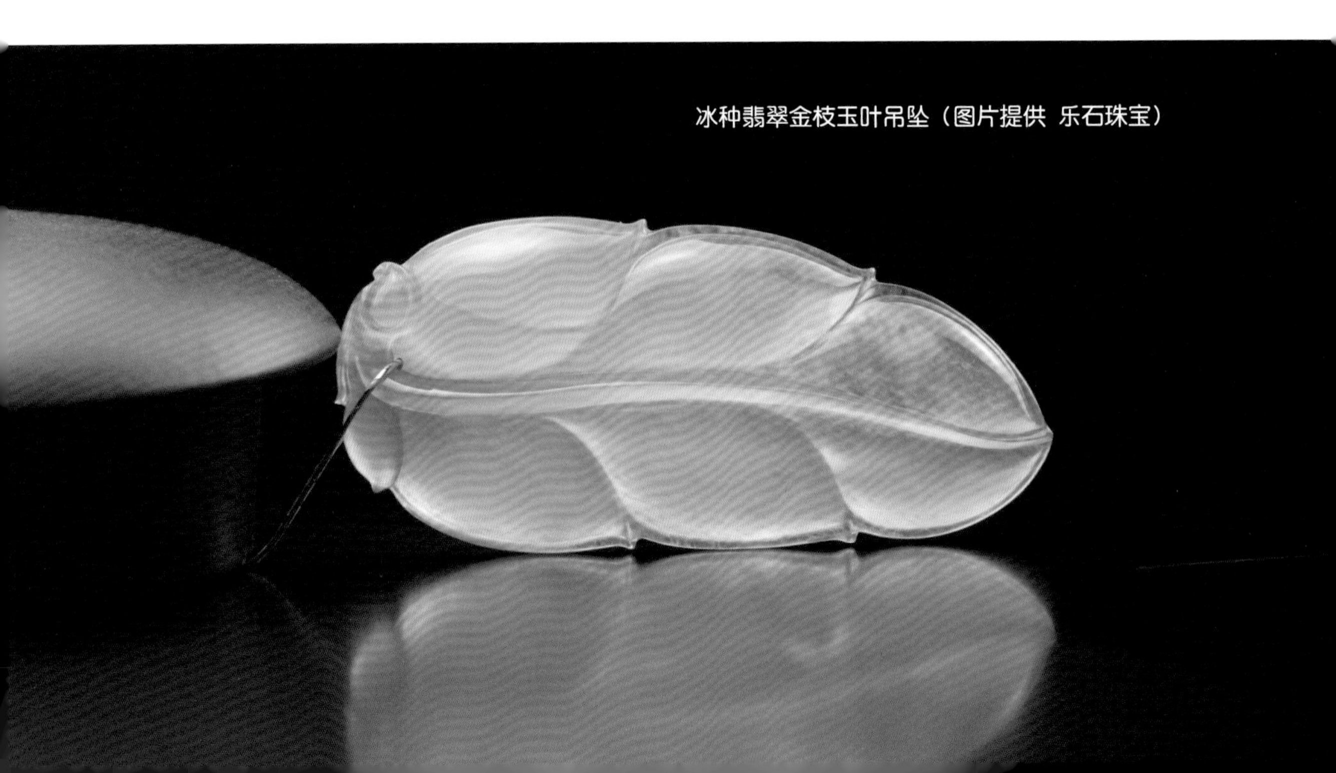
冰种翡翠金枝玉叶吊坠（图片提供 乐石珠宝）

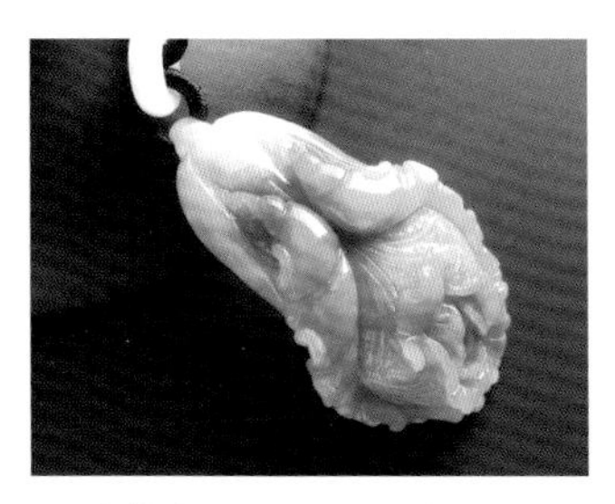

糯种花青白菜（图片提供 莲叶翡翠）

糯冰种阳绿叶子（图片提供 莲叶翡翠）

糯种手镯（图片提供 承翰珠宝）

豆种无事牌（图片提供 金玉满堂）

豆青种佛公

豆青种莲花悟道（图片提供 莲叶翡翠）

**糯种**

这是一种有微细颗粒，肉眼并不是很容易观察到颗粒结构，几乎不透明。有些人解释是微透明。笔者比较支持不透明这个说法。糯种可能带紫色或带绿色。糯种手镯如果是有一小段或者是一半阳绿的手镯，它的价位也可以几十万元到几百万元。因此翡翠颗粒结构能达糯种等级就算是中上的等级了。在许多鉴定书上，送鉴定的业者希望能打出冰种这个名词，在人情压力与金钱考虑下，很多明明是糯种翡翠，也会打上糯冰种或冰种翡翠。消费者遇到这样的证书一定要学会自己判断，不要完全相信鉴定所写的字眼。

**豆种**

豆种有粗、中、细颗粒之分，完全不透明。豆种依照颜色还是可以分艳绿豆、浅绿豆、黄绿豆、白豆、灰豆、紫豆等。豆种因为颗粒粗，大多肉眼可见，相对来说价位通常在几百元到几千元人民币，最常见的是珠串或者是小吊坠与手镯。豆种满翠艳绿色手镯还是值一些钱的，可以有几万元到十几万元。

**芋头种**

颗粒粗细与豆种差不多。颜色带紫又带灰黑，整体偏暗无光泽。翡翠到了这个种地很多人称砖头料。赌石如果切开是芋头种基本上就是当标本或者是垃圾丢掉。市场上不同学术与派别在种地的说法上相当多样，也无法一一解释，因而会给读者带来困扰，笔者觉得应该精简，而不是让读者越读越混淆。

## ⊙依照颜色区分

### 白底青

白底青是一种颗粒粗的山料，表面无风化皮。可以很清楚地看见底部呈现不透明白色，表面带一团（或一片）豆绿或苹果绿。常见的产品有手镯、吊坠与雕件。价位算是便宜，大众消费者都可以买得起，小产品几百元到小几万元人民币就可以入手。白底青在市面上并不常见，偶尔会看到手镯的白底青，看到喜欢的就要赶快下手。

白底青手镯

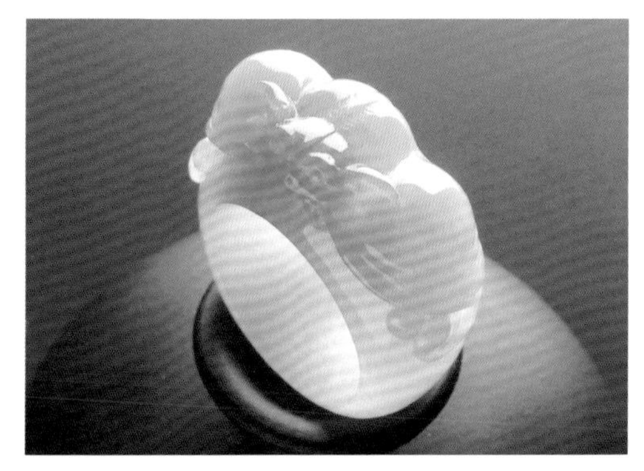

糯种白底青福在眼前扳指（图片提供 莲叶翡翠）

### 花青

花青的颜色范围相当广，可以是冰种花青、豆种花青，只要是不均匀的绿都可以叫花青。花青有另一说法是，绿色主要致色是含铁，也就是绿中带灰或者偏黄绿。透明度可以从透明到不透明。花青也可以带一些杂质，如黑色矿物。花青价钱看它翠绿颜色深浅与多寡、透明度高低与矿物结晶颗粒大小而定，这是市面上最常见的品种。2010 年，笔者前往广州华林玉市考察，看见一个小摊位，有一手花青种手镯 8 只，很翠绿，半透明，绿色部位占了 1/2 到 2/3，算是宽版的手镯，听到对方开价差点晕倒，一千六百万元。老板说有人出一千万元不卖，至少要一千两百万元才肯卖，光这一手 8 只手镯就要上亿元，你觉得小摊位的实力如何呢？由此可见，花青种价差很大，豆种花青便宜的要几千元，玻璃种花青贵的可以达上千万元，消费者可以依照自己的经济能力来挑选。

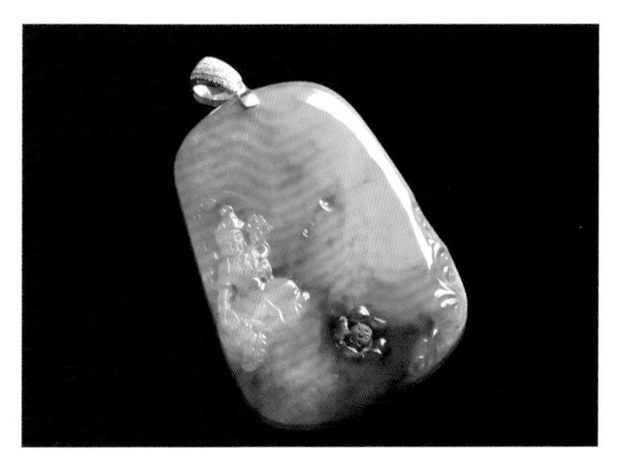

冰糯种花青度母（图片提供 莲叶翡翠）

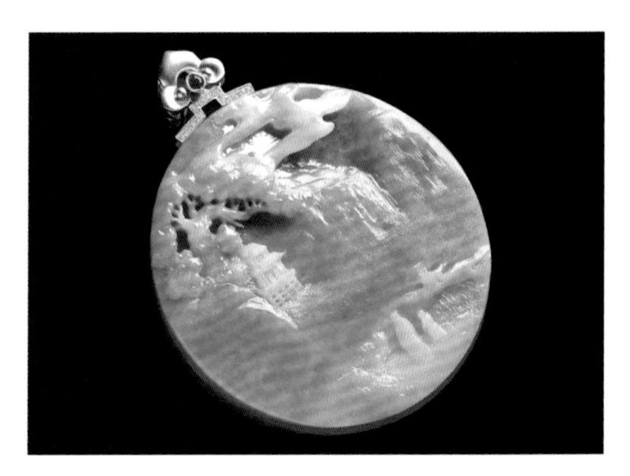

糯种花青深山访古寺（图片提供 莲叶翡翠）

**金丝种**

金丝种翡翠的绿色是丝状与条状分布，而且绿色是明显平行排列，市场上相当罕见。质地大多不透明或微透明。绿色的分布可粗可细，颜色可深绿可浅绿。若绿色面积大一点，价钱就会高一点。基本上也算是中等价位，通常就是几千元到十几万元不等。

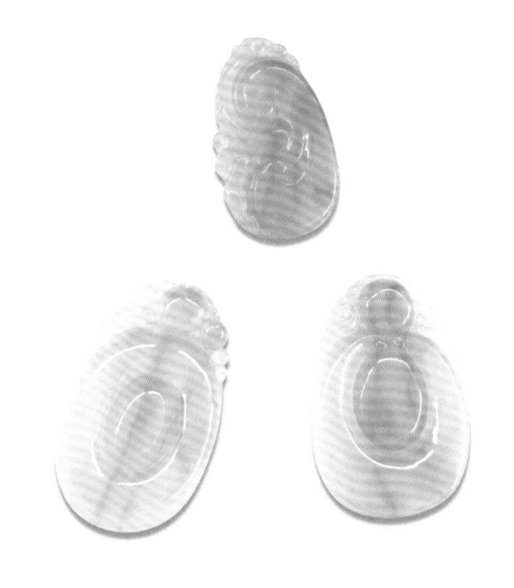

金丝种如意吊坠

**油青种**

多位学者认为，油青种是以绿辉石为主要矿物的硬玉所组成。油青种翡翠颜色是指带有灰绿或是灰蓝色，可以从不透明到透明，主要特征是色调偏暗，表面具有油脂光泽。这颜色比较受内地北方人喜爱，南方的消费者比较喜欢颜色翠绿点的。油青种的价位偏低，通常几百元到几千元就可以买到。你心动了吗？可以马上行动。

油青种项链

**芙蓉种**

顾名思义，应该是颜色像芙蓉叶子的颜色，它是带一点黄绿色，微透明，可以是糯种或冰种。一般市面上也不常见，价钱高低看绿色的分布均不均匀，颜色深不深。与花青种的差异就是它绿中泛黄。价位在中低价位，几千元到几万元人民币。

芙蓉种翡翠吊坠

**黄带绿（黄加绿）**

黄带绿是目前常见的品种，常见有吊坠、手镯、把玩件、摆件。黄色主要是翡翠表皮受风化产生。几乎水石都有玉皮，很多赌石都是黄加绿，就看绿色颜色深浅与面积分布。黄加绿通常为糯种到冰种，价位算是中等偏高档，早期台湾称黄加绿为老玉，吊坠通常不贵，几百元到几千元台币就可以买到。最近这几年，黄加绿作品很受设计师与雕刻师欢迎。著名的王月要设计师，最喜欢用黄加绿翡翠加上珊瑚或K金与结艺来设计，表现中国古典女性风，两三块翡翠串在一起，佩戴在旗袍上面，真的很有范儿。黄加绿的吊坠从简单的几千元到好几十万元人民币的都有，目前算是中高档的翡翠。

**紫带绿（春带彩）**

紫色用缅甸话讲通常又叫春色，紫带绿色早年也算是中低档价位，主要是因为紫色颜色都不浓，而且紫色以豆种或糯种居多。所以有一句话，用“十春九木”来形容紫色的质地。目前原石较缺少，价格也在渐渐提升。紫色若颜色较深或绿色鲜艳一点价钱就会高很多。常见的有小把件与摆件。春带彩目前算是中档的价位，几千元到几十万元人民币都有。春带彩又称春带财，有富贵的意思。这颜色受到很多人欢迎，尤其是雕刻师傅，最喜欢找来当素材。春带彩手镯 30 ~ 40 岁的职业妇女欢迎，价位从大几千元到大几万元。若是能达到糯冰或者是冰种，且颜色鲜艳的紫或绿就相当难得。

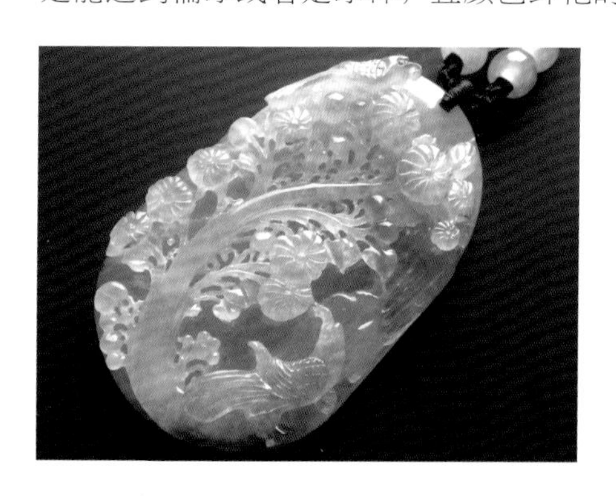

冰种黄加绿鸟语花香（图片提供 莲叶翡翠）

冰种黄加绿贵妃镯（图片提供 莲叶翡翠）

冰糯种春带彩福瓜（图片提供 莲叶翡翠）

春带彩手镯（图片提供 莲叶翡翠）

三彩叶下佛（图片提供 莲叶翡翠）

**三彩玉**

三彩玉又称福禄寿，特点就是三种颜色在一起。最常见的是绿、白、黄，有的是紫、绿、黄。也有四种颜色在一起，红、黄、绿、紫，又称“福禄寿喜”，人生追求的都有了。这在台湾玉市卖到缺货，没有人不喜欢多彩又吉祥的翡翠。三彩或四彩的翡翠常见于吊坠与摆件，也是属于中高价位，大多在几万元到几百万元人民币，全国各地的人都非常喜欢这个品种，店家只要介绍完就会很快售出。

**红翡、黄翡**

老人家通常以为红翡是古代墓葬挖出来的，是人体血液浸染所造成的。这听起来有点恐怖，但是没有科学根据。人过世后不久，血液就凝固了。真的有古玉（白玉），也大多数是地下水里面含铁质较高，接触玉器氧化变红。市面上的翡翠几乎都是当今这几十年的作品，明清时代流传下来的寥寥无几。翡翠原石经过数百年到几千年的搬运与滚动到河床里，与空气和水接触氧化，初期会变黄色，氧化程度再深一点就变成深红色了（黄色主要是由褐铁矿致色，红色主要是因为赤铁矿致色）。不管变红与变黄，大体都保留原来翡翠的构造。黄翡与红翡基本上都是豆种不透居多，少数会达到糯种或冰种。质地是评估黄、红翡价值重要的因素之一。黄、红翡在雕刻上是常见的材料之一，也是雕刻家的最爱，许多把玩件与摆件都是利用俏色与巧色将作品表现得栩栩如生，惟妙惟肖。最高档的黄翡称为“鸡油黄”，带一点油脂光泽，价钱也要几万元到几十万元人民币。深红色翡满色镯子比较少见，也有收藏家在收藏，价钱也不便宜。红翡有些呈现像冰种的现象，颜色鲜红，大多做吊坠。由于大陆将翡翠加热属于优化的方式，仍属于 A 货。在台湾有部分的鉴定所会将加热的红翡备注是经过加热优化的颜色。前一段时间出现几只红翡手镯，颜色过于鲜艳，很多家鉴定所都不敢出鉴定证书，因为找不到有染色或灌胶（环氧树脂）等证据，消费者若是购买红翡手镯可能需要送去国检检测比较安心。

黄翡耳坠

红翡鸟语花香（图片提供 莲叶翡翠）

蓝紫色如意挂件

粉紫色葫芦吊坠

**紫罗兰**

紫罗兰颜色可以分成粉紫、蓝紫、茄紫三种色系，因主要含有锰而致色，每一种颜色都有深浅之分。紫色通常质地较粗，百分之八九十是豆种。少数为糯种到冰种。国内知名品牌昭仪推出新品牌翠品屋，其中“昭仪之星”由重达 9499 克拉紫色顶级玻璃种翡翠搭配钻石，红、蓝宝石镶嵌而成，成为最近紫色翡翠的一个亮点。缅甸公盘一块重 6 千克的冰种紫罗兰翡翠，经过激烈竞标，被买家炒到接近两亿元人民币，足可见高档紫罗兰翡翠与绿色翡翠价位不相上下。十几年前，笔者曾经在台北光华玉市买到一只紫罗兰手镯，冰种紫罗兰带点绿的平均一只约 4000 元，现在也要好几十万元才可以买到。喜欢紫罗兰的消费者通常偏年轻点，在 30 ~ 40 岁，超过 50 岁的消费者，逐渐要挑绿色多一点的翡翠。最近紫罗兰翡翠蛋面量也相对多了，要注意在室内与户外看紫罗兰颜色都会有色差。微商拍的照片紫到无法正视，看起来像假的，其实大多数是因为手机品牌镜头的问题，不同牌子的手机呈现出不同的饱和度，其次是光源种类与强弱。

**墨翠**

墨翠主要是由绿辉石矿物所组成。1993 年，笔者在台大地质系就接触墨翠，台湾高钰公司提供标本，利用电子探针分析，Cr 量为 0.02%。FeO 含量为 3.58%，是造成墨翠外表黑颜色的原因之一。墨翠从外表看起来是黑色，在强光（手电筒）下则呈现墨绿色。当初在台湾销售，也备受消费者青睐。一个手镯当时售价八千到一万元。在 2000 年 9 月的台北世贸珠宝展上，一个大拇指头大的戒面约两千元。1999 年，笔者带学生去缅甸旅游考察翡翠，在仰光翁山市场参观珠宝店，店家拿三片切好的墨翠要卖给我，一片 2000 元人民币，每一片可以切出两个手镯、两个大吊坠、无数个蛋面。当时想这墨翠还要找工人加工切磨挺麻烦的，就没有买。回台湾后问珠宝店行情，一个手镯当时平均售价要 2000 元人民币左右。2010 年暑假去内地广州考察翡翠，我问华林玉市的商家，他手镯开价一个 13 万元人民币，我还以为听错，隔壁开价 15 万元。我彻底崩溃了，当时没买真的后悔了。墨翠挑选要注意，在强光灯下照射，内部需要无白棉，且可以呈现墨绿色才行。许多墨翠吊坠都雕成佛像、观音与龙的图腾，现今的雕刻技术已经达到出神入化的境界，不管身材比例与五官的神韵，都显庄严与慈祥。同时也结合抛光与亚抛光对比，呈现不同风味。由于危地马拉也产墨翠，高质量的墨翠与缅甸产的墨翠一般人肉眼是无法区分的。现在市场墨翠价钱混乱，能卖到一两万元以上价位的墨翠吊坠大概都是缅甸产的。反之危料所产的墨翠吊坠就是几千元的价。目前大多鉴定所都不会打墨翠的产地。

**干青种**

干青种颜色较为艳绿，但不同于翡翠的绿，感觉非常不自然。通常与铬铁矿伴生（黑点处），外表不透明，水头差。干青种也是大多数用来做成雕件与珠链，市价也不贵。2017 年前去缅甸买了一块干青种的翡翠与白色钠长石共生，一块大概 100 元，没想到在缅甸出海关时却被海关没收。这是一块很好的标本，可以了解翡翠与钠长石共生矿的标本。后来在台北建国玉市，买到一块 150 元的小印纽，也是有共生矿物存在。皇天不负苦心人，千里迢迢去缅甸没带回来，反而在台北让我找到标本，真是开心。干青种吊坠、手镯与珠链价钱都不贵，几百元到小几千元，不要花大钱选购。

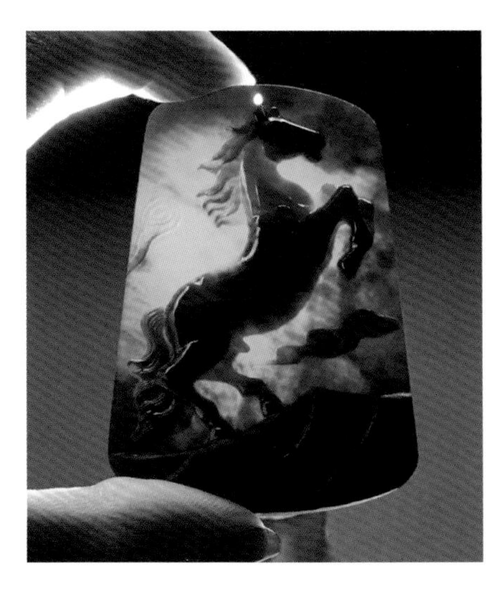

墨翠马牌（透光）

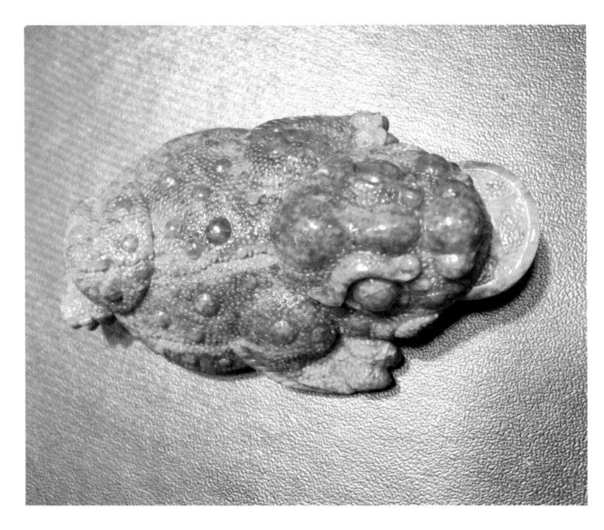

干青种金蟾雕件

**乌鸡种**

会称作乌鸡种的必定与乌骨鸡颜色有关系，它是一种灰黑到黑的翡翠。这品种在市面上不多见，很多人误以为是大理石。根据欧阳秋眉老帅的研究，乌鸡种主要组成矿物硬玉，微透明到不透明，玻璃光泽，表面有时会呈现网状纹路与黑花斑纹。最近在朋友的店里看见几件乌鸡种的印玺，底部是灰黑色，上面是翠绿色的巧雕，非常难见。若是单纯的乌鸡种，价位上应该不算贵，但是要是出现高翠，那行情就扶摇直上。2018 年在缅甸公盘上也看到一大块乌鸡种的原石，赶紧跟学员介绍，这也是校外教学的好处。

### ⊙ 依照场口、产地、开采时间区分

**木那（拿）**

“木那”翡翠，基本上是现代高质量翡翠的代名词，与祖母绿中哥伦比亚“木佐”、红宝石缅甸“抹谷”矿有相同的赞美意味。

木那属于帕敢场区，帕敢场区是最古老、最有名气的场区，近几年产量逐渐下滑。木那以出产种色均匀的满色料出名，也有帝王绿、阳绿、黄秧绿与秧苗绿等颜色的翡翠料，种相对变化大，从豆种到玻璃种都有。冰种到玻璃种的满色翡翠相对稀少，如果赌完全没开窗的“蒙头料”，失手的机会相对较大。

木那属于冲积矿床，位于乌鲁江中游，最早开采源自公元 1 世纪，目前挖掘最深坑洞

乌鸡种手镯（图片提供 莲叶翡翠）

已达五层，有 30 米深。木那分上木那与下木那两个矿区，从上到下根据南国翡翠原石鉴赏说，当地地层分成五层。第一层的翡翠原石几乎都有黄砂皮壳。第二层多件红砂皮壳，并带蜡皮。第三层为黑砂皮壳。第四层为灰黑皮壳。第五层为白黄砂皮壳，多数有蜡皮。木那主要生产满绿玻璃种翡翠，若是无色玻璃种，常出现内部有白色点状棉，像极了下雪的样子。有时候木那原石是艳绿色，切出来却变成蓝色，真的是亏了一大笔钱，且跌破眼镜。有时原石颜色浅绿，切出来颜色却是变浓绿，真是千变万化。有人说木那石：海天一色，点点雪花，混沌初开，“木那”至尊。木那种为何这么有名气，最主要是这十年来，许多玩赌石的朋友，常常失手在其他场口的赌石，血本无归。但是只有木那种可以让那些跌倒爬不起来的玉商，重新站起来，十颗赌石中，只要是木那种，里外颜色猜错的概率较小。就这样翡翠江湖上就到处传遍了木那种多好多好。去年带学生到平洲买手镯，有位严总看中一对木那白翡手镯，开价一个 40 万元，最后一个 25 万元成交，问我值不值？我只能说木那声名远播，再贵都有人拿。高冰带雪花棉在里面，有种冬天泡温泉，天空下大雪的感觉，喜欢就好，当然棉越少质量越佳。到如今，市面上只要有棉点内含物的都是叫木那种，也并不是每一位商家与消费者都有办法分辨是否为木那种，而鉴定所也无法依据成分开立这样场口的证书。提醒消费者，看好翡翠质量比较重要，是不是木那产的，参考一下就好，不要被厂家忽悠了。

木那种雪花棉山水牌

**永处（雍曲）**

前两天笔者无意在脸书上刊登的一张危地马拉的翡翠照片，引起一些网友的热烈留言。几位留言的朋友都说有将以缅甸产的翡翠价格来买危地马拉翡翠（简称危料）的感觉。首先我们了解翡翠主要是由硬玉（Jadeite）矿物所组成，并非单一矿物，伴生矿物还包含钠铬辉石、绿辉石与钠长石等矿物。照片中危料像极了“帝王绿或者老坑玻璃种”，整体感觉像高冰蓝水的玉料，经过仪器分析，主要成分以绿辉石（Omphacite）为主，偶尔会有黄铁矿共生。与大多数人的印象，翡翠是由硬玉所组成，有很大差异，但是在广义上称它为翡翠并不违法（中国珠宝玉石鉴定标准 GB/T16553 在 2008 年颁布，2010 年修正一次）。

经过笔者联系台湾北中南好几家鉴定所得到的结论可以区分两大类。

1. 天然硬玉翡翠。证书上不会注明产地。

2. 天然绿辉石翡翠。大多数不注明产地，如果送件者想注明产地，部分鉴定业者会注明产地危地马拉。

如果您是国内质检站所开出的证书大多会写天然翡翠 A 货（玉），部分在备注栏上会写主要成分是绿辉石。国内质检站每天要检验几百到数千件翡翠，每件收费 5 ~ 20 元人民币，大多数都是过红外光谱仪看有无注胶（环氧树脂），除非上百万元千万元才会仔细用拉曼光谱仪去检测其主要成分。

“永处”翡翠是什么？

常听卖家说这翡翠是永处料？到底永处料是指什么样的翡翠？是一家厂商的名字，还是指危料翡翠。经过网络大搜查，可以发现一个共同点，永处料翡翠是一种绿辉石型的翡翠。根据于汶立珠宝鉴定师，也是缅甸华侨的口头说法，永处（雍曲）是缅甸一个翡翠坑口名称，当地称“雍曲冒”，位置在“龙肯矿场”北约 20 千米处。这里所产的翡翠都是原生矿，品质有好有坏。质地细、水头好可以磨出戒面。颗粒粗、透光性差的只能做“薄水货”（香港珠宝学院提供数据）。于老师提供她所鉴定的三个永处料照片，就是所谓的薄片料，只是颜色跟危料色调略有不同。缅甸永处料绿色主要致色是铬元素，瓜料绿色致色主要是铁元素。在商家口中传来传去，或许就把危料挖底的绿辉石翡翠与缅甸永处这地方所产的翡翠给混淆了。

市面上所流通这种绿辉石翡翠，它的共同点就是：(1) 薄，通常厚度在 1 ~ 2mm。(2) 产品大多雕成佛公或树叶，背面都挖得很薄。(3) 雕好成品底部都会垫锡箔纸。(4) 成品底部都是封底，无法打开。(5) 颜色为墨绿色或者是蓝绿色。至于价位，广州、四会、平洲批发价从数百元人民币到小几千元人民币不等，若是到百货商场就叫价几千元到小几万元人民币起。

几年前，笔者也接触一位台湾朋友进口危地马拉翡翠。有带浅绿豆种或糯种翡翠、浅紫罗兰豆种翡翠，很难达到冰种，大多成块状，属于原生矿开采，每一颗都有几百千克到好几吨重。其中令人注意的是有质量不错接近缅甸出产质量的墨翠，但是产量不高。其中

危地马拉永处料佛公

墨翠原矿

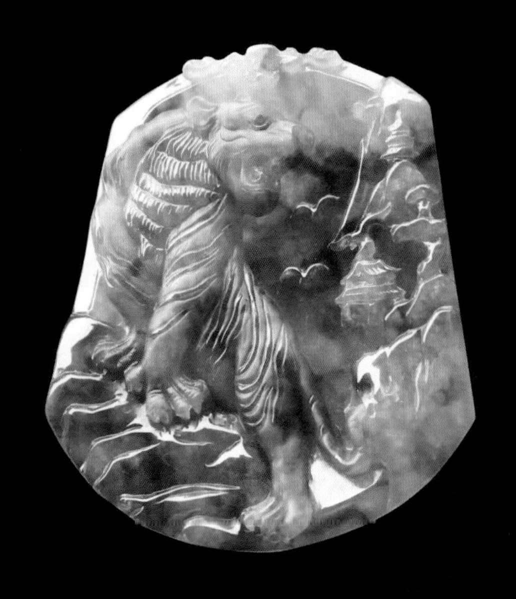

危地马拉永处料虎牌

质量差的墨翠最多，打光只能透 2 ～ 3mm 的墨翠。相信多数市场流传的挖底绿辉石翡翠大多来自危地马拉。缅甸产墨翠主要是在磨西沙场口，最近这几年据说已经相当少了，市面上危料墨翠的比例相当高，质量也是相当不错的。2018 年，笔者带学生到缅甸内比都翡翠公盘，只发现三块墨翠原矿，每块 20 ～ 50 千克，可见缅甸墨翠已经逐年减少。在曼德勒的翡翠市场，大多数墨翠也充斥着危料的墨翠，很多人会误认为是缅甸墨翠。

危料绿辉石翡翠是否可以购买?

其实任何商品只要是天然无处理，告知其主要成分，消费者可以自己去判断它的市场价值。消费者如果自己有翡翠常识也可以避免这个困扰。另外，一个诚实的商家也会主动告知消费者其所贩卖的翡翠来自哪个产地，也会赢得消费者的信任。不管是缅甸永处所产的翡翠还是危料所产的绿辉石翡翠“永处”，它们的共同特点就是薄，从整体收藏投资的角度看是不太理想的，厚度薄也比较容易压碎。消费者不要以为捡漏，一分钱一分货，无漏可以捡。不要想用低价位买到高质量的翡翠，说实话，就算笔者也无法达成这个任务。

## ◎拉曼光谱可以帮助区分硬玉和绿辉石

根据林书弘鉴定师的说法，绿辉石与硬玉混合型翡翠，利用拉曼光谱就可以很容易区分出来。另外利用X荧光光谱仪可以判断组成元素的差异是否为绿辉石。绿辉石翡翠含有高量的镁钙，铝硅的含量则比硬玉低。（图片提供 林书弘）

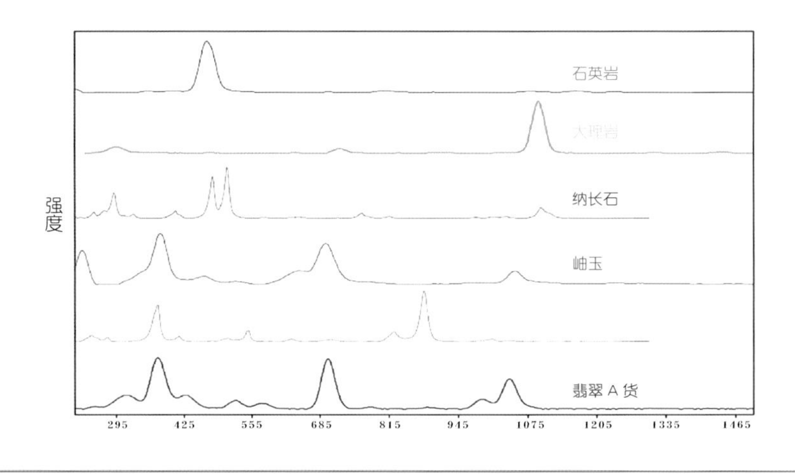


### 铁龙生

“铁龙生”一语在缅甸当地话中是“满绿”的意思，也是一个矿场所在地。在1998年左右是台湾市场最热门的话题。其特征为有翡翠般的翠绿色，并且夹杂许多黑色斑点，也有全干净的。大多不透明，而且多裂缝，其中还有些比重低于3.32。笔者曾分析6个标本得知，其主要成分为硬玉与钠铬辉石，属于钠铬辉石型翡翠。若比重稍低者，则含有大量钠长石。由于颜色太漂亮了，因此刚从香港引进时，曾造成台湾市场一片混乱，一些铁龙生玉因含较多钠长石，多裂纹且质软，因此不得不去做黄灌胶处理。至于比重较重、裂缝较少者，则以A货的形式出现，价钱也比较贵。当时以一串7～8mm，16寸长的珠链为例，B货四五千元，A货则要两万元到四万元。铁龙生的翡翠，与玻璃种翡翠价格差很多，消费者要引起注意。

铁龙生葫芦

**八三种**

这是 1983 年在缅甸发现的新玉矿，原石不透明且质地松软，颜色为淡苹果绿，并常出现浅紫颜色。由于此翡翠质地松散，因此商人将它送去“B 玉”处理。经过优化处理之后，质地通透，绿颜色部分加深，因为价钱便宜又好看，所以整个市场充斥着八三玉。早年在台北建国玉市原本贩卖 A 货的老板纷纷加入八三玉的行列，因为八三玉的原料便宜，优化处理后的成品干净又漂亮，许多不知情的消费者趋之若鹜。以一个手镯为例，二十几年前卖四五千元，这几年大家都懂了之后，只能卖一千元左右。这种翡翠外表所灌的胶接触热容易受风化变黄，就算再次抛光，也不会光亮如新。由于现在检验机构普及，设备提升，消费者鉴定翡翠意愿提高，八三种翡翠几乎很难有生存空间，许多微商或直播甚至说假一赔十，很难再鱼目混珠。消费者通常在旅游景点才比较容易买到八三种翡翠。

⊙ 依照裂纹分类

**雷劈种**

光听这名字就可以想象这石头被雷打到，裂得乱七八糟，会呈现没有一定方向的小裂纹。雷劈种通常为小蛋面居多，带一点灰绿或蓝绿色，不透明。在翡翠市场上卖的价钱很便宜，大概是一颗几十元到上百元。形状磨得也不是很对称，常常歪一边，一看就知道是缅甸那边磨出来的。

雷劈种原石（图片拍自云南）

八三种

# 翡翠的矿物成分与组成结构

## 翡翠的矿物成分

翡翠并非由单一矿物组成，它主要是由辉石类矿物、少量的闪石类及钠长石矿物等组成。

⊙ 欧阳秋眉提出的翡翠分类

2011 年 10 月，在北京大学召开的玉石学国际学术研讨会中，香港珠宝学院欧阳秋眉、严军、吴飞洋、陈索翌将翡翠定义为由三种单斜辉石——硬玉、绿辉石、钠铬辉石为主要矿物（可含少量的辉石类矿物）组成的具有粒状和纤维状紧实镶嵌结构，两组平行柱面解理的细粒多晶玉类矿物集合体。根据矿物组成可以分成硬玉质翡翠、钠铬辉石质翡翠、绿辉石质翡翠。

在100 倍偏光显微镜下，硬玉两组解理。

玻璃种翡翠原石（图片提供 罗加佳）

铁龙生原矿（图片提供 吴照明）

硬玉质翡翠：包含大部分的翡翠品种，最常见的玻璃种、冰种、糯种、白豆种。白色系列，无色到透明，透明到不透明；紫罗兰系列（蓝紫、茄紫、粉紫），油青种，芙蓉种，豆青，彩豆，铁龙生，三彩，金丝种，花青种，飘蓝花，白底青。比重 3.28 ~ 3.40，硬度 6.5 ~ 7，折光率约 1.66。

钠铬辉石质翡翠：如干青种。比重因成分差异变化大 2.5 ~ 3.45，硬度 5 ~ 5.5，折光率偏高 1.70 ~ 1.75。

绿辉石质翡翠：如墨翠，比重 3.34 ~ 3.38，硬度在 6.5 ~ 7，折光率约 1.67。

**⊙ 袁心强提出的翡翠分类**

袁心强教授在《翡翠宝石学》书中提到翡翠类型有：

1. 翡翠：硬玉、含铬硬玉（商业称铁龙生）、绿辉石质硬玉，主要产于危地马拉；
2. 含绿辉石翡翠：硬玉、绿辉石，商业称飘蓝花；
3. 含钠长石翡翠：硬玉、钠长石；
4. 含角闪石翡翠：硬玉、角闪石，主要是带癣的角闪石翡翠；
5. 绿辉石翡翠：绿辉石，商业称墨翠；
6. 钠铬辉石翡翠：铬硬玉、含铬绿辉石、钠铬辉石，商业称干青种；
7. 钠铬钠长石翡翠：钠长石、钠铬辉石、绿辉石，商业称磨西西。这是瑞士古柏林教授在 1965 年最先报道的，且依照地名称它为磨西西（Man-Sit-Sit），主要是白色钠长石与绿色钠铬辉石并且带有黑色铬铁矿斑块与微量的碱性角闪石组合而成。比重 2.7 ~ 2.8，硬度 5，折光率在 1.54 ~ 1.73。

注：依照岩石学分类原则，次要矿物成分含量在 20% ~ 50% 时，必须参与命名。次要矿物当作形容词放在前面，如含绿辉石翡翠，绿辉石含量在 20% ~ 49%。硬玉含量超过 50%。如果次要矿物成分低于 20% 时，就不参与命名。

## 什么是翡翠的“翠性”

熟悉翡翠的人士都知道，观察翡翠切片面质地时偶尔会发现点点斑晶闪光，不规则排列，俗称“苍蝇翅膀”，这是翡翠的解理面反光所致。这是翡翠真伪重要特征，不过并不是每一颗翡翠都有苍蝇翅膀现象，冰种与玻璃种就看不见，常见于糯种与豆种翡翠上。所以出现翡翠的翠性特征也代表这块翡翠的质地只算是中低档。

## 翡翠基本物理化学特性

化学成分：硬玉 $NaAlSi_2O_6$，纳铬辉石 $NaCrSi_2O_6$，绿辉石 $NaFeSi_2O_6$。

颜色：白、灰、黑、各种绿、紫、黄、红、蓝、褐色等。

光泽：玻璃光泽到油脂光泽。

硬度：6.5 ~ 7.0。

比重：3.2 ~ 3.35。

折射率：1.66（远测法）。

### 利用电子微探针分析翡翠化学成分

| 编号 | 颜色 | 翡翠各组分含量 /% | | | | | | | | | |
|---|---|---|---|---|---|---|---|---|---|---|---|
| | | $Na_2O$ | $K_2O$ | MgO | $Al_2O_3$ | $SiO_2$ | CaO | MnO | FeO | $Cr_2O_3$ | 合计 |
| Ja01 | 透明无色 | 15.65 | 0.02 | 0.26 | 24.17 | 59.35 | 0.40 | 0.02 | 0.18 | 0.01 | 100.60 |
| Jah13 | 苹果绿色 | 16.34 | 0.01 | 1.33 | 21.78 | 58.36 | 1.88 | 0.03 | 0.82 | 0.16 | 100.71 |
| Jas04 | 翠绿色 | 9.64 | 0.01 | 7.81 | 12.73 | 56.81 | 11.12 | 0.06 | 1.23 | 0.19 | 99.51 |
| Jas06 | 墨绿色 | 16.78 | 0.04 | 1.39 | 21.58 | 58.15 | 1.81 | 0 | 1.41 | 0.12 | 101.28 |
| Jaq1 | 黑色 | 8.68 | 0 | 7.18 | 11.73 | 57.47 | 10.70 | 0.10 | 3.58 | 0.02 | 99.46 |
| Jaq2 | 灰蓝色 | 9.36 | 0.63 | 20.68 | 2.86 | 60.91 | 1.79 | 0.01 | 3.52 | 0.03 | 99.79 |
| Jap01-1 | 黑色 | 14.46 | 0.01 | 1.05 | 21.98 | 59.26 | 1.47 | 0 | 2.09 | 0.33 | 100.65 |
| Jap01-2 | 白色 | 14.20 | 0.02 | 1.52 | 21.65 | 59.02 | 2.11 | 0.05 | 1.92 | 0.01 | 100.50 |
| Jap01-3 | 浅绿色 | 10.12 | 0.10 | 17.84 | 8.08 | 59.02 | 2.23 | 0.03 | 2.74 | 0.44 | 100.60 |
| Ja13-1 | 淡绿色 | 14.64 | 0 | 0.96 | 16.89 | 58.92 | 1.21 | 0.07 | 5.21 | 3.14 | 101.04 |
| Ja13-2 | 黑色 | 9.39 | 0.78 | 21.31 | 1.96 | 60.78 | 2.76 | 0.07 | 4.32 | 0.02 | 101.40 |
| Ja14 | 翠绿色 | 12.01 | 0.01 | 3.68 | 17.31 | 58.41 | 5.26 | 0.04 | 3.01 | 0.21 | 99.94 |
| Jah09-1 | 白色 | 16.45 | 0.02 | 0.68 | 22.70 | 59.33 | 1.03 | 0.04 | 0.75 | 0.02 | 101.02 |
| Jah09-2 | 翡翠绿色 | 10.69 | 0.33 | 18.69 | 6.39 | 59.93 | 1.90 | 0 | 2.00 | 0.38 | 100.31 |

图片来源：汤惠民台大地质所硕士论文。

绿辉石化学成分分析，在笔者 1996 年撰写的台大地质所论文里，标本编号 Jaq1，$Na_2O$8.86%、$K_2O$0%、MgO7.18%、$Al_2O_3$11.73%、$SiO_2$57.47%、CaO10.70%、MnO0.1%、FeO3.58%、$Cr_2O_3$0.02%，合计 99.64%。

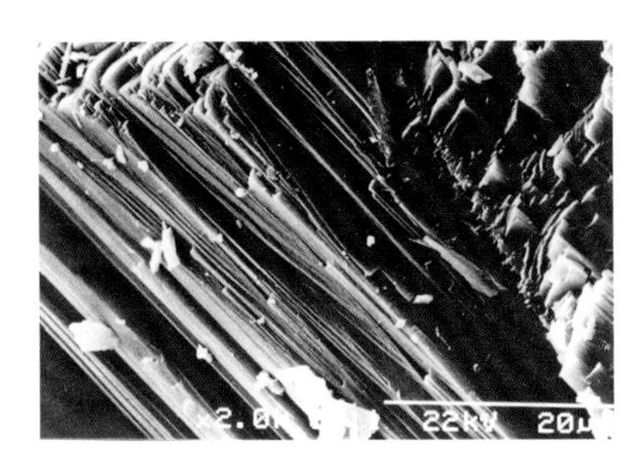

电子显微镜下放大2000倍硬玉呈现柱状构造

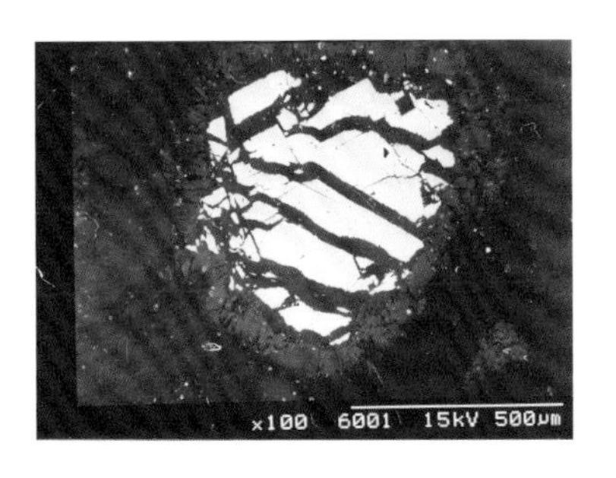


电子显微镜下放大100倍铬铁矿效果

* 测试硬度、比重、折光率样品　**Ja**: 缅甸辉玉　**Jap**: 日本辉玉

**Ja01**　**Ja02**　**Ja03**　**Ja04**　**Ja05**　**Ja06**

**Ja07**　**Ja08**　**Ja09**　**Ja10**　**Ja11**　**Ja12**

**Ja13**　**Jap01**　**Jap02**

硬玉测试标本（以上图片来源汤惠民台大地质所硕士论文）

## 翡翠的结晶学特征

硬玉属于辉石家族，单斜辉石亚族的矿物，属于单斜晶系。硬玉有平行 C 轴两组完全解理，两组解理面的夹角为 87°，将近 90°，通常呈柱状、短柱状、纤维状、不规则粒状的形态出现。

## 翡翠的构造与结构特征

翡翠的构造与结构特征相当复杂，主要是受到板块运动，海洋地壳深入陆地地壳，在低温高压下所形成。它的复杂性包含它的成分多元化，颜色多样化，结晶多变化，以人类有限智慧，要去推敲原来地壳变动矿物结晶生长，之后遭到挤压变形，多次的溶蚀交代成矿作用，是一项艰难的工程。这使近代的地质学家与矿物学家努力寻找各种迹象，利用各种精密仪器（电子微探针、电子显微镜、X 光绕射仪、拉曼光谱仪），从岩石与矿物的角度（岩石薄片与偏光显微镜），观察矿区露出的露头、市场拍卖的原石，做科学的分析与整理。

在这里简化地整理出翡翠原石构造常见的有：块状构造、脉状构造、角砾状构造、条带与褶皱状构造。

翡翠晶体结构依据袁心强教授的分类有：柱状镶嵌结构、柱状变晶、齿状镶嵌、纤维状结构、不等粒变晶、破碎结构和交代结构。晶体颗粒越细，透明度越高，形成所谓玻璃种的翡翠。粗粒和松散结构是透明度较低，颗粒较粗的结构，如八三种的翡翠与豆种的翡翠。当然颗粒排列一致性高，具有方向性，也是形成高透明度的基本条件。颗粒粗细不均匀，矿物种类参差复杂性高，也是造成不透明的原因之一。

## 翡翠的颜色成因

翡翠原石内部的颜色，至今是一团谜。如果今天有人可以猜出九成翡翠内部绿颜色分布、走向与多寡的话，这个人就可以富好几辈子，不愁吃穿。要是秘密公开的话，就不会有赌石这行业了。问题是，以现在的科学仪器与脑力经验，再有能力与经验的行家，能有三四成猜对的概率就算不错了。

翡翠岩基本上分成原生与次生两部分。原生色是指原生翡翠的颜色，主要的色调有白、绿、紫、黑、墨绿等。根据笔者与多位学者研究，翡翠绿颜色主要与铬 Cr 有关。从标本淡绿色、苹果绿到深绿色中，$Cr_2O_3$ 含量从 0.16% ~ 3.14%。而钠铬辉石 $Cr_2O_3$ 含量

条状原石构造

条状紫与白色通常是底色，绿色是后期充填进来的。

脉状原石构造

褶皱状原石构造

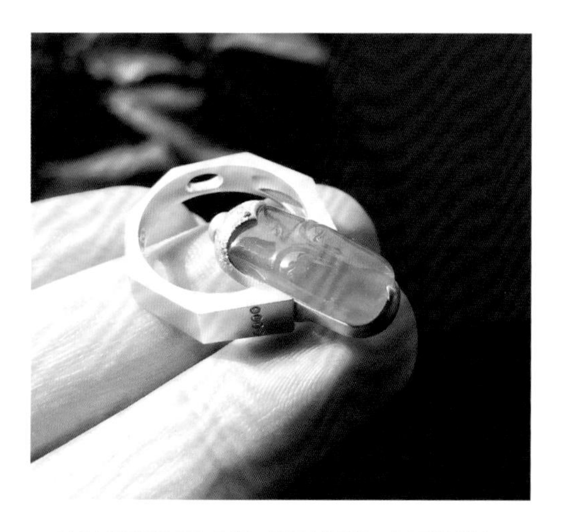

冰种黄翡佛面戒指（图片提供 金玉满堂）

冰种飘花福瓜（图片提供 莲叶翡翠）

在实验中得到 27%。墨翠与绿辉石有关，黑色与角闪石或铬铁矿有关。实验中也发现在铬铁矿旁的 $Cr_2O_3$ 的含量也会偏高，就是所谓黑蟒。要是铬铁矿形成就有高绿，即“绿随黑走”，但如果是角闪石造成就是死绿，不会再有艳绿色产生。

翡翠次生颜色是指翡翠在地表接触空气与水受到风化作用影响，使翡翠表面组成矿物分解，并在矿物间充填各种物质所产生颜色。通常有黄色、褐色、红色、灰绿、黑色等。胡处雁教授提到绿色调次生色是在相对还原的环境下形成，各种次生色可以叠加在原生颜色上，使原生色调变得更灰暗。红色调翡翠称为红翡，黄色调称为黄翡，通常少见有质地好的红、黄翡。灰绿色次生翡翠称油青种，通常市场价位偏低，它是翡翠在地下水作用下，颗粒间充填绿泥石微晶与其他硅酸盐矿物所造成灰绿、灰蓝绿、蓝灰色等。由绿辉石所造成的绿色，商业上称为飘蓝花。它的颜色呈飘丝状、草丛状，目前深受消费者欢迎，尤其是玻璃种飘蓝花，一只手镯都身价几十万元甚至上百万元。至于绿色形成时间大多数学者都认同较晚于白色或紫色翡翠。白色或浅色翡翠中因受地壳变动挤压，会产生许多裂隙，随后受到含有铬的矿溶液的充填交代作用，造成绿色翡翠大多呈丝片状、脉状、浸染状，且大多不均匀。

《天鹅》（图片提供 大树）

叶形翡翠优雅演绎天鹅浮水，尽显别样岁月静好。

## 翡翠与相似玉石的分辨

翡翠相当稀少，价钱比起其他天然矿物高出几百甚至上万倍，因此才会出现这么多仿冒品。讲到翡翠与其仿冒品的分辨，除了让消费者增加宝石知识外，也避免花大钱买到其他像翡翠的矿物。

### 岫玉

市面最常见，主要产于辽宁省岫岩县，是一种蛇纹石玉。它以蛇纹石为主，透闪石、滑石、方解石、磁铁矿、硫化物为伴生矿物。主要化学成分为含水的镁质硅酸盐类，比重 2.44 ～ 2.82，较翡翠轻很多，可以放在手上掂掂做比较。硬度为 5 ～ 5.5，比软玉还低。折射率 1.56 ～ 1.57，抛光后没有翡翠亮与出色。颜色有黄、黄绿、灰、白、黑、墨绿色，带一点蜡状光泽。内部常见白色云雾状的团块，这是鉴定最好的证据。许多到内地探亲的台湾同胞顺便带这种“内地玉”来各地菜市场或玉市卖。一个岫玉佩，台北建国玉市卖 10 ～ 20 元，北京的潘家园也可以轻松买到，笔者在 2012 年 7 月也去逛了一圈，就像刘姥姥进了大观园，相当热闹和让人长见识。雕工普通的吊坠饰品，5 ～ 20 元就可以买到。几乎所有初学翡翠者都会见到它，因为便宜也会买两件回去当标本收集或送亲友。雕工精巧大器的摆件常见于全国各地各大古玩古董店、珠宝城，很多餐厅也会买大型的岫玉雕刻品放在大厅，增加饭店气派。

岫玉金鱼（图片提供 天福玉珠宝）

青海天青冻（图片提供 台大宝石鉴定所吴琮任）
即蛇纹石，类似翡翠木那白翡带棉。

酒泉玉酒樽（图片拍自潘家园）

蛇纹石手镯打光效果

## 酒泉玉

酒泉玉产自祁连山，墨绿色的蛇纹石，大多制成茶壶、茶杯与手镯，很多旅游景点都有销售。品读闻名中外的唐诗王翰的《凉州词》：“葡萄美酒夜光杯，欲饮琵琶马上催。醉卧沙场君莫笑，古来征战几人回。”这首描写边塞风光的诗，让人仿佛亲身在边塞军营里，与将士们举着夜光杯，里面盛葡萄美酒，那马背上琵琶的弹奏声，催促大家大口喝酒。假若不小心喝醉了躺在沙场上也请您不要笑我，自古以来能够侥幸从战场上回家团聚的将士们能有几个呢？多么慷慨悲壮的景象啊。每每念到此，就让我回想起我的恩师谭立平教授亲自解说夜光杯由来的情景。根据老师解释，这夜光杯因为制作非常的透与薄，当月圆的时候举起酒杯，月光穿透薄薄的酒杯，就成了闻名遐迩的夜光杯了。我这次在北京的潘家园也有看到摊商在卖，一个 300 ～ 500 元。台湾花莲也产黑色蛇纹石，到台湾观光旅游也可以买到茶壶与茶杯。

独山玉摆件

## 独山玉

独山玉产自河南省南阳市独山地区，又称为独山玉或南阳玉。独山玉有很多色调，以绿、白为主，蓝、灰色为辅。微透明到半透明，做雕件大多不透明。细粒致密结构，到内地旅游常会买到这种玉石。颜色有红棕、黄、绿、蓝、棕与黑等颜色，成散点状分布，这与常见的翡翠颜色分布不太一样。陈奎英小姐提供一块标本给笔者做实验，比重 3.35，硬度为 6 ~ 6.5。具有玻璃光泽，比重与翡翠差不多，成分以斜长石、钙长石、黝帘石、钙铝榴石、透闪石为主，在内地一般的珠宝城与古玩城并不多见。

## 水沫子

自从玻璃种翡翠大卖之后，价钱连涨好几十倍，连带着也把水沫子炒热了。所谓的“水沫子”，是钠长石的集合体（$NaAlSi_3O_8$）与少量的辉石类和角闪石矿物，折射率在 1.53 左右，比重大约 2.65，硬度约 6。干净得透明类似玻璃种到冰种翡翠。有白色、黄棕色、黑灰色、蓝色，其中常见到类似翡翠的“冰种飘蓝花”。称其为水沫子的另一个原因是它内部有如小气泡般的微小白色泡沫，成串出现。同样的两只手镯，水沫子很明显比翡翠轻，另外轻敲声音也比较低沉，没有翡翠的声音悦耳。

水沫子手镯（图片提供 未来四方）

水沫子首饰

水沫子原矿

水沫子佛公雕件

笔者于 2012 年 6 月到云南翡翠之旅中发现，不管是在昆明还是瑞丽、腾冲都有许多商家出售水沫子。主要产品有蛋面、手镯、吊坠、雕件等，成堆成堆地任你挑选。若是玻璃种翡翠，那就吓人了，随便一个小地摊，至少要上几千万的成本了，由此就可以推断这一堆应该是水沫子无疑。小蛋面一个就几百元到上千元，手镯以全透的最贵，有飘蓝花者最抢手。一个价位可以到 6000 ～ 8000 元，黄色半透价位在 3000 ～ 4500 元，灰黑半透在 2500 ～ 3500 元。此外，在腾冲看见一大块重达上百千克的水沫子带苹果绿的水料。就目前来说，渐渐有很多人玩不起翡翠，退而求其次接受水沫子，水沫子被炒作的可能性大增。2013 年玉雕大师王朝阳也推出个人水沫子雕刻作品，把水沫子带入艺术殿堂中，让更多人可以了解与收藏。

水沫子鉴定以肉眼看与翡翠有差异，但是在不同灯光下还是很容易搞混的。要知道这价位与翡翠相差十万八千里，所以买高档翡翠还是要有鉴定书作为保障。鉴定可以从比重与折光率差异下手。

## 澳洲玉

澳洲玉是一种含镍（Ni）的绿色石英岩，半透明，玻璃光泽，隐晶质集合体，比重只有2.65左右，折射率在1.54。这是最常用来冒充翡翠的宝石，其特色就是颜色均匀，呈青苹果绿，比较单调没有混色。最常见是做成戒面或珠链。质量好的澳洲玉，在香港珠宝展也卖得不便宜。很多人都想打开澳洲玉的市场，但是消费者一听到成分是石英就不感兴趣了。

卡地亚设计绿玉髓配钻石耳环

## 软玉（闪玉、碧玉）

中国的玉文化，已经有八千多年的历史。这里所讲的玉，主要是软玉。中国最出名的玉是和田玉，它曾作为2008年北京奥运会会徽取材而扬名全世界。在内地懂软玉的人太多了，光在新疆和田做白玉的商家就超过一万人。分布在全国各地珠宝城与古玩城，各地大大小小高级

《风的方向》碧玉雕刻作品（图片提供 黄福寿）

会所，从事软玉相关工作的就有好几十万人到上百万人，如果是爱好软玉、收藏古玉的人那就有可能超过好几百万人了。

软玉主要由含水的钙镁硅酸盐透闪石、钙铁的硅酸盐阳起石所组成。主要颜色为白色（最高等级为羊脂白，吃过烤全羊的人就会懂）、灰色、绿色、暗绿色、黄黑色等。具有油脂光泽，不透明到微透明，硬度 6 ～ 6.5。台湾花莲丰田玉，根据台大地质系谭立平教授的调查报告，台湾软玉硬度最高可达 7.1 度，因此才会建议将软玉称为闪玉（以角闪石矿物为主），才不至于发生软玉比硬玉硬的窘境。软玉折射率为 1.62，主要产地在新疆的北部，天山与阿尔泰山、青海、贵州等地，外国的产地有澳大利亚、加拿大、美国、新西兰、俄罗斯、韩国等。

很多初学者问我翡翠与软玉如何分辨，最主要还是多看。两者之间的色调是不同的，翡翠可以非常翠绿且多色混合，软玉就比较单调，绿中带暗，两者放在一起就一目了然了。翡翠与软玉蛋面可以放在 3.2 比重液上。软玉比重在 2.9 ～ 3.0，因此它会浮在比重液上，翡翠的比重 3.32，会沉入比重液底下。软玉尤其是羊脂白玉，这几年是按克来算价钱，高档一级羊脂白玉曾拍出一千克一千多万元的天价。很多人拥有原石也不卖，放越久赚越多，卖了反而买不回来。您会问到底哪一种涨得快，我也说不准。一位上海做白玉的朋友，几年前还是城隍庙附近的小摊贩，卖的是一块 300 ～ 1000 元的山料白玉把玩件，如今摇身一变成为高级会所的吴总，出门开的是宝马 740，住的是高级别墅。只有七八年时间，他见证了中国经济起飞与白玉疯狂飙涨的时机。他说他回不去了，人的一生就是这么奇妙，每一个人的机会都是公平的，只要把握好时机，你也可以是下一个“吴总”。

《比翼双飞》碧玉摆件（图片提供 黄福寿）

讲到软玉的玉雕，我不得不推崇一位好友黄福寿大师，他给我的感觉就像是一块玉，那样古朴憨厚与内敛。我觉得做玉雕的朋友都有这个特性，不善于讲话，也不懂交际应酬，一生就是为了玉而活。他懂玉也融入玉，作品就是他的生命历练与心情故事，永远都有惊喜，处处可以发现奇迹。他是台湾玉雕界的奇葩。不论诠释翡翠还是软玉，对他来讲都游刃有余。

### ◎中国的软玉分布

北京大学地球与空间科学学院王时麒教授在2011年11月玉石学国际学术研讨会上，就中国软玉矿床的空间分布及成因类型与开发历史提到，中国已知软玉矿带、矿床分布20多处，分布十多个省。

1. 新疆维吾尔自治区昆仑山—阿尔金山矿带：由西向东包括，塔什库尔干、叶城、皮山、和田、策勒、于田、且末、若羌，长约1100千米。北疆天山：玛纳斯矿带。

2. 青海省：中西部的东昆仑山矿带，集中在格尔木地区，包含三岔口、九八沟、拖拉海沟、没草沟、万宝沟、大灶火、小灶火、野牛沟等。北部祁连山，西部芒崖、中东部都蓝。

3. 甘肃省：东部临洮马衔山，西部安西马鬃山。

4. 陕西省：陕南秦岭凤县。

5. 西藏自治区：藏南地区，日喀则、那曲、昂仁、拉孜、萨嘎等地。

6. 四川省：川西汶川县与石棉县。

7. 贵州省：贵州南部罗甸县。

8. 广西壮族自治区：中部大化一带。

9. 福建省：北部南平地区。

10. 江西省：南部的兴国和东北部弋阳。

11. 江苏省：南部溧阳小梅岭。

12. 河南省：西部的栾川。

13. 辽宁省：南部的岫岩和海城一带，包括细玉沟、瓦子沟、桑皮峪等。

14. 吉林省：中部的盘石。

15. 黑龙江省：中部的铁力。

16. 台湾省：东部花莲丰田、西林。

青玉大风壶（图片提供 樊军民）

白玉子料（图片提供 李新岭）

## 符山石（idocrase）

主要产在花岗岩与石灰岩接触交代的硅卡岩中与石榴石、硅灰石、透辉石等共生。主要产在美国、加拿大、阿富汗、肯尼亚、巴基斯坦、缅甸等。国内则产在河北邯郸、新疆玛纳斯地区。别名又称加州玉、符山玉等。有黄棕、黄绿、苹果绿、白、浅蓝色。比重 3.32 ~ 3.47 与翡翠很接近。硬度 6.5 ~ 7 也跟翡翠相似。折光率 1.71 ~ 1.72 比翡翠 1.66 高。在 461nm 有明显的吸收光谱带，这是在野外最方便辨识符山石跟翡翠的不同之处。另外，符山石与翡翠在红外光谱高频区也有差异，翡翠在 3400 ~ 3800$cm^{-1}$ 没有吸收峰出现，符山石化学式有轻基在高频区会有吸收峰出现。放大镜观察符山石的颗粒界线很难看

符山石戒指

黄色符山石和白色石榴石耳坠

清楚，不显翠性，而翡翠是粒状纤维交织结构，两者之间还是有差异的。

根据云南恒信珠宝检测中心瑞丽分部负责人邓伊蕾鉴定指出，现在中缅边境出现石英岩冒充白翡。另外还有白色石榴石与黄色符山石充当白翡与黄翡出售。这些大多都是缅甸人拿过来姐告贩卖，通常是镶在铜托上，一般肉眼几乎无法分辨。最近微商、直播特别多，因此买完之后还是要送去鉴定，才能保障自己的权益。我通过微信、微博、脸书分享这条信息给朋友，很多鉴定师朋友与老师都要我帮忙买标本，说实在的，我都很想收几颗当标本。提醒在姐告、曼德勒等地翡翠批发市场购买翡翠时要警惕耳环上有白有黄的翡翠，它们有可能就是石榴石（白）与符山石（黄或黄褐色）。

## 钙铝榴石

钙铝榴石是最近这 30 年出现在市场上的仿玉材料，因为产在青海，所以也有人称“青海翠”，除此之外，新疆、贵州也有产。由于各地说法不同，在缅甸有人称“不倒翁”，国际市场上有人称“南非玉”。钙铝榴石以钙铝榴石为主，含少量的蛇纹石、黝帘石与绢云母。外表通常不透明到半透明，抛光后表面出现油脂光泽，由浅绿到深绿色，常出现点状色斑，很多商人都栽在钙铝榴石身上，花了不少冤枉钱。钙铝榴石比重为 3.60 ～ 3.72，比翡翠 3.32 要高。折射率为 1.72 ～ 1.74，也比翡翠 1.65 ～ 1.66 高。硬度 7 ～ 7.5，同样高于翡翠 6.5 ～ 7。通常最快的检验方式就是翡翠在查尔斯滤色镜下绿色部分不会变红，而钙铝榴石会变红。提醒一下消费者，最近市面上也出现黄色的钙铝榴石，肉眼看还是很接近黄翡，最好的方式还是测一下比重与折光率。也可以打一下拉曼光谱，马上就可以得到答案。

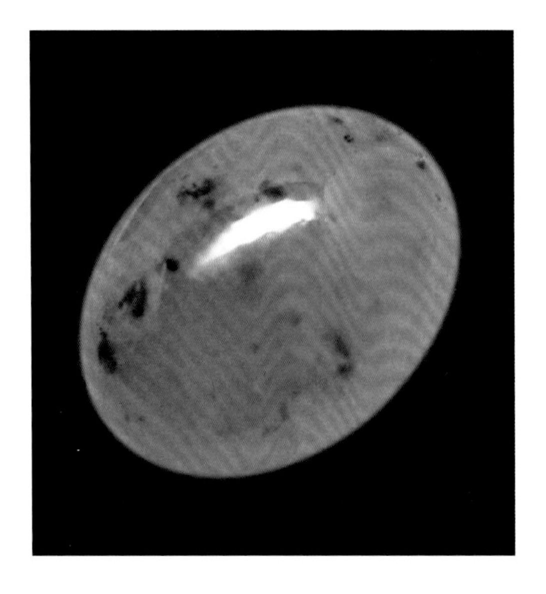

水钙铝榴石（图片提供 吴照明）

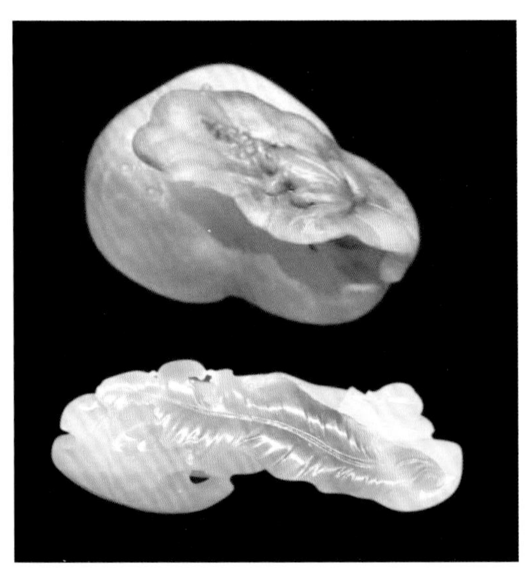

水钙铝榴石

## 东陵玉（耀石英）

东陵玉是旅游市场上最常见的一种仿翡翠饰品，它其实是一种石英岩，内部含有片状的铬云母，密密麻麻呈点状。在滤色镜下会变成红色，最常用来做成手串珠链，一串手链 30 ～ 50 元。

东陵玉（仿玉）手镯

## 天河石

天河石属长石家族，又称为亚马孙石，主要成分为钾长石，为酸性伟晶花岗岩的造岩矿物，通常为绿色、天空蓝、蓝绿色。天河石常做成雕刻品、珠子、手镯与蛋面。有经验的翡翠商人很容易区分出来。天河石微透明到不透明，单晶体，可以清楚看到有规则解理面（十字形网状纹），与翡翠混杂的裂纹是不同的。比重比翡翠低，为 2.6，折射率 1.53，硬度 6 ～ 6.5，比翡翠略低，这些都是最好的区分方法。2012 年 6 月笔者到云南翡翠之旅，参观一位好朋友的店云宝斋，他店里就有漂亮的天河石珠链与手镯，这是我多年来很少见到的。

天河石吊坠（图片提供 龙琛国际）

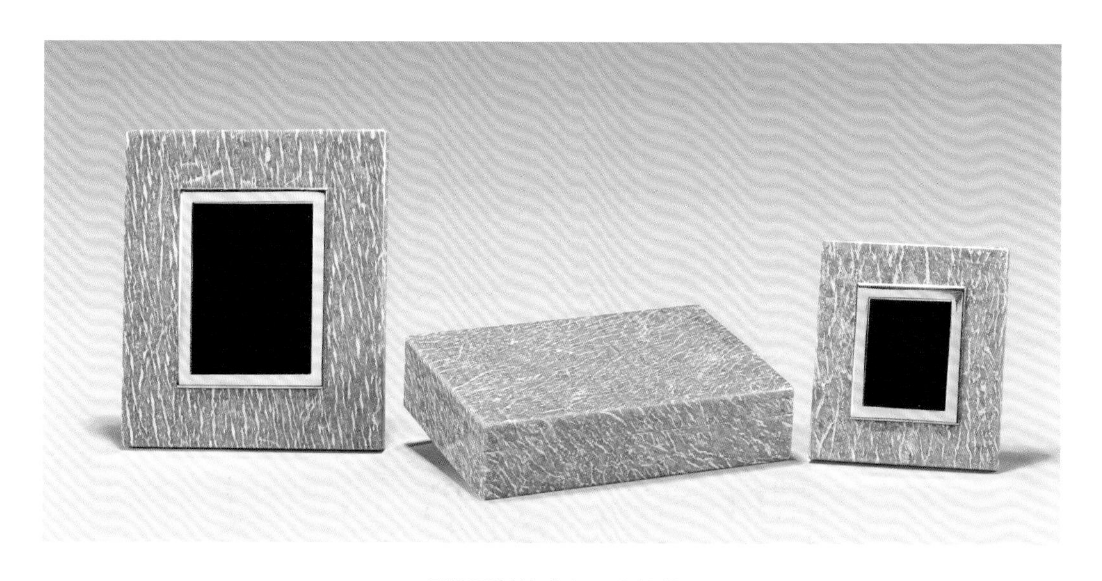

天河石首饰盒与两个相框

## 葡萄石

葡萄石是最近六七年炒得很热门的宝石。最初是从台湾开始热起来，这股热潮持续延伸到内地来。据保守估计，当年每个月至少好几百千克的蛋面葡萄石流入台湾。葡萄石因外表结晶像葡萄形状而命名，命名者为葡利恩上校。葡萄石主要成分为含钙铝的硅酸盐类，硬度在 6 度，比重 2.8 ～ 2.9，折光率在 1.61 ～ 1.63。大多为黄色、黄绿、翠绿、绿带黄，浅蓝色调。葡萄石里面白色纤维状结构与裂纹特别多，顶级翠绿颜色很像玻璃种老坑翡翠，这几年也受到内地消费者的追捧，黄绿色的葡萄石 10 克拉以上，一克拉可以卖到 200 ～ 300 元。品质再好一点，绿带一点黄的，一克拉卖到 300 ～ 400 元。

顶级翠绿色的葡萄石，一克拉至少要 600 ～ 700 元才能买到。像这样顶级的翡翠，一颗至少要上百万元，因此说葡萄石是翡翠最佳分身一点也不为过。挑选葡萄石除了要看颜色外，还要看它的干净度。葡萄石带一点油脂光泽，偶尔也会雕刻成吊坠。通常 30 克拉就很大了，超过 50 克拉的很少。

葡萄石镶玫瑰金项链

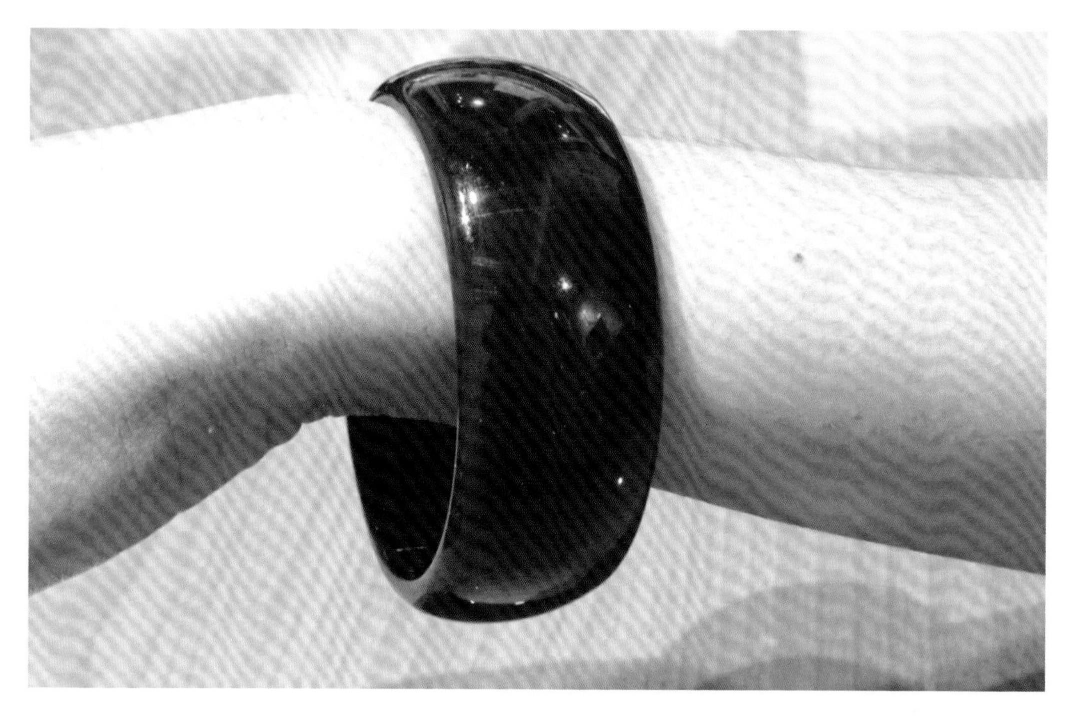

角闪石玉手镯

## 黑色角闪石玉

黑色角闪石玉，在广州玉市出现，有的全黑，有的有一点绿色斑点。表面光亮度不错，价钱也不贵。可以定尺寸做手镯，也可以开出证书。一个手镯批发价在1000～2000元，看有无杂质与裂纹。也有的做成珠链，一串价格也是在800～1500元。根据欧阳秋眉老师的说法，它的矿物成分主要是角闪石，有少量的硬玉成分。比重3.0，折射率1.62左右。

## 祖母绿（绿柱石）

这个问题可以是问题，也可以不是问题。对于初学者，肯定什么都不会分辨。记得我刚学珠宝的时候，祖母绿和翡翠真的容易混淆。后来看多了之后就不会有这种问题了。在外国人眼中，祖母绿与翡翠也是傻傻分不清楚，看到很多国外的翻译把EMERALDLAKE直接翻译成“翡翠湖”。肉眼观察，祖母绿可透可不透，色泽浅绿、黄绿、绿、艳绿到蓝绿色。跟翡翠的颜色色调不一样，要多看几次，而且还要多看几种不同的颜色就可以区分。就透明度来分，绿翡翠比较有难透明的，相对来说祖母绿比较透明，当然不透明也有。依照净度来区分，翡翠杂质较少，祖母绿的杂质瑕疵特别多，这是我们最常分辨的。对于切工来区分，翡翠大多数是蛋面，祖母绿除了蛋面外，质地好的也会有切割角度，通常翡翠不会切割角度。另外翡翠的光泽（1.66）高过祖母绿光泽（1.576～1.582），不过这需要受过训练才能分辨。在硬度方面，翡翠硬度6.5～7，祖母绿硬度7.5～8，祖母绿比

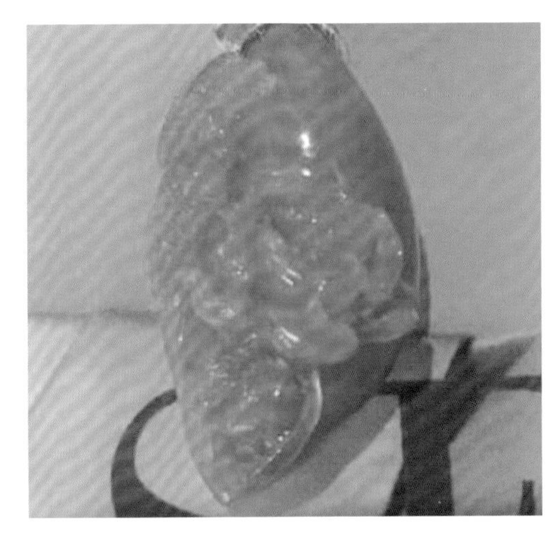

祖母绿雕件仿冒翡翠（图片提供 师永明）

染色玻璃

染色石英蛋面

玻璃仿冒品

翡翠硬，但是祖母绿脆，容易受敲击破裂。翡翠有雕刻品，祖母绿不透明的部分也会有雕刻品，像云南文山麻栗坡祖母绿、印度祖母绿，翠绿不透明到半透明裂纹多的，就会拿来做成雕刻品出售。如果拿到实验室，就比重（祖母绿 2.5 ~ 2.8 比翡翠 3.33 轻）与折光率一下子就可以分辨出来。在查氏滤色镜下翡翠不会出现红色，多数的祖母绿会出现红色，少部分还是绿色。建议读者可以从颜色（色调）跟净度差异来判别。

## 马来玉（染色石英）

不知道为什么会称它为马来玉？不过它不是产在马来西亚。它主要是石英岩染色。这种成本非常低的仿翡翠，见于各大玉市与旅游市场小摊贩。不但有绿色，还有红色。一个坠子开价 50 元，四个 100 元。如果你杀价，也可以一个十块。不管送婆婆、妈妈还是晚辈，花个小钱都可以见者有份。马来玉通常是绿色，里面有蜘蛛网状构造，前一段时间到北京潘家园逛，也发现有红色仿红翡的戒面。

## 山南–硅卡岩（Sannan Skarn）

硅卡岩

在这次 2018 年 9 月香港珠宝展中发现一个摊位卖类似干青种的翡翠，经过解释才知道这是硅卡岩。硅卡岩是一种典型因交代作用形成的岩石。发现于巴基斯坦西部俾路支省。主要绿色致色来自矿物中的铬元素，主要成品有蛋面、珠子、手镯与雕件。其主要矿物成分有蓝透闪石、霓石、钙铝榴石、透辉石、绿泥石、针钠钙石与钠沸石。比重 3.26，略轻于翡翠。会场上售价一克 25 ～ 35 美元，我特地买了 3 个小蛋面，经过多方交涉以 50 美元成交。我很喜欢他的一件猫头鹰雕刻品，可惜他不卖。相当有意义的标本，未来会不会有市场还有待观察。挑选尽量避开黑点与白色矿物，基本上都没有水头，很难成为高端的珠宝。

## 脱玻化玻璃

玻璃仿冒翡翠，这是在旅游小贩市场与玉市里面常见的最低档产品，主要特征就是内部有小气泡。很多人家里爷爷奶奶留下来的宝物就是此种材质，后来鉴定才知道是玻璃。一个只要 5 ～ 10 元。

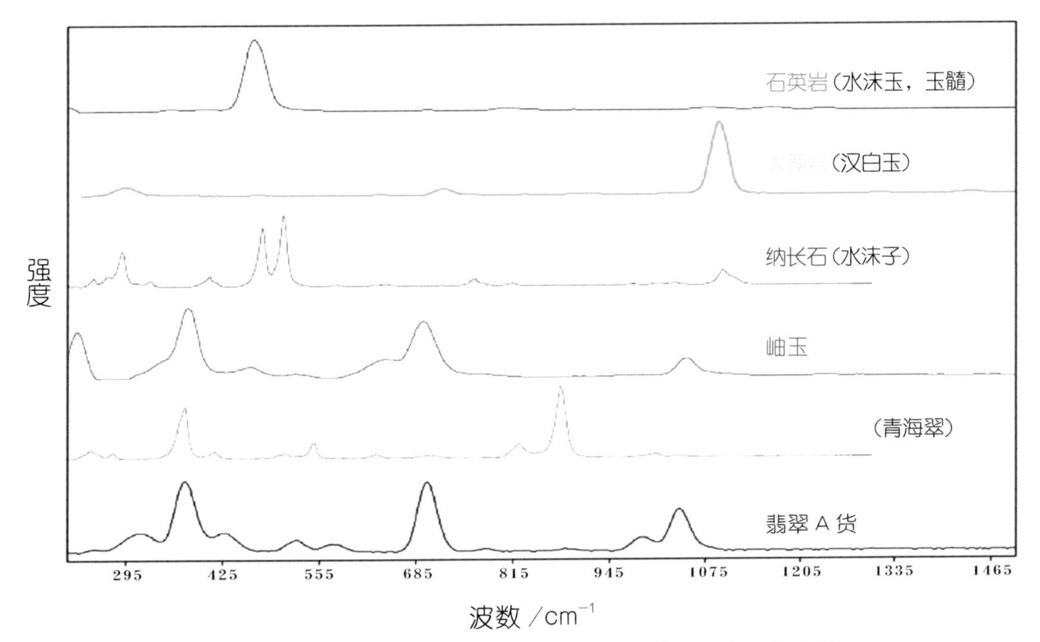


翡翠与相似玉石拉曼光谱对比（图片提供 台大宝石鉴定所吴琮任）

# 翡翠优化处理与鉴定

翡翠为何要经过人工处理，说穿了就是要让翡翠增加颜色，以及去掉一些杂质。天然低档的翡翠其实也相当多，但凡在旅游景点或者玉市里都有贩售，价位几十元到几百元都有。那为何还要去做处理呢？基本上商人要达到几个目的：第一就是要增加它的美观，比方说用火焗烤，或者是染色；第二就是要吸引消费者购买；第三就是想卖高价欺骗消费者。通过这些人工处理的程序，其实已经破坏了翡翠的价值，有些颜色经过日晒和与空气接触没几个月就褪色了。总之，消费者出门在外购买翡翠，不要贪小便宜，另外就是购买时可以问问老板这些翡翠是否经过染色、灌胶等处理。如果还是不放心，就可以要求对方出具鉴定证书。如果店家推诿，你自己心里就有个底了。切勿花大钱从流动小贩手里购买，因为买完他就跑了，有问题也找不到人。另外就是到产地旅游，缅甸或者是云南瑞丽、腾冲等地方，一定要找熟人带路或者是去政府主管的厂商处购买，也许有些原石并非作假，但是切出来是没有颜色的，虽然表皮有些绿色，切开后里面是干的，只能买来当标本。翡翠这一行水很深，最好有行家指点，不然就得缴学费学经验。

## 焗色

通过火烤来改变原本褐色或黄色焗翡翠（含水氧化物褐铁矿 $Fe_2O_3 \cdot nH_2O$）表皮变成猪肝红色（赤铁矿 $Fe_2O_3$），变成好卖相的红翡，称之为焗色。通常可以准备一个铁盘与细砂放在火炉上均匀加热翡翠，也有人放进烤箱内，缓慢加热。材料必须挑选表皮带有微黄或黄褐色风化的地方，才有办法进行焗色。白色部分不论你如何去加热也不会变红色。早期有人利用火焰枪（水电工或者是铁工焊接工具）对准翡翠即将改变外皮颜色的地方将它加热，温度过高比较容易让翡翠表面产生小龟裂纹，不建议使用。至于要加热多久才会变红，都是要凭经验，通常温度不要超过200度，随时观察颜色变化，直到变成猪肝红颜色就停止，再慢慢冷却就可以。从头到尾大概就几十分钟。要注意不要加热过久，翡翠表面组织也会产生变化干裂，而失去价值与美感。

焗色的翡翠基本上只是经过瞬间加热处理，接受程度因人而异。如果加热不过度，有的还真的很难分辨。我个人还是喜欢天然的红翡，看起来比较自然。这次在瑞丽考察的时候，就发现很多翡翠毛料经过焗烤处理，变成非常浓重的深红色，与天然的风化比较，颜色不自然。

由于翡翠原石价格高涨，市场上能入手的原石几乎都是带玉皮的黄、红翡，作为原石收藏，或是加工做小雕件、摆件都是不错的选择。红翡如果要达到冰种透明度就非常有价值，满色冰种以上红翡手镯更是稀有。在瑞丽玉市一家摊商发现有几件焗烤的小摆件，有时还会误以为是古玉（经过风化时间较长变红），这点消费者要注意。如果你不会分辨天然或焗色红翡的时候，不妨问问商家，说自己喜欢焗烤的颜色，如果他说这些都是那就对了。由于焗烤时没有加入颜色，所以属于优化方式，目前有些鉴定所会注明颜色经过焗色，有些不会注明。

焗烤的原石与摆件（图片拍自云南瑞丽）

## 染色

这是最老最土也是最容易最常见的一种方法，已经有好几十年的历史，只有染色的颜料在不断地改变。首先要知道为何翡翠要染色？高档有价值的翡翠一定不会染色。染色的翡翠一定是挑选结晶颗粒粗，结构松散，孔隙大的翡翠毛料。如果自己想买染色的翡翠，也不要花大钱，超过两百就算贵了。市场上售价通常在 5 ~ 100 元。因此，不要羡慕别人可以戴一只满绿手镯出去逛街买菜，因为现在买得起满绿手镯，起码都要一千万元起跳，如果有一千万元的手镯，基本上是用人或是阿嫂帮忙买菜，不需要自己出面。很少有人戴上一只超过上千万元的满绿手镯在路上或商场上逛街。这种手镯平常都是放在保险箱里面睡大觉，有场合宴会时才会戴出来秀一秀。

早期染色通常是染到整个颜色全绿，后来人们觉得这样太假了，于是就染一小段或者一半，后来流行福禄寿三彩颜色，于是就染紫、红、绿等颜色。染色基本原理跟染布原理差不多，首先要用稀酸清洗油污与表面杂质，然后再经过烤箱烘干加热。经过加热后孔隙就会扩张，然后泡在染色剂的桶内，经过加温加速染料沿着晶体颗粒之间渗透或者是在裂隙内充填进去。染色通常要一到数周时间，染完之后烘干，最后进行墩蜡处理，增加光泽与防止褪色。

最早比较差的染料，只要手摸几下，就会掉色。后经过改良用高浓度的铬盐染成绿色翡翠，不过用这方式来染色很容易被发现。首先颜色不自然，另外表面用十倍放大镜观察可以发现很多蜘蛛网状色素沉淀构造，而且裂隙的地方沉淀特别明显，这都是染色翡翠的特征。早期鉴定染绿色翡翠，可以通过查尔斯滤色镜观察，这是一种只允许红光或黄绿光通过的胶片，当染料是用铬盐的时候，在灯光下就会出现粉红色或暗红色。然而天然的绿色翡翠就会变成暗绿色或不变色。查尔斯滤色镜以前称为照妖镜，很多旅游商场从业者都会变魔术把戏，拿几个铬盐染色的翡翠秀给大家看，然后再拿一个自称天然的绿色翡翠比对，消费者不知情的情况下就相信了。殊不知，如果染料不是铬盐，在查尔斯滤色镜下，是看不出来变红色的，因此就中了商家的圈套。

只能说在滤色镜下变红色一定是染色的，不变色不代表是天然的。翡翠鉴定与珠宝业者将染色的翡翠称为 C 货，C 货是没有价值且不会增值的。现在的科技可以染到不会褪色，除了染红绿色与紫色外，也会染黄色与染红色。一大堆几百上千件任君挑选，买超过两百元就可能当冤大头了。

鉴定是否有染绿色比较可靠的方式就是利用手持式分光镜观察，天然翡翠绿色是由铬 Cr 造成，染色翡翠在红光区有一片宽的吸收光谱，天然翡翠则只有 437nm、660nm、655nm、690nm 吸收线。

紫色翡翠通常是呈现片状，很少呈脉状分布，所以很少看见脉状紫色翡翠侵入绿色翡翠中。染紫色翡翠染色剂通常用含锰的有机染料，在滤色镜下是没有反应的。紫色通常由浅紫到深紫，在放大镜下浅紫并不容易被发现色素沉淀，深紫色翡翠因为稀有，十之八九

染色平安扣C货，一个5～10元。

天然A货，你如何挑选。

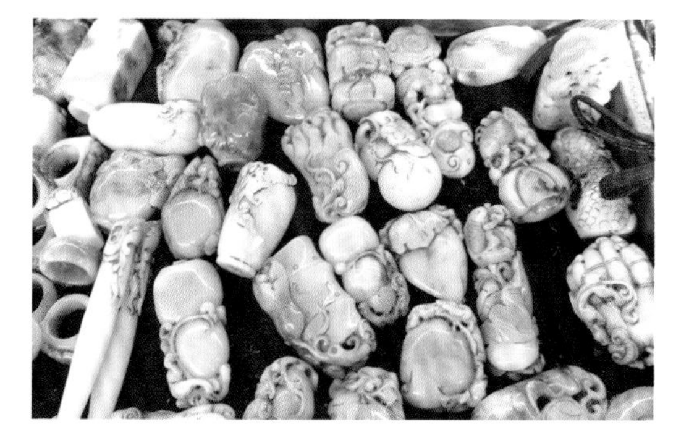

瓷底的翡翠染绿成仿白底青把玩件，且是复古风。

绿色坠子，全染，一只二三十元。

染绿

染紫

染三彩

这一只如果没有染的话要300万元。

图片拍自潘家园

都是染色的，且颜色非常不自然。通常我们可以利用紫外线荧光灯来观察，染色的紫翡翠通常会有橙红到粉红色荧光反应，天然的紫色翡翠一般不会有荧光反应。

袁心强教授提到，天然紫色翡翠阴极发光颜色为鲜艳的橙红色到紫红色，利用无色、白色或暗绿色等染色变紫色翡翠则变暗紫、淡绿、黄绿色阴极发光，因此高档的紫罗兰颜色翡翠，还是要送去做阴极发光鉴定才比较有保证。

## 涂膜处理

涂膜翡翠技术基本上没人流传出来。根据袁心强教授推测，可能是利用涂指甲油的方式，将高挥发的绿色胶涂抹在戒指面上。涂膜处理翡翠通常是双面且满绿，手摸起来有点黏手，用力摩擦则容易脱膜。笔者曾有学生去缅甸旅游从路边小贩手里买了几个满绿蛋面翡翠，一个开价从两万元杀价到两三千元，一次就买了十颗，回家后送给亲友。朋友拿去送镶，没想到不小心表面就被刮掉一层皮，当场出糗。学生被骗的经验，都是因为贪小便宜，想捡漏，却不想捡到“大漏”。满绿阳色的蛋面，随便一个都要好几十万元起跳，贵的可到上百万元。当地小贩能卖贵肯定不会便宜卖给你。他们都是识途老马，身经百战，只有你吃亏上当，没有他捶心肝甩卖的道理。想不上当也很简单，如果他愿意用小刀刮刮表面，或者用打火机烧个三到五秒，就应该不会是涂膜的翡翠了，反之，则有可能是“刮刮乐”。

刮刮乐翡翠

假玉镀膜珠链



## 翡翠A、B、B+C货

早年翡翠加工到最后阶段，都会泡在酸梅汤里，去除掉表面油垢污渍，但是这并不会破坏翡翠内部结构，也不会改变外表颜色。最后一道工序就是浸蜡抛光，增加光泽。翡翠经过这些工序完工后称为A货，相信很多读者都已经了解了，也可以接受。其实翡翠并不是天生都很干净，总是会有一些灰色或黄色调杂质，会影响翡翠卖相。聪明的商家就想出去芜存菁的方法，利用强酸浸泡翡翠，经过一段时间，把杂质用酸洗掉，连带也把翡翠结构给破坏了，部分的表面被侵蚀得一干二净，支离破碎，必须经过抽真空将环氧树脂灌入翡翠内部，填补裂隙，这就是B货。

翡翠在1970年末到1990年初，历经了一场空前大灾难。好多人在香港不明就里买到了所谓去黄灌胶的B货。早年购买翡翠也从来不会想到要鉴定，也不知道要去哪鉴定。有可能一辈子或者到下一代都不清楚买的翡翠是否经过处理。很多人花了几十万元甚至上百万元买的蛋面或手镯检查出来有问题，造成店家与消费者纠纷。在那个年代，很少听过有珠宝鉴定，就算是鉴定师一开始也摸不着头绪，搞不清楚来龙去脉，又没有仪器把B货当成A货鉴定等，直到这些家庭工厂曝了光，事情才开始真相大白。

1980年起，台湾兴起到香港批发翡翠的热潮。在那个年代，翡翠是很神秘的，没有几个人懂得看好坏，更不懂翡翠的行情与价值。大老板喜欢就买，那时候是卖家的天堂，只要有大客户，卖家就天天数钱数到手抽筋。当时翡翠注重颜色与水头。无色透明玻璃种的翡翠与紫罗兰翡翠几乎没人要，便宜的几百元到几千元就可以买到蛋面或手镯。1990年初，台湾开始兴起珠宝鉴定热潮，学习珠宝鉴定变成一种风尚，几乎班班客满。消费者意识抬头，懂得买珠宝要去做鉴定。记得1993年台大地质推广教育宝石班的课程上，一个卖翡翠二十几年的郑灿煌老先生说他拿翡翠蛋面去修改抛光，没想到会有烧焦的味道，跑来问我说，老师这翡翠真奇怪，从来不会有这怪现象。吴舜田教授在美国GIA（G&G杂志）刊登一个翡翠B货的研究报告，利用傅里叶红外光谱仪检测出填充在翡翠表面的环氧树脂，揭开翡翠B货的神秘面纱。这也陆续引起更多人研究翡翠B货相关报告，直到今天，翡翠B货已经不再有人去讨论。香港、台湾、内地各大宝石鉴定所几乎都会配备红外线光谱仪、各大商家与商场也都为了商誉，标榜自己卖的是A货，B货行业就渐渐消退了。消费者买翡翠也都警觉到要求鉴定报告；不过“道高一尺魔高一丈”，加工业者不会甘心就这样断送前程，一定会有更新的处理方式正在悄悄进行，下一场硬仗何时开打也是未知数，只能说见招拆招，抽丝剥茧来面对新的挑战。

⊙B货制作过程

**1. 选料**：选择B货翡翠原料，通常会找结晶颗粒较松散、质地较差的翡翠品种，最适合的品种就是八三种。八三种多为山料，块头大，用来做手镯最好不过，其他像玻璃种或冰种的料，颗粒非常细，价钱昂贵，不会拿来制作。另外带有黑癣的花青种，黑色部分为角闪石矿物，经过酸洗也不会清除（笔者也用盐酸试过），因此也不适合做B货原料。铁龙生的翡翠有部分因为裂纹多，所以会直接去做灌胶处理。

**2. 切料**：通常会先切片取出手镯与镯心，还有一些切剩下的边角料就直接去黄灌胶。这样的做法快速，且量非常大，后期再去做雕刻与抛光。

**3. 泡酸漂白**：这真是一个秘密，很多人做B货赚了钱，但是黑心钱赚不久，因为早期设备简陋且在密闭空间加工（怕被邻居发现），很多老板没有经验，不懂得加装抽风设备，长期吸入浓酸的空气，很多人都做超不过十年就因肺部问题去世了。后来为身体健康着想，从事这一流程工作的人都得戴防毒面具。将翡翠半成品放置在盐酸或硫酸桶里面浸泡，放置1～3个星期，时间长短取决于经验、酸浓度等。这样做的目的就是要去除掉翡翠表面杂质、黄褐与灰黑色。

**4. 碱洗增加孔隙**：为了让翡翠孔隙加大，通常还会浸泡强碱氢氧化钠NaOH，这种方式将会彻底破坏翡翠的结构，几乎可以轻易捏碎它，并非所有工厂都会经过这道工序。

**5. 灌环氧树脂**：这道工序非常重要，也是鉴定翡翠是否为B货的主要证据。经过酸碱两道工序，翡翠已经支离破碎，面目全非。这时候必须充填环氧树脂（无色），来增加强度与透明度。环氧树脂种类繁多，主要挑选流动性高，固结能力强的。对酸碱浸泡后的翡翠加以烘干，然后置入密闭容器内抽真空，再将环氧树脂灌入，并持续增加压力，使环氧树脂彻底将孔隙充填完整。

**6. 凝固**：在环氧树脂尚未凝固前，把翡翠半成品取出，利用铝箔纸裹覆外表加温烘烤，温度要适中，避免温度过高使树脂发黄，也不能温度过低，凝固不完全，这完全靠师傅经验。用铝箔纸是为了避免翡翠半成品互相粘在一起。

**7. 切磨抛光与雕刻**：B货翡翠以手镯、吊坠、蛋面、珠子居多。将这些半成品拆开铝箔纸后，就可以加工制成成品。

难得一见的八三玉种山料

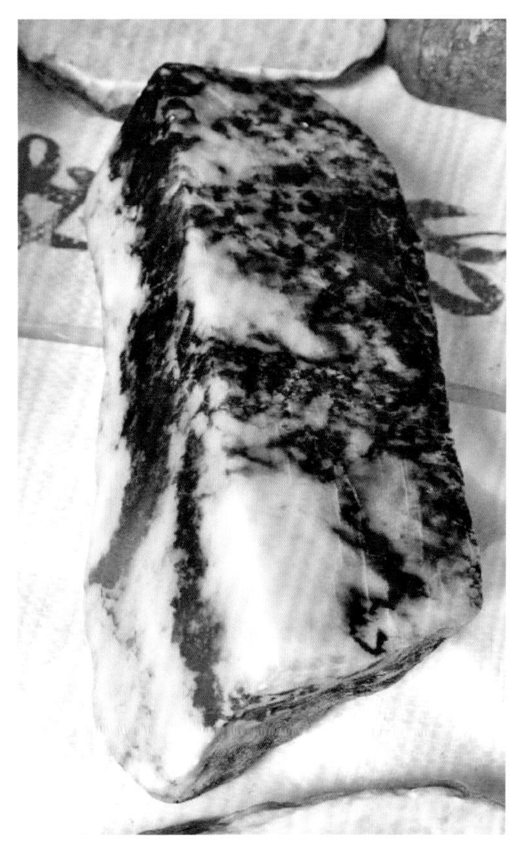

黑癣原石无法泡酸去除黑色角闪石。

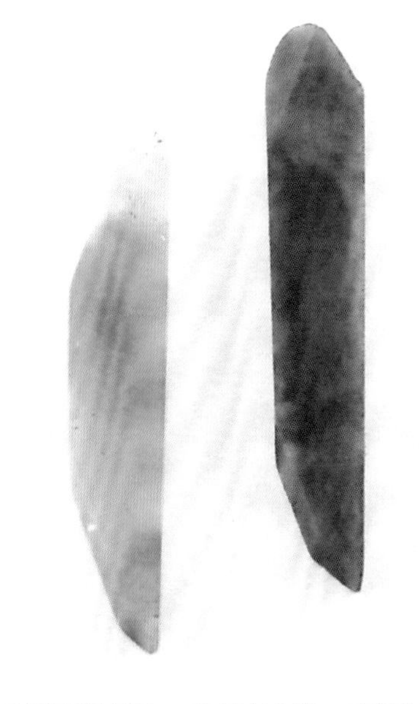

A货、B货原料切片，左边是B货，右边是A货。（图片提供 吴舜田）

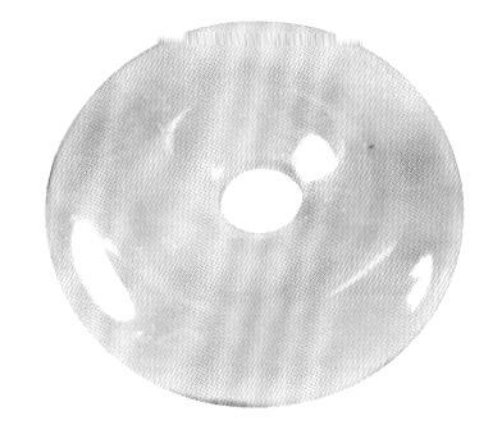

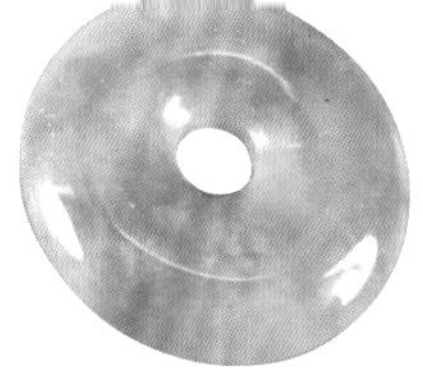

B货平安扣

灌胶处理的B货（图片拍自潘家园）

⊙B 货翡翠的鉴别

1. **酸蚀纹**："橘皮效应"是翡翠 A 货在抛光平面上，通过反射光观察，会出现类似于橘子皮的多个大小和方向不同的凸起与凹陷的特征。"橘皮效应"只有在 A 货中才表现得比较突出，并且凸起与凹陷之间的界线逐渐平滑过渡；B 货中凸起与凹陷之间不是平滑过渡，而是有一裂隙隔开，犹如蜘蛛网状的裂隙纹路，称为"酸蚀纹"。这样的讲法看似简单，但是实际观察必须要有相当经验，稍不小心也容易判断错误。

B货手镯时间久了，就无法恢复原来的光泽。

2. **颜色的变化**：B 货翡翠的外观，绿色与白色对比较鲜明，绝对没有黄、灰褐色等杂颜色，只保留绿色、紫色、黑色部分，且部分杂质空位已经被环氧树脂充填置换，被侵蚀的空位就显现出特别透明或变白。袁心强教授提到，B 货翡翠有"色形不正""色浮无根""种质不符"的特征。色形不正，指的是翡翠颜色过于鲜艳，底色过于干净。这与笔者所说的颜色对比明显相符合。色浮无根是指绿色与底色的界线模糊，颜色有飘在上面的感觉。种质不符，就是明明是颗粒粗，但水头好，又干净，违背了天然翡翠的规律。

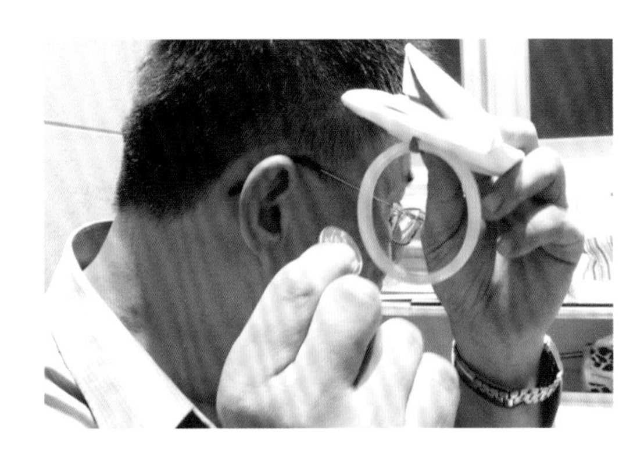

听翡翠清脆度辨别A货、B货。

3. **观察表面光泽**：B 货翡翠因为灌了树脂，在与空气接触久了之后，就会氧化，尤其常在高温的环境（厨房）下工作更容易风化变黄色。因此观察 B 货翡翠都可以看见表面有一些微弱的黄色光泽。另外，遭受风化外表光泽就会变差，无法再抛光回原来光泽，A 货翡翠只要重新抛光就可以恢复原来光泽。

B货翡翠浮在比重液上。

**4. 敲击听声音**：翡翠 A 货手镯用玛瑙棒或钱币放在耳边轻轻敲击，可以听到清脆悦耳的声音。翡翠 B 货用树脂充填裂隙，因此声音会变得闷闷的，不够清脆。通常购买翡翠老板都会演示给你看。要注意手镯需要用细绳绑住，不可以用手拿。这方法只能辅助观察。部分 A 货手镯因为质地较差，颗粒松散，也会造成声音低沉，容易与 B 货混淆。少部分 B 货手镯，因为泡酸时间短，或者是局部灌树脂，声音也相当清脆，一时也很难分辨，这点要非常注意。

**5. 比重液**：经过酸洗灌树脂的 B 货，因为有树脂成分，会造成比重降低。因此我们可以将翡翠放入二碘甲烷的比重液中，A 货翡翠比重 3.32 ~ 3.55，比重液比重为 3.32，所以 A 货翡翠会沉入比重液底下。经过笔者实验测量的 B 货戒面比重通常为 2.93 ~ 3.21，会浮在比重液上。要注意的是，墨绿色的翡翠（绿辉石）与钠长石的比重较低，也会悬浮在比重液上。这个方法比较可靠也方便，有九成的可信度。要注意比重液都有剧毒，观察时最好暂时闭气几秒钟，操作时必须空气流通，用完后要马上洗手。

**6. 紫外荧光反应**：天然翡翠在紫外荧光灯下通常没有荧光反应。B 货翡翠则有强的蓝白色荧光反应。影响因素有充填的树脂种类，另外，部分浸蜡也有弱到中等的蓝白荧光反应。因此荧光反应也只有七八成参考价值，不能作为百分百的鉴定依据。

**7. 摩擦生热法**：笔者的学生郑灿煌先生发现，将 B 货翡翠戒面摩擦生热，可以吸起小的卫生纸屑。这是树脂摩擦生热产生静电吸引的原理，非常符合科学原理，在任何地方都可以操作。用此方法要看天气湿度，摩擦的热度，以及卫生纸屑的大小（2 ~ 3mm 长）。按此你也可以试试身手，将翡翠在毛料衣服上快速摩擦约 30 秒，手感觉烫为止。将翡翠轻轻碰一下纸屑，如果能吸附起来就是 B 货了。不能吸起来的，不代表就是 A 货，准确程度达 90%。

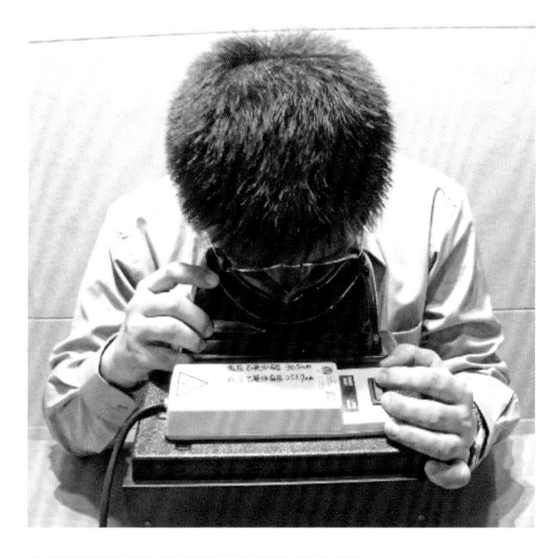

用紫外线荧光灯检查翡翠有无荧光。

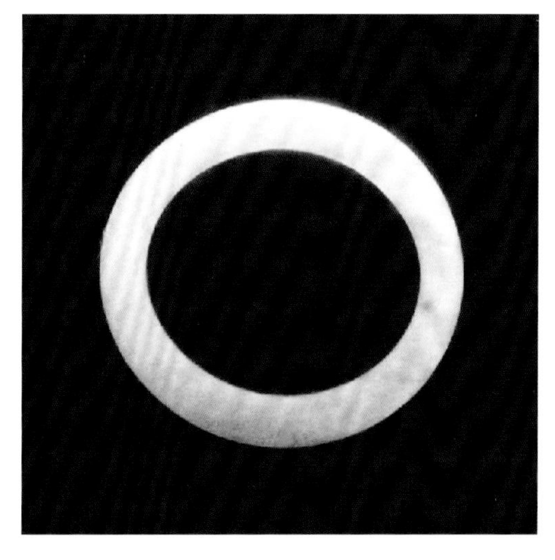

B货手镯特别的荧光反应（图片提供 吴照明）

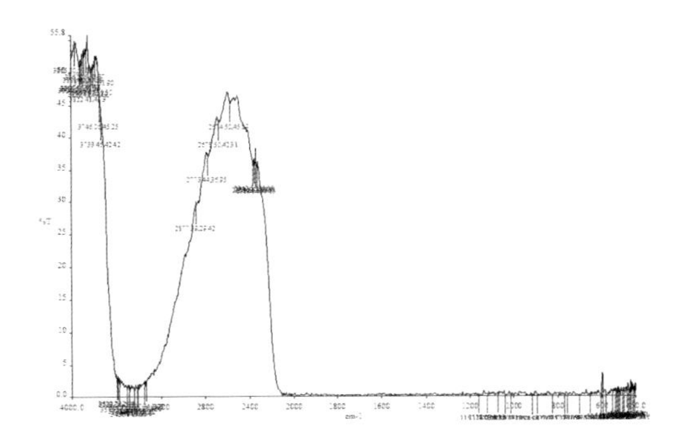

A货翡翠红外线光谱（图片提供 吴照明）

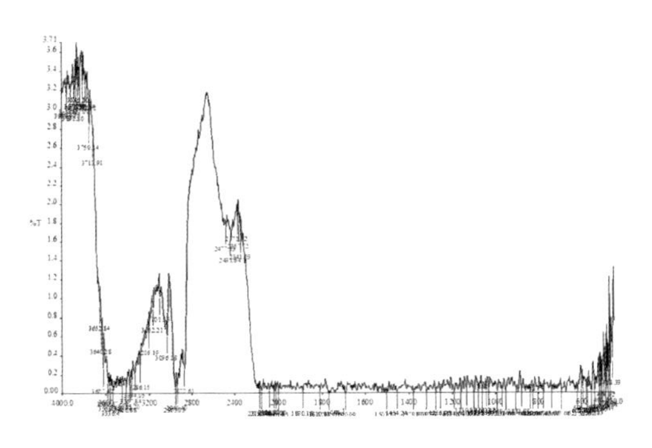

B货翡翠红外线光谱（图片提供 吴照明）

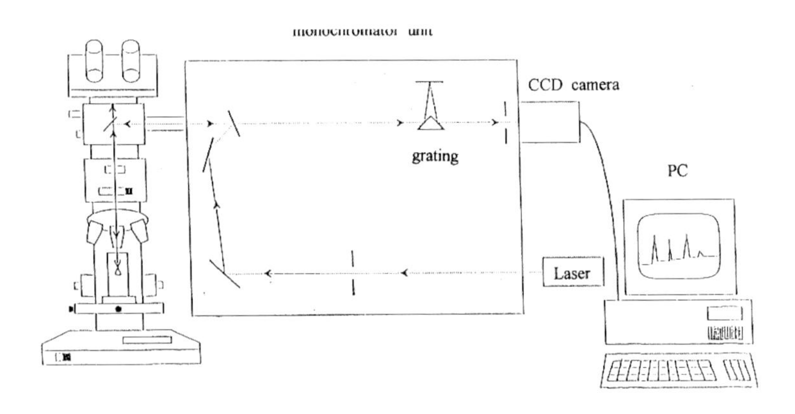


拉曼光谱原理（图片来源 汤惠民台大地质研究所硕士论文）

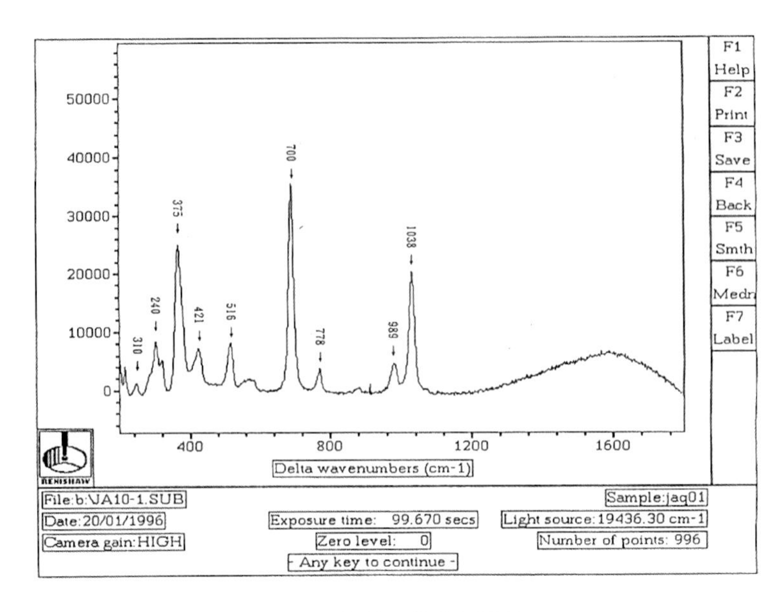


天然硬玉拉曼光谱散射峰图

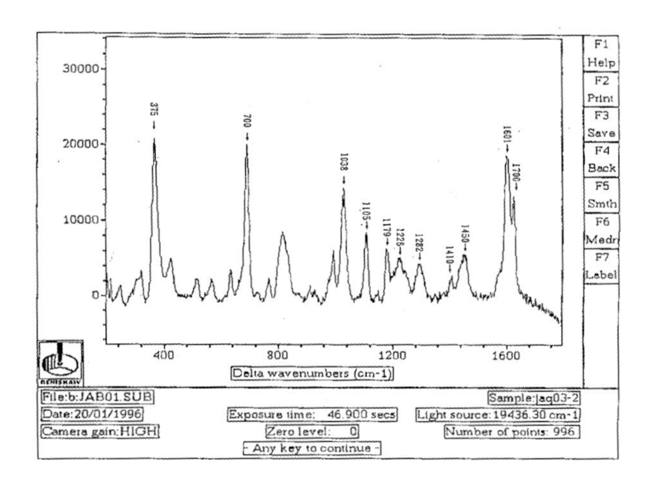


B玉200～1800cm$^{-1}$拉曼光谱散射峰图，要注意在1200～1600cm$^{-1}$之间多了许多吸收峰。

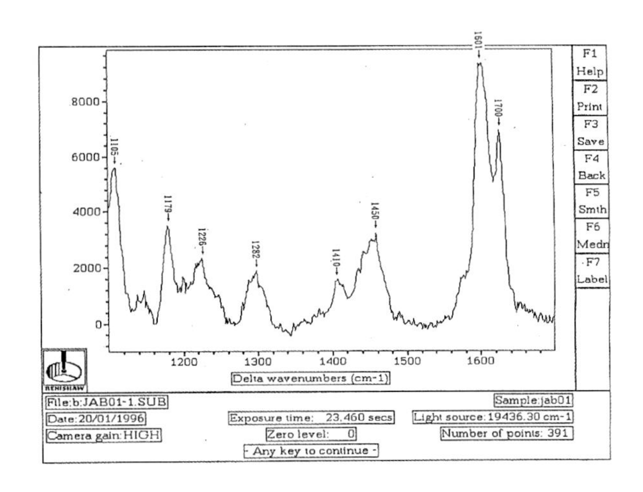


B玉1100～1800cm$^{-1}$拉曼光谱散射峰图，这些波峰会随着充填的环氧树脂不同而改变。

**8. 红外光谱鉴定**：红外光谱目前是最科学最准确、最灵敏最快速检测翡翠B货是否含有环氧树脂的利器。它解救了翡翠低迷的市场，让消费者重拾对翡翠的信心。主要是用来鉴定物质的化学组成，通过离子震动来测定物质是否含水，对于有机物检测最灵敏，常用在纺织、化工、材料科学方面。

袁心强教授提到，天然翡翠吸收波峰与B货翡翠吸收波峰的差异在于，B货吸收波峰有2870cm$^{-1}$、2928cm$^{-1}$和2964cm$^{-1}$，有3个吸收峰，其中2964cm$^{-1}$最为明显。值得注意的是，翡翠中若是含有蜡或油的话，也会出现不同的吸收峰，2850cm$^{-1}$、2925cm$^{-1}$、2960cm$^{-1}$。蜡或油的吸收峰以2925cm$^{-1}$最强，树脂则以2925cm$^{-1}$、2960cm$^{-1}$强度相当，形成双峰。在辨别的时候需要特别注意。

**9. 拉曼光谱鉴定**：拉曼光谱主要是以单一色光（通常为雷射光）激发样品，反射后的拉曼散射信号，经拉曼光谱仪分光后，再由感应耦合组件（CCD）接收，最后经过计算机处理，可以得到拉曼光谱图。拉曼光谱仪检测是研究物质分子结构和检测物相的现代光谱学方法与技术，多用来鉴定矿物种类，也可以用来鉴定 B 货翡翠。

拉曼光谱的优点是，不受鉴定物大小、厚度与透明度影响，不破坏鉴定物，不需要拔下戒台。可以利用显微镜对焦针对宝石内含物分析成分，快速且准确。缺点是容易在激发光源下产生较强的荧光反应，会影响测试结果。对于灌树脂量少或者是检测点不含树脂时会产生误判 A 货情况。所以必须多检测不同部位与点，建议正反面各检测 5 ~ 10 点。

林益弘（1995）提到辉石拉曼的振动模，在 0 ~ 600$cm^{-1}$ 有镁铁钙与氧的振动，在 600 ~ 1200$cm^{-1}$ 有硅与氧的振动，峰形宽度与位移方向都会随着铁含量增减而位移。

笔者分析 13 件天然翡翠样品的拉曼光谱，在 200 ~ 1200$cm^{-1}$ 波数间有 375$cm^{-1}$、700$cm^{-1}$、989$cm^{-1}$、1038$cm^{-1}$ 四个明显的拉曼峰，与袁心强教授资料中的 378$cm^{-1}$、702$cm^{-1}$、993$cm^{-1}$、1041$cm^{-1}$ 接近吻合。989$cm^{-1}$ 与 1038$cm^{-1}$ 属于硅氧四面体中 Si-O-Si 对称振动峰。700$cm^{-1}$ 和 375$cm^{-1}$ 波数属于 Si-O-Si 不对称弯曲振动峰，主要强度是 700$cm^{-1}$。

B 货翡翠的拉曼光谱特征，要注意 1100 ~ 1600$cm^{-1}$ 波数，检验结果出现多个吸收波数，1105$cm^{-1}$、1179$cm^{-1}$、1226$cm^{-1}$、1282$cm^{-1}$、1450$cm^{-1}$、1601$cm^{-1}$ 等，而且不同的样本，所得到的吸收波数也会有差异，代表使用的环氧树脂种类也不一样。

值得注意的是，川蜡与环氧树脂最大差异是川蜡翡翠在 2861$cm^{-1}$ 和 2846$cm^{-1}$ 有特别吸收波数，这是环氧树脂不会出现的情况。

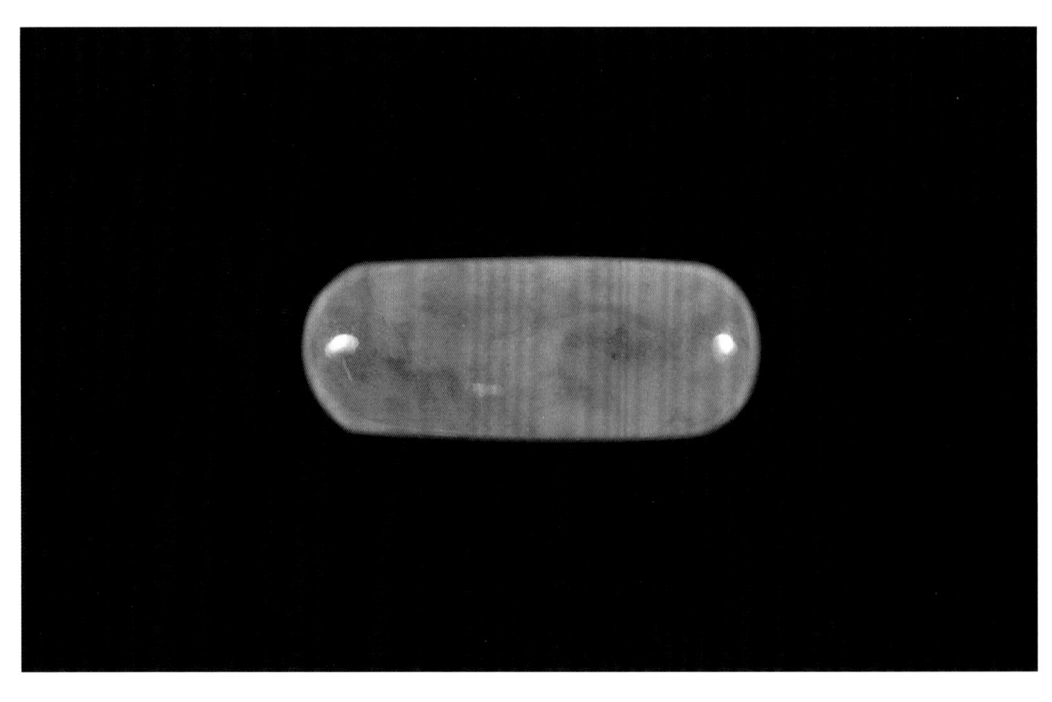

B货马鞍形翡翠（图片来源汤惠民台大地质研究所论文）

### ⊙ B+C 翡翠鉴别

B+C 翡翠风行在 1996 年左右。主要是先用强酸去黄，然后染各种颜色，最后再注入环氧树脂。最常见的是绿色，其次是红色、紫色、褐色与三彩等。它可以局部上色，或者染成色带，也可以在浅绿色的部位加绿使颜色更明显。比起单纯的染色（C 货），B+C 货反而更容易被忽悠。鉴定方法与上述方法相同，可以利用滤色镜、分光镜、荧光灯、放大镜等观察。

### ⊙ B 货翡翠的价值

很多人问我 B 货翡翠可不可以买，其实经过上述对 B 货翡翠的介绍，您心里应该会有一个答案，八三种的 B 货手镯价值在 1000 元左右，满绿铁龙生手镯因为裂纹，通常会灌树脂处理，超过万元就算是贵的。有时候商家会说这只是小 B，轻微用酸泡过，也不太严重。其实只要灌了树脂就会有老化的可能，只是时间长短的问题而已。另外也有一种说法，只是用微酸去除一点微黄杂质，并没有灌入环氧树脂。在定义上没灌树脂，也无法侦测出来树脂的吸收峰，只看见表面稍微地破坏，这只能说是优化的行为，尚未达到 B 货的标准。A 货翡翠从一两百元到几千万元价位的都有，没必要去选购经过强酸腐蚀且灌上树脂的翡翠，因为它不会有增值空间，光泽也会越来越差，更不具备中国人传家宝的基本要求。如果只是戴着好玩，想选择 B+C 货，搭配衣服来穿，这也是可以理解的，就在两百元左右，千万不要花几千元当冤大头。

翡翠观音挂件（图片提供 志臻翡翠）

## 翡翠的雕刻过程

古人云，“玉不琢不成器”。一件好的玉石翡翠，如果只是拥有好的成色，而没有经过好的雕琢，未免有些可惜。不仅如此，玉石翠品也记录着人类文明的历史，传承着华夏的文明。而将历史和文明传递的媒介就是玉器上的雕刻图案了，不同时期人们对各式图案的偏好和喜爱，记载着中华文明悠久的玉文化。

将每一件玉石翠品赋予灵魂的雕刻工艺，不仅是每段历史的真实记忆，也充分体现着“道以成器”的理念。不同历史时期的雕刻图案，彰显着不同的魅力，玉器和翡翠雕刻也在历史的长河中逐渐融合了部分西方的珠宝文化，渐渐走出了中西合璧的现代雕刻之路。

翡翠从原料到成品，需要一系列完整的加工过程，而我们国家自古以来流传下来的各种翡翠雕刻经验，更是难得的珍宝；利

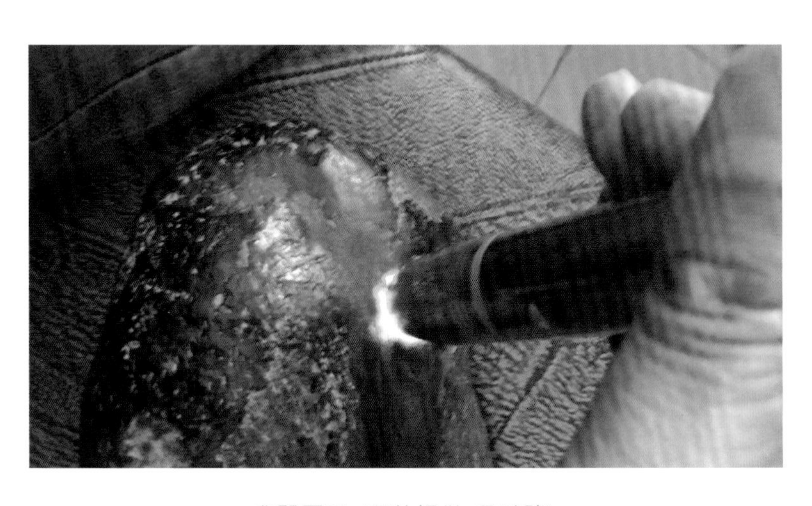

翡翠原石（图片提供 吴时壁）

巧雕双彩鸟语花香（图片提供 莲叶翡翠）

用翡翠有限的材料，放大原料的特色，既不浪费原料，也成就了美丽的翡翠。玉雕这门最难掌握的技术，也已经有七千多年的历史了。宋代时玉器手艺人首创的“巧色”技法，强调在玉器雕刻过程中，注重原料天然的色彩和纹理，根据材料选择雕刻的题材和具体的雕刻工艺，避开不利的因素，巧妙运用花纹和颜色等。一般来说，翠雕的技法有很多种，如切割、磨平、起线、轧槽、镂空、管钻、打孔、钩、轧、顶、撞、挖、脱环等。

要进行翡翠玉石加工，虽然不同地区的雕刻师有着不同的手法和工艺，但是基本的过程大体一致，主要有以下几个环节。

## 对原料进行分析，量料取材

对翡翠的原料进行分析，主要是分析原料的颜色、纹路和裂纹等。对翡翠的颜色进行分析，主要是注意原料颜色的走势、各个颜色分布的大小、延伸的位置、具体的色调变化、色泽、透明度等。对纹路的分析则主要是看原料颜色与纹路的关系，包括顺纹和逆纹。关于原料的裂纹分析，要注意大裂纹和小裂纹两个方面，既要注意大裂纹的走向，也要注意是否存在小裂纹，并且主要裂纹和原料颜色有无关联，进行充分的分析后才可以决定原料是用于大件或是小件，并巧妙地避开裂纹。没有裂纹的原料当然最好，可做光身，先考虑是否可以制作手镯。如果原料有裂纹，则可以根据裂纹考虑做带有花纹的挂件或摆件等。边角料就做花件或吊坠，水料带皮最适合做小摆件或把玩件。

## 关于玉器雕刻技法的三个概念

“巧色”“俏色”“分色”是玉器行业用来评价雕刻等级的三个概念，也被称为“一巧、二俏、三绝”。巧色是指巧妙地运用原料的颜色，例如关公脸上颜色是红色的。俏色是在巧色的基础上更加突出有颜色的部分，而分色则是指在俏色的基础上，将各个部分不同行的颜色严格区分开，不模糊边界，不拖泥带水。分色技法逐渐成为现代翡翠雕刻作品的重要评价标准之一，原因在于分色不仅要求玉雕师有高超的雕刻艺术和对各种翡翠原料有了解，还要胆大心细有一颗勇于尝试的心，不害怕失败。

## 切磋琢磨

“切”“磋”“琢”“磨”是自古传下来的玉雕技法，现代的玉雕师基本也是采用这样的雕刻方法，只是工具不断演进而已。先秦时称为琢玉，宋代时称碾玉，都是今天我们所说的玉器雕刻。

切，就是指切开石料，只要用无齿的锯子加上解玉砂，将石料分解，要顺纹或是顺着主裂纹的方向切开。磋，是指利用圆锯和砂浆将玉料修整出大体的造型。琢，是用雕刻工具来钻孔或是雕刻花纹。磨，作为最后一道工序，是将雕刻好的玉器抛光。切割玉石要有经验，要知道分析裂纹与颜色走向。切开也看玉石大小，可以更换厚薄不一样的钻石锯片。

需要注意的是，在琢玉时，主要依靠砣机来切形，最早的砣机出现在史前的红山文化中，玉匠利用踩踏木板让铊子转动，带动着蘸水金刚砂，借此来磋磨石料。2010年笔者去缅甸瓦城，看到当地还是使用最原始的脚踏木板带动砣机来琢玉。古代的雕刻基本用这样的砣机来碾磨而成，因此不能用现代的雕刻艺术来衡量古代雕刻的玉器。现代的砣机换用电动的铁铊，加上粘好的金刚砂胶，来切除玉件的轮廓，保留最大的可用面积，加工的速度和精度都远高于过去。

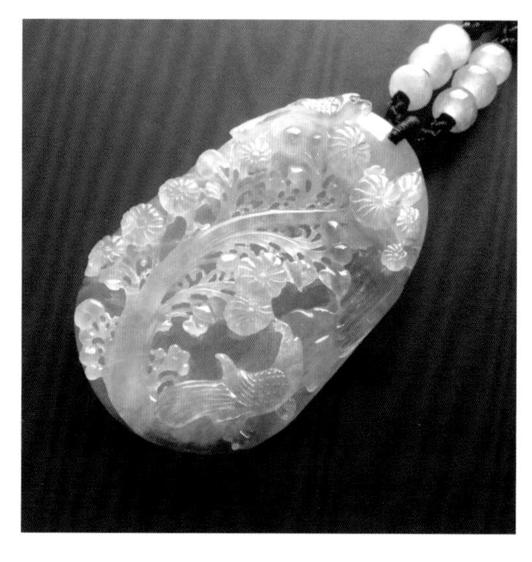

俏色鸟语花香挂件（图片提供 莲叶翡翠）

分色花鸟牌挂件（图片提供 莲叶翡翠）

## 翡翠雕刻中关于裂纹的小装饰

经常会在翡翠挂件中看到一小片树叶、小花或是小鱼、古钱的图案，出现这样的图案大多是为了掩盖原料中带有的小裂纹，这样的小裂纹不会对翡翠玉器的坚固性造成影响，只是做花纹修饰，一般来说无伤大雅，这也是公开的秘密。但是如果消费者购买的是价格较高的翡翠挂件，出现这样掩饰小裂纹的装饰就有些瑕疵了，因此在挑选购买时要注意。

## 开石和切片

对于翡翠原石最初的加工，开石和切片是为之后的雕刻工作打下重要基础的一步，要小心谨慎。

开石是指第一刀切开翡翠原石的石料，在第一步仔细观察原石后，就可以开石了，开石对原石的颜色、水头及裂纹情况有了初步的了解，之后再切片。切片常见的方法大多为片切割法、线切割法和之前介绍过的砣切割法。无论选择哪种方法，都需要考虑翡翠原石中水头的长短及不同翡翠物品的厚度。

在片切割法中，如果选用大型的开料机或是中型油浸的开料机，这样锯开的原石锯口深且宽，对原石的损耗最大；如果选用中型切割台来切割，锯口小且薄，比较适合切割翡翠摆件的原料；如果使用小型的切割机，锯片很薄，对原料基本没有损伤，适合切割翡翠坠饰或把玩件等小翡翠物品。

线切割法是利用马尾和马鬃绳来切割，不断地加水和砂，依靠彼此的摩擦将玉石原料切片。良渚时期的玉器经常可以看到使用此技法的痕迹。线切割法耗时耗力，多出现在古时，现在除非仿古做工，不然不会用这种方式，翡翠不像古玉有年代问题，因此不会用线切割之方法。

砣切割法从古时需要脚踩的砣机变成现在使用的电动设备，玉器的雕刻技术也随之进步了。

切割翡翠的机器

正准备切割的翡翠原石

## 琢磨和雕刻

琢磨和雕刻是翡翠玉器中雕刻的最重要的环节。

设计图形是根据玉石原料颜色分布的情况，在翡翠原石上落实设计师的构思和设计。同样一块翡翠，不同的雕刻师会设计出不同的图案。传统、现代、复古、新锐等，风格迥异，而且最关键的是要好卖。因而市场上神佛占大多数，其次是如意、古钱、连中三元、福在眼前、葫芦、叶子等具有美好寓意的雕刻作品。雕刻师要大胆创新，清新脱俗，但也不能三餐不继，朝夕不保，因而在满足市场需求的基础上，物质充盈，进而才能全心全意投入创作，累积灵感，以求出类拔萃。

从设计到成品的雕刻过程（图片提供 崔奇铭）

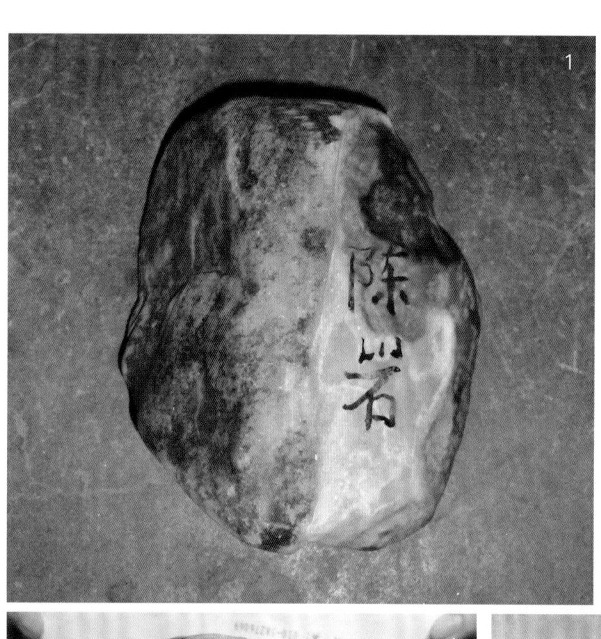


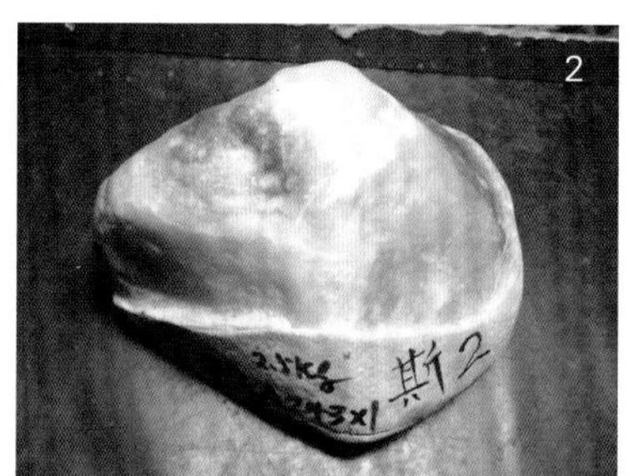


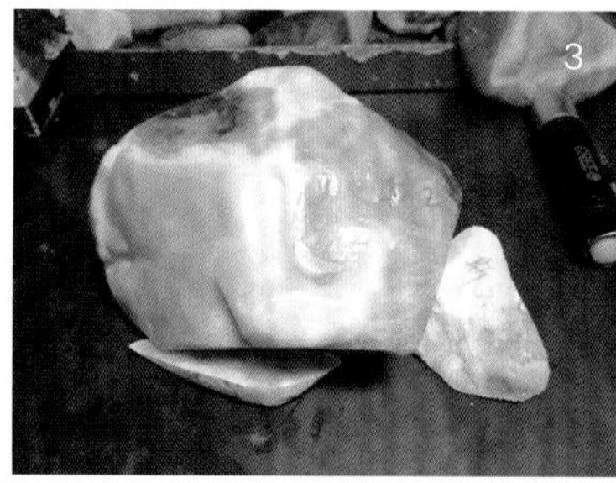

### ⊙ 从设计到成品的雕刻过程

在雕刻过程中如何灵活地应对发现的瑕疵，并想办法弥补也是一门学问，行话称为“剜脏遮绺”，更通俗的说法是“压棉避绺”。“压棉”是指在雕刻过程中，遇到棉的地方需要打下去或做下去，即使将材料打压得很低也要将棉打下去；“避绺”的意思是在遇到翡翠绺裂时要尽量避开，或是做雕花处理，或是打孔。

常用的翡翠雕刻工艺有浮雕、线雕、立体雕、透雕、切割痕、管痕、拉锯痕、单面钻、双面钻、象鼻穿、通心穿、游丝毛雕、汉八刀、斜刀、阴刻、圆雕、嵌宝、描金、巧色、托底、补整等。

1.原石
2.剥皮
3.开料
4.设计
5.修改设计
6.修改设计
7.配底座
8.打磨成品

6

7

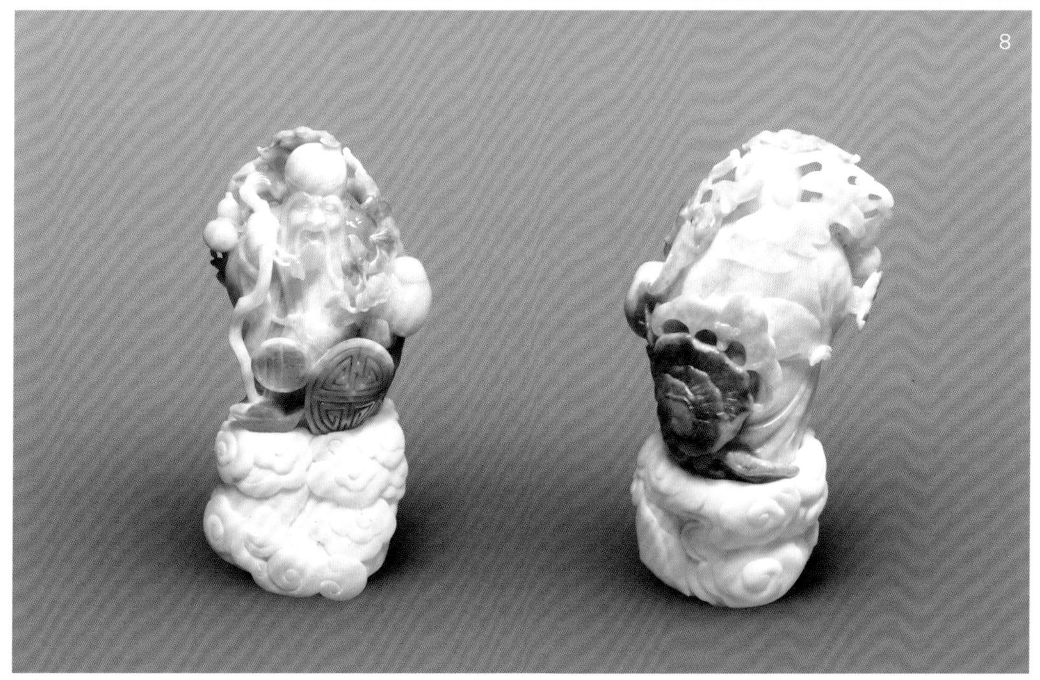
8

⊙ 圆雕

也可以称为整雕，一般没有背景，雕件的前、后、左、右、上、中、下等各个方向均有雕刻，属于可以多角度观赏的完全立体雕像。圆雕不适合表现自然场景等环境，但是可以细致地展现人物所处的环境、表现出的动作等，更适合通过局部或各种物品说明人物的情感或是必要的情节，进而展现出人物的精神。圆雕的表现手法要求精练，因此雕刻出的翡翠作品一般都以象征和寓意的手法去表现主题，所以在欣赏和选择圆雕翡翠作品时可以好好体会作品的主题意义。

糯-花青种白菜一件（图片提供 莲叶翡翠）

圆雕作品《孺子春秋》（图片提供 宝裕和翡翠）

⊙ 浮雕

浮雕是最常见的翡翠雕刻方法，是指原本立体的各种人物、动物、植物、山水等形象，不改变其长宽比例而将其压缩厚度后雕刻在平面或弧面的翡翠上，这种雕刻方法属于不伤害玉石原料的方法，因此使用率最高。与圆雕相比，浮雕更适合雕刻风景等各种环境，也能更好地表现题材。浮雕是介于圆雕和绘画之间的艺术表现形式，因此运用更加广泛。根据翡翠表面凸出的厚度及形象被压缩的深度不同，浮雕还可分为深浮雕、中浮雕、浅浮雕三种。在王朝阳大师最近发表的作品中，就大量运用浅浮雕技巧，展现不一样的美感，相信未来会有指标性的作用。

浮雕作品《一念天堂》（图片提供 王朝阳）

豆种彩花雕件（图片提供 莲叶翡翠）

透雕冰种飘花貔貅圆牌挂件（图片提供 莲叶翡翠）

⊙ 透雕

也称为镂空雕，一般分为两种，一种是在浮雕的基础上，将背景部分镂空雕刻，另一种则是介于圆雕和浮雕之间，使雕刻作品更能显示出玲珑剔透的效果。过多透雕的呈现，可以知道翡翠原料有太多的棉絮或黑色杂质。不会有人故意将好的翡翠拿来做透雕。

## 出水

出水是翡翠加工的一个专业名词，也就是抛光的意思。玉雕师把翡翠雕刻成基本的雏形（外形）后就要开始抛光，这过程需要几道手续由粗抛到最后细抛（皮革或砂纸、最后抛光用钻石粉）。出水的最后步骤就是给翡翠上油浸蜡，填补表面细小坑洞，使光泽更明显。在广州四会天光墟大多卖毛料，买家买回来后就送去抛光出水，就可以完成成品。

## 调水

什么是调水？有目的地让更多光线进入翡翠的技巧就是调水。调水就是调整水头。通过调整光线与透明度就可以达到调水的目的。

利用雕刻技术是调水的主要方法。例如，雕刻时做薄，将不雕刻的背面加工处理成凹下去的阴面（弧面），扩大受光面积，吸收更多光线，牺牲厚度，提高透光性与透明度，使翡翠容易出水，观音头部的背面、佛公的肚子与头部的背面常常挖薄采用此方法调水。

另外对于绿色偏暗，影响透明度的情况，雕刻过程中勾勒剥离绿色与无色的分界，适当削减绿色厚度，使透光性变好，达到有水的效果，映衬出绿色冰清鲜嫩。当然做薄也会有限度，过度做薄，虽然有透光与透明度的视觉效果，但往往无水，这是由于光线需要一定的纵深与种、底子相互作用才能产生水。

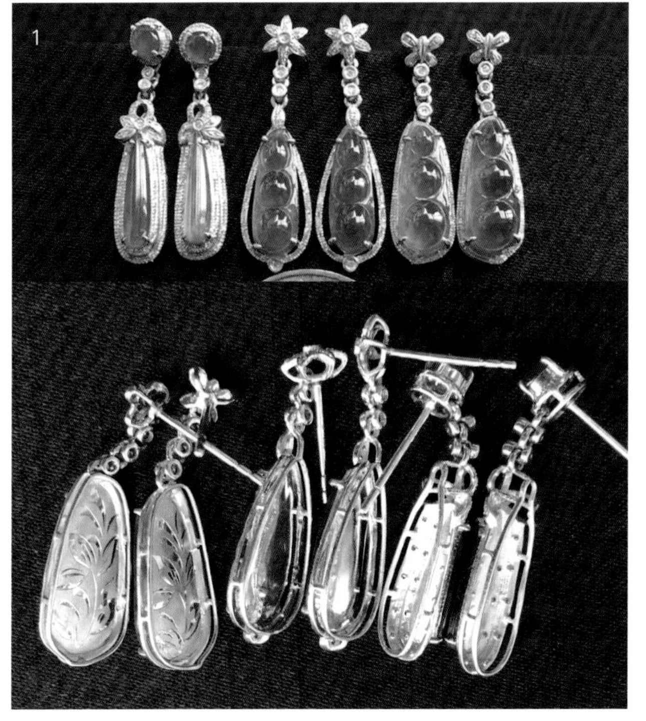

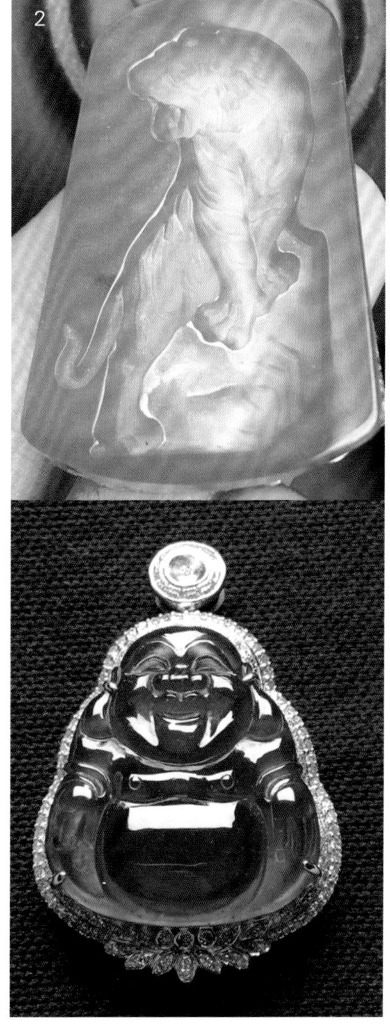

1.镶嵌封底调水翡翠吊坠正背面
2.背底挖薄调水吊坠
3.汞处料 最左边吊坠调水（图片提供 于汶立）

翡翠洞天福地牌（图片提供 张炳光）

翡翠金枝玉叶吊坠（图片提供 志臻翡翠）

## 镶嵌封底

翡翠的背面用整片金属材质封起来。利用封底材质的弧度及金属亮面，汇集收纳额外的光线反射到翡翠上，加强表面光泽，进而调整色度，起到有水的效果。当封底盖子打开，封底造就的光影也会消失殆尽，这与雕刻调水有本质差别。

## 过酸梅过灰水

过酸梅和过灰水是指将翡翠放入酸梅和灰水中，帮助去除加工过程中沾染上的污渍。酸梅属于弱酸，基本上不会破坏翡翠内部构造，因而过酸梅后的翡翠在商业上仍被视为 A 货。

## 上蜡

上蜡，也称为过蜡，是玉石制品在抛光之后通常要进行的一道工序，实际上这不是对玉料的加工工序，而是对玉器的处理工序。上蜡不仅可以使玉器表面更光滑，还可以遮掩小裂纹。对于多孔隙的玉石材料，有增加结构稳定性、免受污染、改善颜色等作用。上蜡通常有两种方式，一是蒸蜡，二是煮蜡。蒸蜡是预先将石蜡削成粉末状，将玉件在蒸笼上蒸热，然后将石粉撒在上面，石蜡熔化而使玉器表面布满石蜡，这种方法只局限于表面。煮蜡，则是在一容器中，将蜡煮熔，并保持一定的温度，将玉件放入一筛状平底的玉器中，连容器一起浸入处于熔融状态的石蜡中，使其充分浸蜡，然后提起，迅速将多余的蜡甩干净，并用毛巾或布擦去附着在表面上的蜡。这种上蜡方法可使蜡质深入裂隙或孔隙当中，效果较好。

翡翠蝉（图片提供 莲叶翡翠）

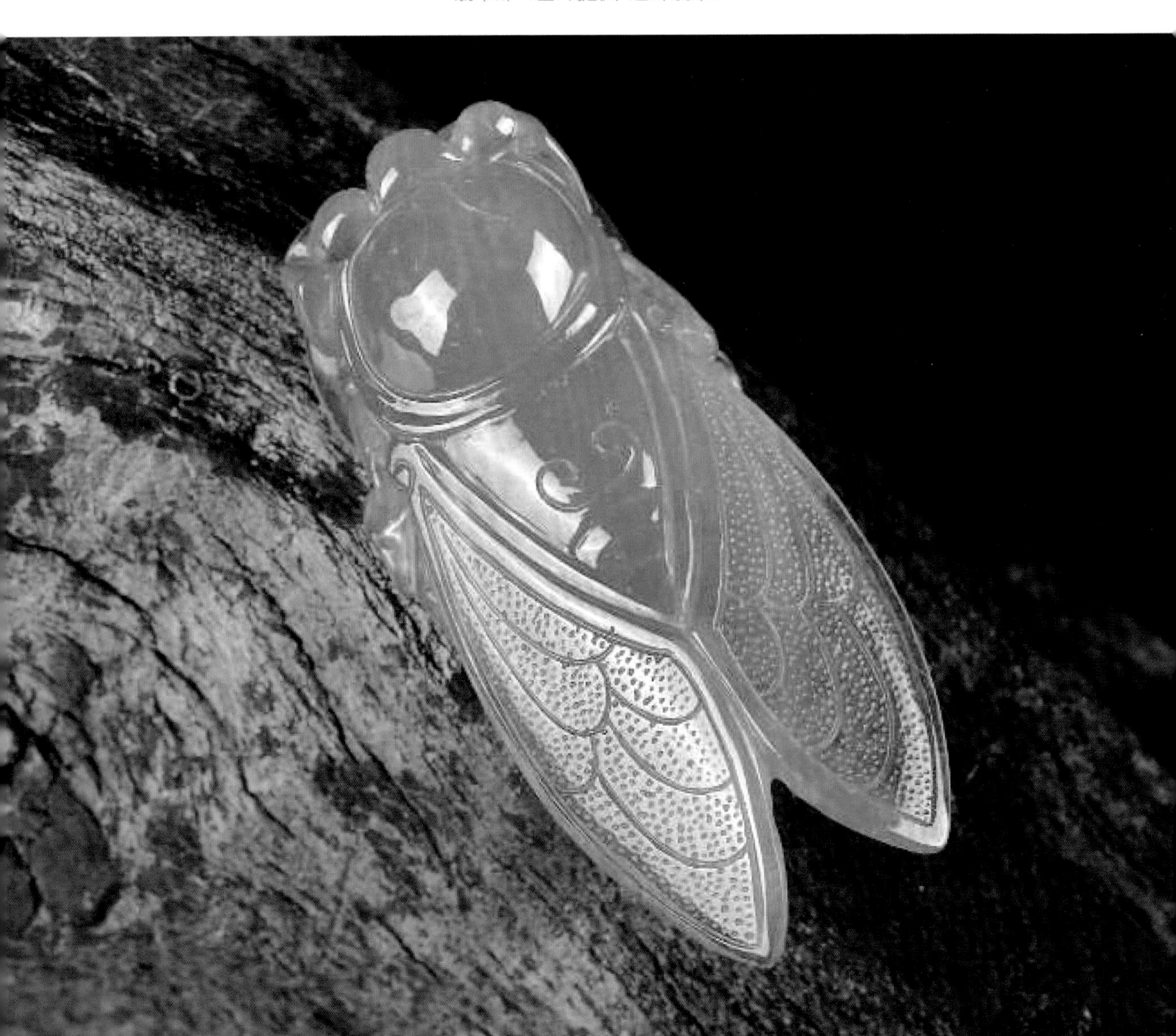

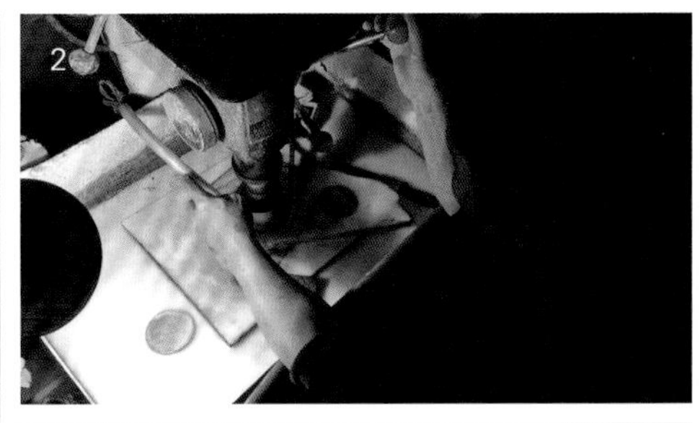

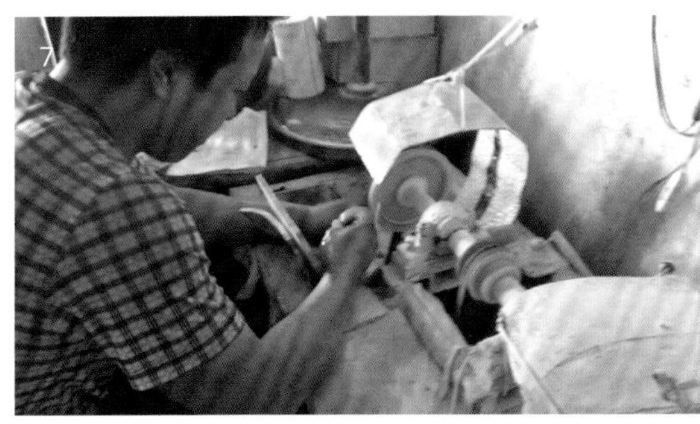

手镯的制作过程演示

1.选取不同直径的外套管。
2.取出玉镯片，加工过程不可太快，要用水冷却降温。
3.刚取出的玉镯片。
4.选取内套管，取出手镯，时间为1～2分钟，这个过程也要加水冷却。
5.取出手镯与镯心。
6.一大串手镯半成品可以拿去出售，或者加工成成品。
7.经过粗抛程序。
8.经过细抛程序。
9.抛光之后，最后一道程序是上蜡，这就大功告成了。

## 机雕设备发展过程

### 第一代玉雕机（2006年6月）

从手工到自动化设备雕刻，玉邦开始了玉雕行业的颠覆之路。涵盖了翡翠、和田玉、玛瑙、琥珀、松石、木料等众多材质，都能使用玉邦玉雕机雕刻。

第一代玉雕机

### 第二代玉雕机

YB3025

手柄诞生

玉邦独家研发，纯手柄操作，实现了电脑与玉雕机的脱离，完美地解决了机器连接电脑在温度高的夏天容易死机的问题。

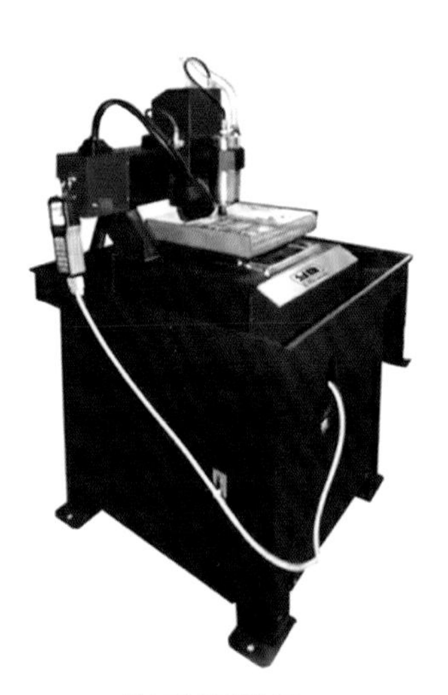

第二代玉雕机

### 第三代玉雕机

YB1515

增加了防尘罩，减少玉雕人员尘肺病；简化了手柄，傻瓜式操作，零基础也能学会！

第三代玉雕机

## 第四代玉雕机

YB2025

经典爆款

水箱获得国家发明技术专利，主体结构稳定，震动小，深受玉雕人喜爱。

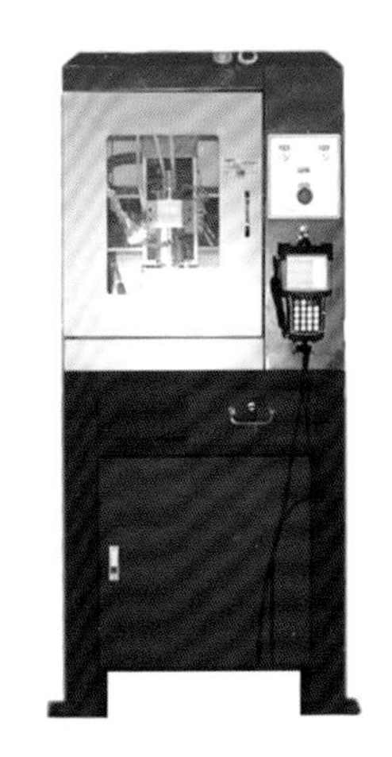

第四代玉雕机

## 第五代玉雕机

YB3032

获得国家技术发明专利，国内首家配备防尘罩、消音棉，安静美观。在四代的基础上更完善，占用空间小，系统更加稳定成熟。

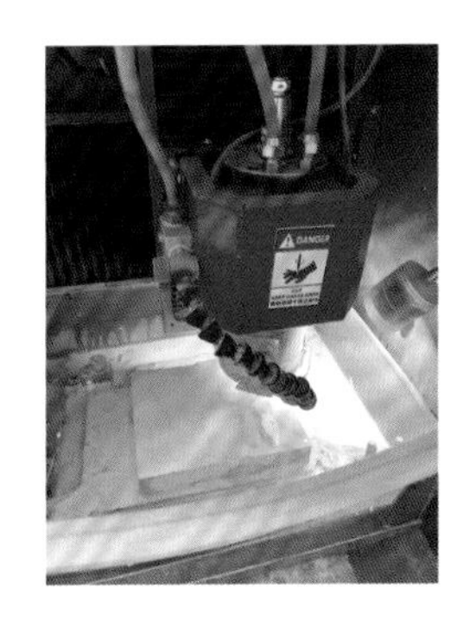

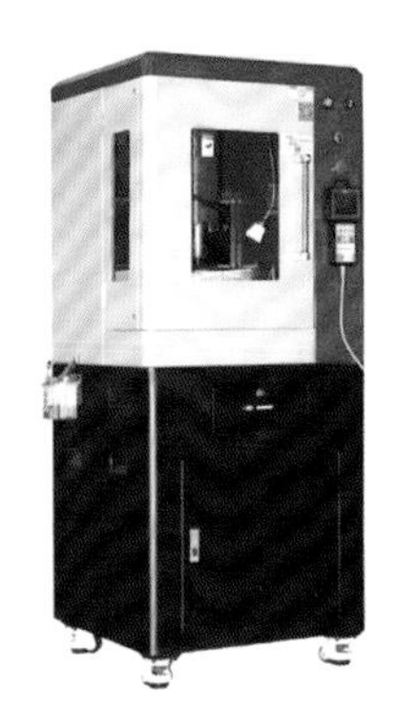

第五代玉雕机

## 第六代玉雕机

YB4030

参数

外形尺寸：800mm × 750mm × 1650mm

加工尺寸（浮雕）：400mm × 300mm × 130mm

加工半径（圆雕）：5mm × 110mm

机器重量：≈280kg

额定电压：220V

主轴功率：1500W（变频）

主轴转数：0 ～ 24000 转 / 分

雕刻分辨率：0.01mm

加工速度：0 ～ 4000mm/min

夹套规格：2.3/3.0/4.0/6.0（标配）

驱动方式：混合伺服

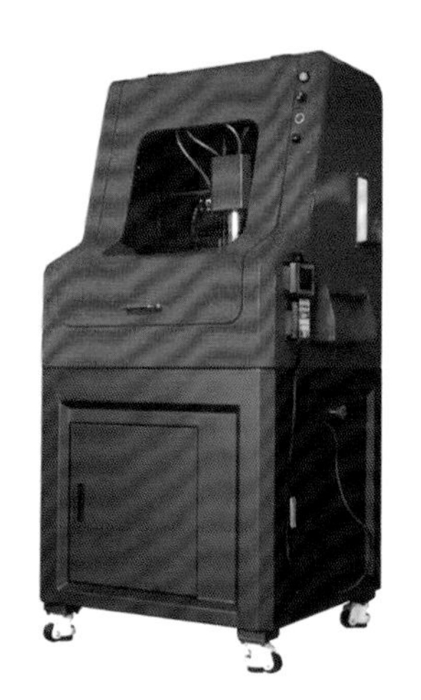

第六代玉雕机

### 第六代玉雕机特点：

1）专业玉雕系统，自主研发，专利对刀，10 秒完成所有步骤，最近点加工、断点续雕、功能更完善，性能更稳定，适合所有玉石、金、银、铜、铝加工雕刻。

2）国内唯一一款 X 轴采用更先进的卧轨运动模式的玉雕机，有效解决机器在加工过程中的共振问题，大大降低重磨损，延长滑块的使用寿命。

3）增加了旋转轴，既可以加工牌子挂件等，又可以加工小的立体件。

4）工作台底部承载滑块增加至 4 个，性能更好，使用寿命更长。

5）增强密封性，门缝间用隔音塑胶密封，静音效果更好。

6）正面扩大了观察窗口，加工时观察更方便、更全面。

7）设备底部增加专业升降承载轮子，方便搬运移动又不失操作稳定性。

### 第六代玉雕机优点：

1）精细：原装进口高精度滚珠丝杠，方形导轨，保证雕刻精度（0.01mm），精雕细琢！

2）静音：一体化封闭式机箱设计，配合内部降噪工程处理，安静舒适，日夜连续工作！

3）快速：24000 转 1.5kW 专业铣雕主轴，国内先进手柄系统，支持一次性连续加工 8 件，快速出货，节约人工成本，提高加工效率！

4）稳定：混合伺服驱动稳定性强（区别于市面上常用的步进电机，稳定性大大提高），防止丢步、扎刀，科技保障，安全放心！

5）简单：配备高端防水对刀仪，全自动对刀，无缝接刀，支持雕刻实物 3D 模拟现实，操控简单易学，即学即会！

6）低耗：雕刻一件成品的成本是 3 ~ 10 元，节省大量人工成本、时间成本，提高效率！

7）灵活性强：可根据料子大小调整设计图，结合扫描仪可避裂、可俏色、可随形。

## 机雕工艺流程

机雕工艺流程包括电脑排版、编辑刀路、上机开轮廓、开粗（粗加工）、精加工五大步骤。

模仿：任意模具样品→扫描→建版→上机→机雕毛坯→手工修改→抛光→成品。

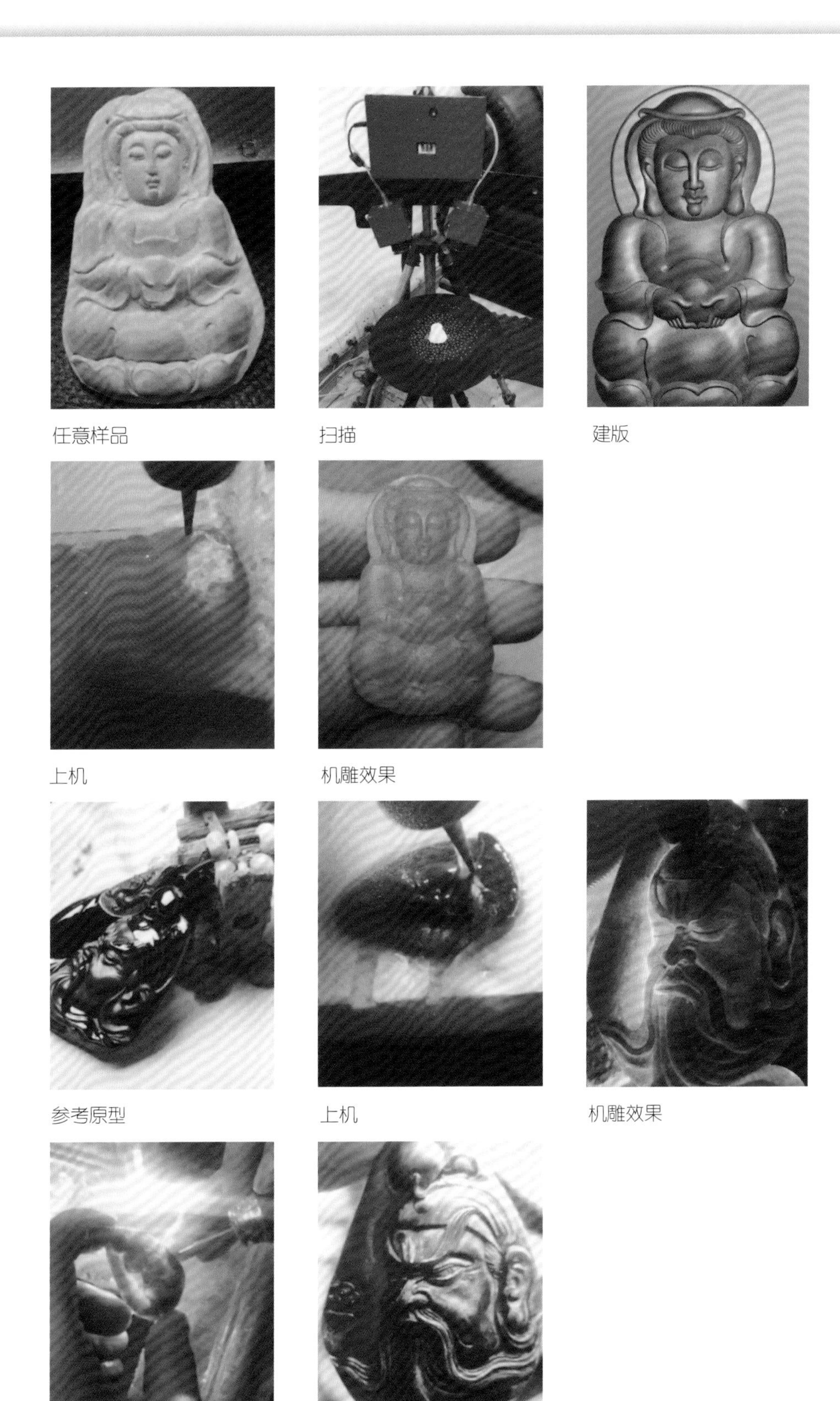

任意样品　扫描　建版

上机　机雕效果

参考原型　上机　机雕效果

手工修整　成品

## 机雕与手工雕的区别

### 手工雕特点：

1. 手工雕刻能将翡翠上的裂、脏、纹等，经过雕刻、修避、隐藏处理；
2. 表面的抛光会使边缘处存在少许粗糙不平；
3. 雕件线条流畅，生动细腻，各具特色；
4. 边缘有向内凹弧度。

造型优美，线条丰富，极具美感；且细节处理到位，栩栩如生，赋予意境。

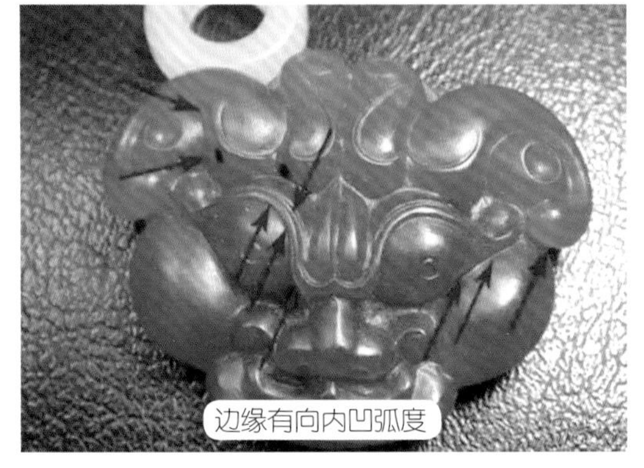

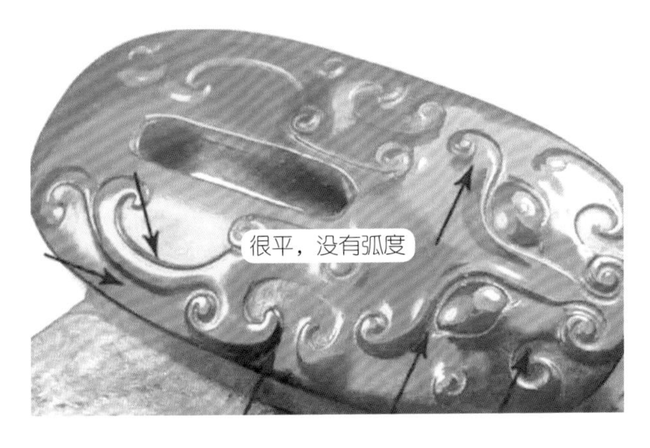


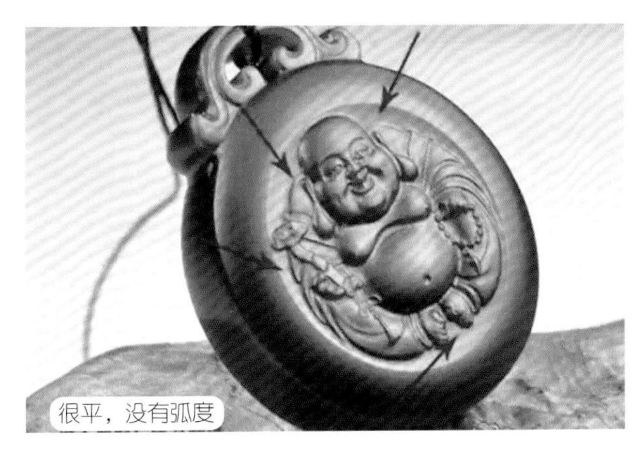


弧度：指的不是工艺线条的弧度，而是指边缘有向内凹的弧度。

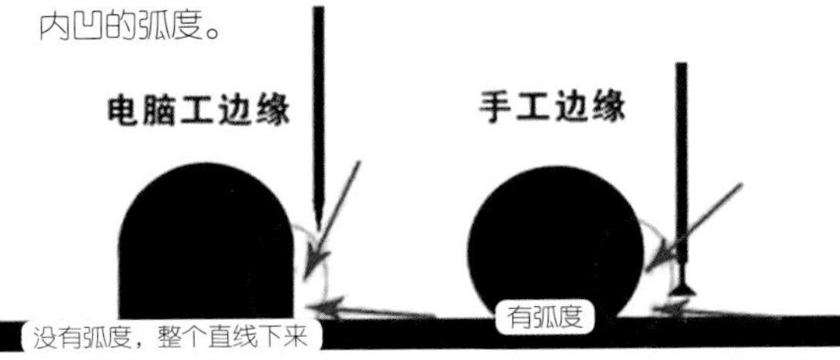


电脑雕刻无向内凹度，手工雕刻细节处理更完美。

**机雕特点：**

1．大批量生产，样式一模一样；

2．用料均为价值不高的低档杂料；

3．为脱模方便，所有凹进部分均垂直；

4．没有手工雕刻特有的刀工，很少见到刀痕崩口。线条规整，看不到刀刻的痕迹，相同模具造型相同，只是材料有所差别。

综上所述，在未来一个世纪，机雕可能会发展很快，需求甚至大于手工雕。但从长远来看，机雕的市场也许存在时效性，机雕并不会永久性地取代手工雕，而手工雕的需求会一直存在下去。有许多手工雕刻的师傅比较排斥机雕，认为机雕没有生命力。然而在市场自由化的今天，消费者对于选择机雕或者人工雕自有他们的认知。机雕的技术工艺和困难度不断在突破，并且机雕与人工雕的距离不断在缩小。未来消费者可以自己选择要机雕或者人工雕作品，若从经济考虑，消费者必然会选择机雕，但是若从工艺的生命力和艺术价值去考虑，人工雕却是更好的选择。或许未来有一天，在市场上，机雕和人工雕会出现和平共处，互相促进的局面也未可知。（本节所有文字及图片资料由李存福提供。）

## 翡翠的雕刻意涵

选购翡翠雕件，寓（涵）意很重要。我常常跟学生说，选购翡翠雕件得清楚地知道雕刻的内容与含义。我也常常会问卖翡翠的柜台女士，清不清楚那些玉雕代表什么含义。选购翡翠除了喜欢玉质外，也得知道玉雕的内涵，以下就对翡翠的雕刻意涵加以分类说明。

### 人物类

观音（观世音）、千手观音、送子观音、南海观音、普陀观音、释迦牟尼佛、弥勒佛（佛公）、关公、达摩、济公、刘海戏金蟾、八仙过海、钟馗等。此类雕刻的含义，一般为保平安、彰显信仰、随时提醒自己戒躁等。

其他人物，还有童子：天真活泼、送财童子、童子骑驴；寿翁：南极仙翁，祝老人长寿；等等。

冰种观音吊坠（图片提供 金玉满堂）

糯冰种红翡秦始皇挂件（图片提供 莲叶翡翠）

糯冰种三彩叶下佛挂件（图片提供 莲叶翡翠）

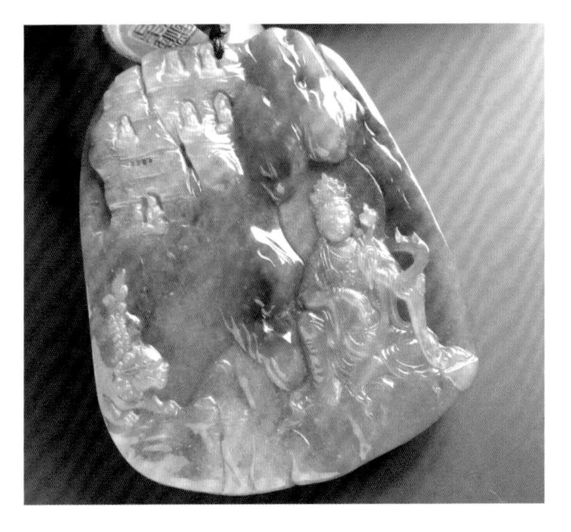

文殊道场挂件（图片提供 莲叶翡翠）

地藏王挂件（图片提供 莲叶翡翠）

冰种雪花棉大日如来挂件（图片提供 莲叶翡翠）

糯种红翡乘龙观音挂件（图片提供 莲叶翡翠）

乌鸡种钟馗摆件

冰玻种阳绿佛公吊坠（图片提供 莲叶翡翠）

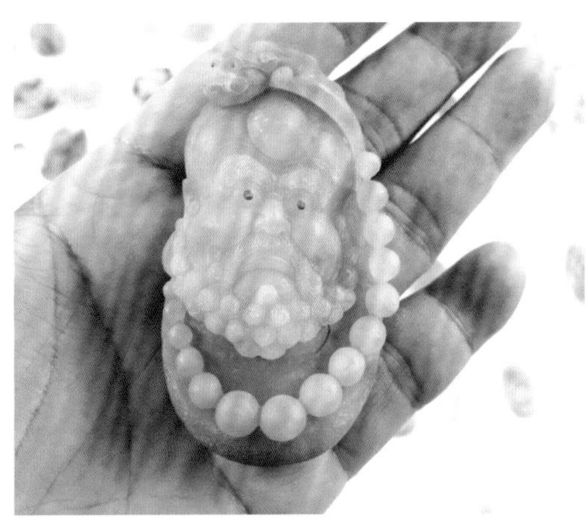

糯种达摩吊坠

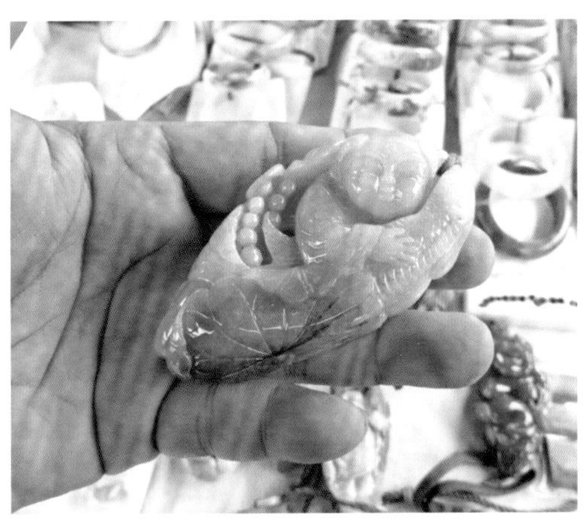

童子抱鱼把玩件

## 吉祥如意富贵类

花瓶：寓意平平安安、平（瓶）步青云；龙凤呈祥、望子成龙、太平有象……

富贵人家喜欢“太平有象”花瓶

## 花草类

松竹梅：岁寒三友。松柏象征四季常青，也代表长寿，寿比南山。竹梅，青梅竹马，意寓一对恩爱夫妻。

梅花：冰肌玉骨，有五瓣，代表福禄寿喜财，五福临门的意思。越冷越开花，坚韧不拔，屹立不倒。

兰：兰花有花中君子的美称。深谷幽兰，象征高洁、美好，品德高尚。与桂花在一起就是兰桂齐芳，代代子孙优秀的意思。

竹：有气度，礼节。最常见的是步步高升、平步青云、节节向上、竹报平安的意思。也有引喻做事要知足（竹）常乐，也要心满意足（竹）。

菊：吉祥、长寿的意思。与松在一起，就是“松菊延年”；采菊东篱下，悠然见南山，意境非常优美；笑容可掬（菊）；鞠（菊）躬尽瘁（坚守岗位）。

松：松柏象征四季常青，也代表长寿，寿比南山。

玉兰花：玉树临风，青出于蓝（兰）。

叶子：成家立业（叶）、事业（叶）有成、一夜（叶）致富、夜（叶）来香，吸引异性。

牡丹花：百花之王。象征大富大贵，官运亨通。

鸡冠花：加冠，当官。

冰种晴底叶子挂件（图片提供 莲叶翡翠）

糯种多彩花开富贵手链（图片提供 莲叶翡翠）

冰种荷花胸针（图片提供 莲叶翡翠）

红翡如花似锦挂件（图片提供 莲叶翡翠）

高冰荧光花开富贵挂件（图片提供 莲叶翡翠）

黄翡松下抚琴挂件（图片提供 莲叶翡翠）

## 生肖动物类

鼠：数（鼠）来宝、咬钱鼠，数（鼠）一数二。

牛：勤奋，股票牛市。

虎：虎虎生威、龙腾虎跃、威猛的样子。

兔：兔宝宝，可爱。

龙：帝王象征、龙腾虎跃、飞龙在天、龙马精神、当领导升官的意寓。

蛇：小龙，王者风范。

马：马到成功、马上封侯、龙马精神、一马当先。不管是事业与官运样样亨通。

羊：三阳（羊）开泰、喜洋洋（羊羊）、扬扬（羊羊）得意。

猴：聪明伶俐，马上封侯（猴）、猴赛雷（好犀利）。

鸡：金鸡独立、机（鸡）不可失。

狗：忠心，狗来富。

猪：诸（猪）事顺利。

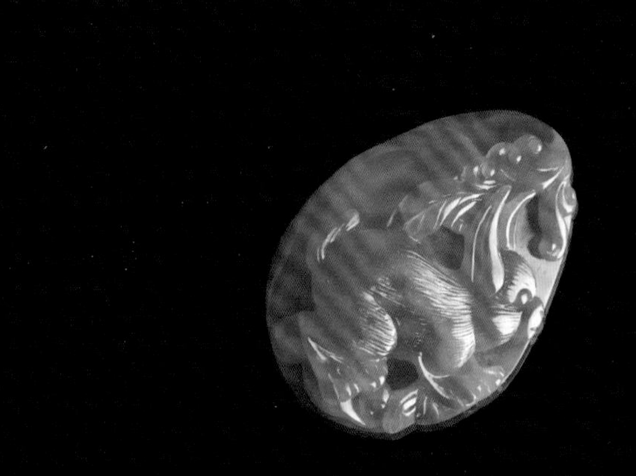

红翡玉兔挂件（图片提供 莲叶翡翠）

糯冰种虎虎生威挂件

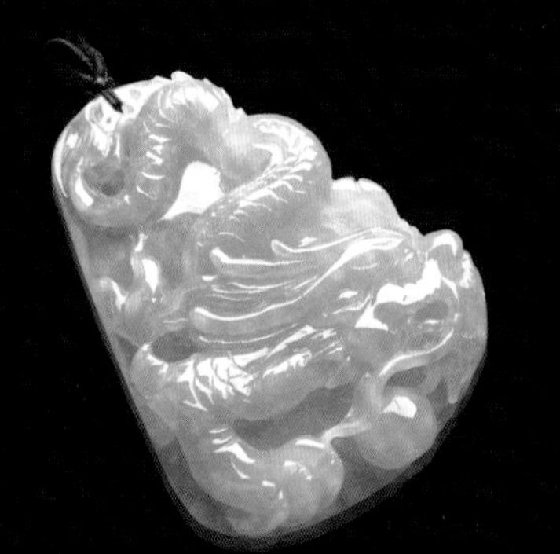

高冰三彩龙牌（图片
提供 金玉满堂）

## 其他动物昆虫

貔貅：古代一种避邪兽。

蝙蝠：倒挂蝙蝠意喻“福到了”，有福气。

孔雀：孔雀开屏（雀屏中选）。

鹦鹉：代表鹦鹉（英武）神勇。

蝴蝶：花蝴蝶，美丽且吸引异性。

蜘蛛：知足（蜘蛛）常乐、蜘蛛结网（勤奋）。

鹌鹑：平安，安居乐业。

螃蟹：富甲天下。

母鸡带小鸡：母亲慈爱。

鲤鱼：鲤鱼跃龙门，与渔翁一起，寓意渔翁得利。

金鱼：金玉满堂，多子多孙。

鸳鸯：成双成对，幸福美满，只羡鸳鸯不羡仙。

驯鹿：福禄寿、加官受禄（鹿）。

獾：合家欢（獾）。

狮子：森林之王，当领导，常出现在印纽上；小狮王，狮王争霸，师（狮）出有名、师（狮）奶杀手。

喜鹊：欢天喜地，通常是两只，寓意双喜临门。

老鹰：英勇的意思，眼睛锐利，身手矫健敏捷。

鹤：长寿。

公鸡：功名成就，仕途康庄，富贵荣华跟着来。

鸭子：鸭（押）宝。母鸭与小鸭子，一家团聚，平平安安。

猫：温驯。

鱼：年年有余（鱼）。

鹅：天鹅，美丽高洁。

阳绿貔貅戒指（图片提供 莲叶翡翠）

糯冰种双彩大鹏展翅挂件（图片提供 莲叶翡翠）

冰种雪花棉赫赫有名挂件（图片提供 莲叶翡翠）

冰种黄加绿喜上眉梢挂件
（图片提供 莲叶翡翠）

红翡扭转乾坤挂件（图片提供 莲叶翡翠）

红翡呱呱来财挂件（图片提供
莲叶翡翠）

糯种红翡吉祥如意挂件（图片提供
莲叶翡翠）

同心协力蚂蚁摆件

虾：斑节虾，一节一节，循序渐进，节节顺。

龟：长寿，祝寿用。

鳄鱼：咬劲十足，战斗力强，奋斗不懈。

青蛙：蝉鸣蛙叫，田园风光景色。

蟾蜍：咬钱蟾蜍。做生意都放在店里，招财进宝。

蝉：一鸣惊人。

蚕：奉献，脱胎换骨，羽化成蝶。

螳螂：螳螂捕蝉，黄雀在后，居安思危。

甲虫：独角仙，独霸一方。

蜻蜓：池塘边田园风光，悠然自得。

蚂蚁：合作无间，蚂蚁雄兵，成群结队，团结力量大。

苍蝇：常常赢。赌博、赌马、赌石、赌六合彩、乐透的人非常喜欢。

螽斯：多子多孙的意思。

墨翠双鹿挂件

糯种知足常乐吊坠

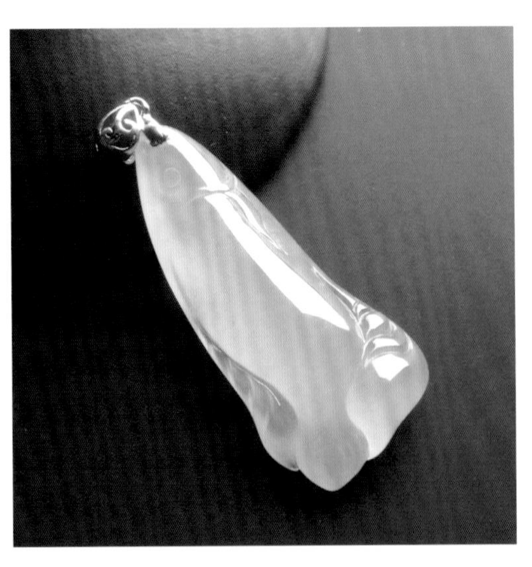

冰种晴底年年有鱼挂件（图片提供 莲叶翡翠）

## 蔬菜水果

葫芦：最常见的雕刻，福气的意思。

灵芝：有长寿如意的意思。灵芝是传统文化中的瑞草，现在医学有吃灵芝增强免疫力，抵抗癌症之说法。常出现在雕刻作品里面。

寿桃：长寿的意思。

人参：长寿的意思。

葡萄：果实累累，比喻丰收或是人脉很广。

玉米：果实累累，比喻风调雨顺，五谷丰收。

石榴：多子的意思，祝贺人多子多孙多福气。

菱角：伶俐的意思，形容长相很标致，有棱有角。

枣子：早生贵子。

荔枝：荔枝树是百虫不侵的植物，上百年的老荔枝树都可以开花结果。祝贺新婚夫妻传宗接代，代代相传的意思。

辣椒：火热的心，古道热肠。

瓜藤：瓜藤蔓延，生生不息的样子。

花生：长生果，长生不老。与柿子在一起，寓意好事（柿）会发生。

白菜：翠玉白菜，现在的富贵人家的家里或公司都喜欢摆一个翠玉白菜，表示吉祥与子孙满堂。

豆荚：连中三元。也分三颗与两颗豆子的。

莲藕：莲藕多子，有多子多孙的意思。

柿子：好（柿）事会发生。事事如意。

麦穗与稻穗：五谷丰收，国泰民安，风调雨顺。

莲花：出淤泥而不染，清廉（莲）自持，宜送当官者。

荷叶：和平的象征。

### ◎翠玉白菜

位于台北外双溪的台湾故宫博物院，是所有内地游客必看的一个景点，里面的镇院之宝，就是由翡翠所雕刻而成的翠玉白菜。亲切的题材、洁白的菜身与翠绿的叶子，都让人感觉十分熟悉而亲近。亮点是菜叶上停留的两只螽斯和蝗虫，它们寓意多子多孙。根据台湾故宫的说法：此件作品原置于紫禁城的永和宫，永和宫为光绪皇帝妃子瑾妃的寝宫，因此有人推测此器为瑾妃的嫁妆，象征其清白，并祈求多子多孙。虽说翠玉的材质与白菜造型始风行于清中晚期，白菜与草虫的题材在元到明初的草虫画中，屡见不鲜，一直是受民间欢迎的吉祥题材。

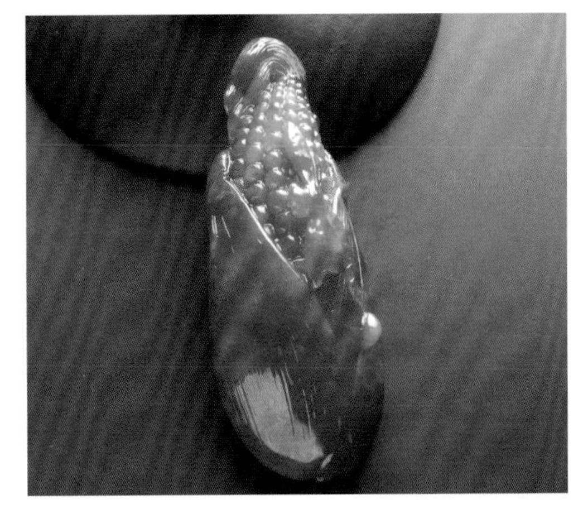

红翡多子多福玉米吊坠（图片提供 莲叶翡翠）

糯冰种花青白菜吊坠（图片提供 莲叶翡翠）

冰玻种佛手瓜挂件（图片提供 莲叶翡翠）

糯种翠绿葫芦吊坠

高冰豆角耳环（图片提供 金玉满堂）

白黄翡花生挂件

八宝盒，翡翠菱角、开心果、腰果、花生、核桃等皆收录其中。

## 其他

福禄寿喜四字：通常用于祝寿屏风，祝福长者添福、纳财、长寿、喜气洋洋。

平安扣：平平安安。通常是长辈送晚辈或刚出生的婴儿，能够平平安安，健健康康长大。

如意：万事如意。

方孔古钱：财源滚滚。

长命锁：婴儿满月时赠送，长命百岁，平安吉祥。

算盘：精打细算。

麻将与象棋：娱乐用。中国式的休闲娱乐，可以启发脑力，培养人际关系，预防老年痴呆症。

筷子：快乐。

碗：摆件，捧着铁饭碗，寓意事业顺利。

钥匙：打开门，开运的意思，开启智慧。

帆船：企业一帆风顺。

风筝：事业与学业，蒸蒸日上，扶摇直上。

谷钉纹：青铜器与古玉器常用的纹饰。五谷丰收，生活富足的意思。

满翠如意锁石吊坠

与你相遇
生生世世的翡翠
让我这一世遇见你


冰种福在眼前挂件（图片提供 金玉满堂）

冰种飘绿平安扣（图片提供 莲叶翡翠）

财源滚滚钱币手链（图片提供 金玉满堂）

红翡路路通挂件（图片提供 莲叶翡翠）

花青翡翠套碗摆件

豆种翡翠象棋

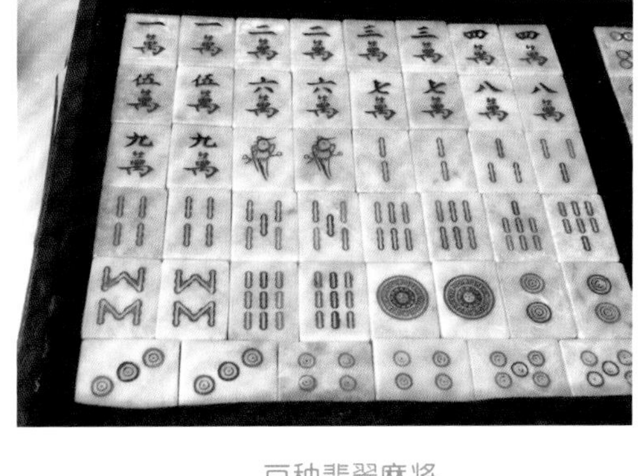


豆种翡翠麻将

糯种黄加绿双玉环（图片提供 陈玉婵）

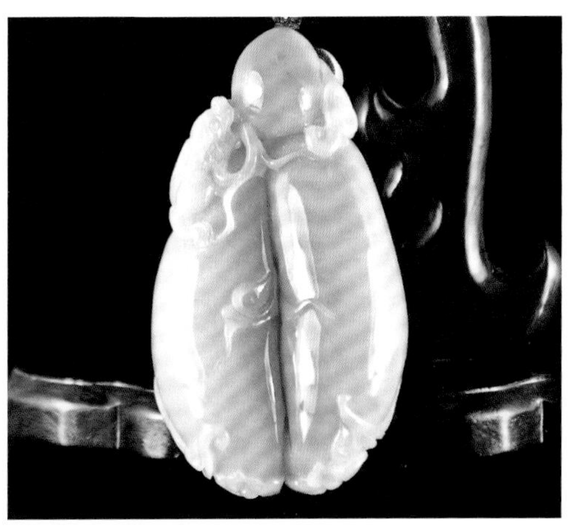

黄加绿祥兽献桃吊坠（图片提供 仁玺斋）

# 翡翠的价值评估

## 翡翠价钱参考

翡翠价钱一直是商业的最高机密，没有人会说出真正的价位。不同专家、行家与前辈在不同的市场估价也会有不同的价位。原石与成品价位几乎每个月都在波动。影响翡翠成品价钱主要因素有原料、关税、人工成本、开店成本、利润等。有的货已经买五年到十年以上，现在随便卖都是稳赚。而现在进货的成本，随着缅甸政府不开放翡翠开采等因素，原石公盘拍卖肯定会越来越高。2000 ~ 2015 年之间是国内翡翠市场价格的最高峰，各种产品价位都是在顶端。2016 年起受到全球经济大环境的影响与股票下跌影响，消费者荷包缩水，也影响大家投资与购买翡翠的意愿。加上微商兴起，让全国各地珠宝城、会所苦不堪言，

冰种满紫罗兰手镯
（图片提供 王俊懿）

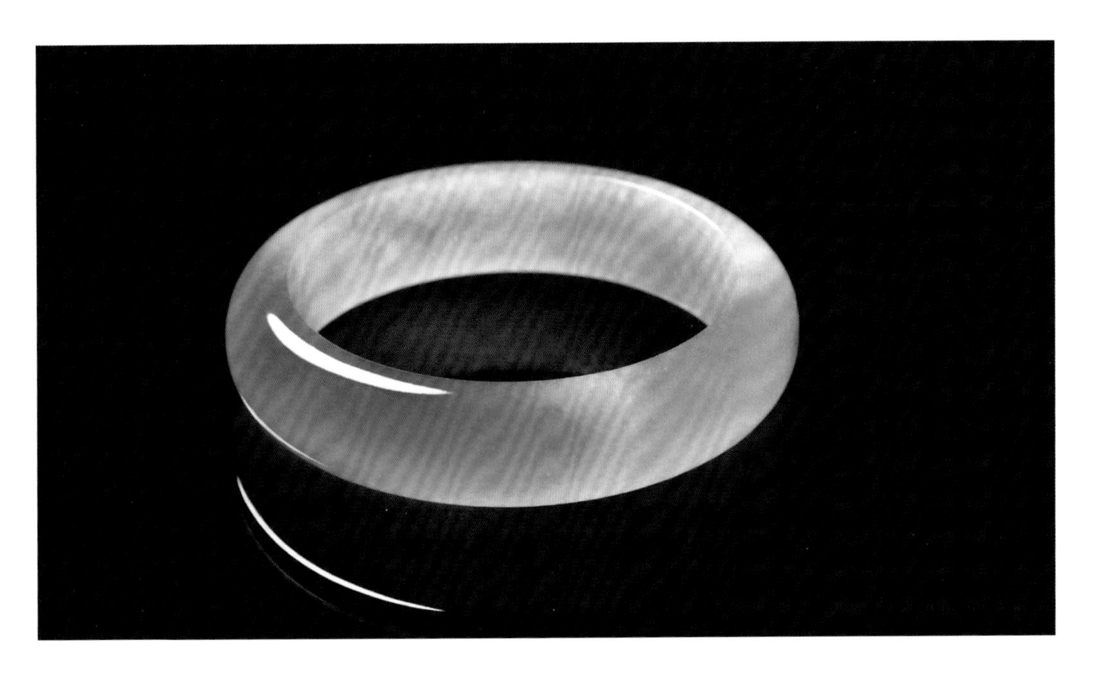

高冰三彩手镯（图片提供 王俊懿）

2016 ～ 2017 年全国各地关了许多珠宝城跟翡翠商圈。2017 年年底开始兴起翡翠直播，在广州、揭阳、四会、平州、瑞丽、姐告各地夜以继日不停地播放，才让式微的翡翠市场打了一剂强心针，不过卖的大多数都是几百到小几万元的产品。然而，这样的销售模式，却打垮了租店卖翡翠的业者，如果不能让利求售，就等着关门那一天的到来。当然还是有许多长期经营高端客户的店家，走的是高端路线，几乎不受微商与直播市场影响，只是销售额也明显下滑。

以笔者 2018 ～ 2019 年翡翠市场之旅对北京、广州、平洲、四会、揭阳、姐告访问询价（开价）为据，拿手镯来说，老坑玻璃种艳绿手镯，北京开出 3000 万～ 5000 万元，甚至更高，颜色阳绿也要 1000 万～ 3000 万元；苹果色满绿手镯在 500 万～ 1000 万元之间，基本上满绿要是看得顺眼的，没有 500 万元大概没有机会入手；玻璃种无任何白棉手镯市场价在 50 万～ 100 万元之间，玻璃种无色有一小部分白棉手镯约在 30 万～ 50 万元之间；高冰无色手镯价钱在 15 万～ 30 万元之间。高冰带一小节绿手镯要 30 万～ 100 万元，高冰带一节蓝水要 20 万～ 30 万元；玻璃种带一节翠绿手镯要 50 万～ 300 万元，白底青带一小节翠绿手镯要 3 万～ 6 万元；浅粉紫满色豆种手镯（颗粒细），开价 1 万～ 2 万元，浅粉紫春带彩豆种手镯（颗粒粗），价钱 6000 ～ 10000 元；糯种飘蓝花手镯价钱 2 万～ 5 万元，玻璃种飘蓝花手镯开价 20 万～ 50 万元；油青种手镯开价 1 万～ 2 万元；低档手镯大多在 300 ～ 2000 元之间，大多数人拿来自用或送礼。以上价格只是参考，实际价钱要以看货为准。如果有石纹、绺裂，其价格直接砍半或只出三分之一的价钱就可以拿下。翡翠价格会随着经济环境与缅甸翡翠公盘开标高低而波动。

满翠老坑玻璃种的蛋面 15 ～ 20mm，要观察它的厚薄，内部是否有白棉绺裂，颜色是否均匀与偏蓝水，通常价格在 100 万～ 300 万元之间，冰种满绿，价位就在 50 万～ 150 万元之间。如果是糯种满绿，价位就在 5 万～ 50 万元之间。豆种满绿，价位就在 5 万～ 10 万元之间。特大的蛋面，价位在 300 万～ 800 万元都有。

无色玻璃种蛋面 10 ～ 15mm，不同厚度，价格在 3 万～ 5 万元之间，无色冰种蛋面，价位在 8000 ～ 20000 元之间。

无色玻璃种观音或佛公，长 30 ～ 40mm，宽 20mm，不同厚度，价位在 3 万～ 15 万元之间。无色冰种观音或佛公，价位在 2 万～ 5 万元之间。

满绿不同，颜色深浅与厚度，观音或佛公 30 ～ 40mm，宽约 20mm，豆种价位在 2 万～ 5 万元之间，冰种价位在 30 万～ 100 万元之间，玻璃种价位在 300 万～ 800 万元之间。

叶子 30 ～ 40mm，约 20mm 宽度，无色冰种价位在 3 万～ 5 万元之间。无色玻璃种价位在 5 万～ 20 万元之间。满绿色，不同颜色深浅与厚度，价位在 5 万～ 300 万元之间，这范围相当大，就看质地属于哪一种。

豆子 30 ～ 40mm，10mm 宽度与厚度，无色冰种价位在 2 万～ 5 万元之间。无色玻璃种价位在 4 万～ 10 万元之间。满色，不同颜色深浅与厚度，价位在 5 万～ 200 万元之间，这范围相当大，就看质地属于哪一种。

蝶恋花（图片提供 叶金龙）

墨翠观音或佛公，长 40 ～ 55mm，打光看呈现墨绿色、20mm 厚度，开价 5 万～ 30 万元。

由以上询问的价钱得知，价钱南辕北辙，有人开价只愿意打九折，有人可以杀到一半或三分之一。有人缺钱也可以卖到低于一折价钱，因此才有所谓“金有价玉无价”之说。但是有成交就有价钱，相信每一位行家心里都有一把尺子，只要买过就有经验。行情是随着时间变化的，只要一个月不接触，可能随时都会偏离行情。当老板开价的时候，有时候也会问消费者能看到多少价位，如果自己有经验，也可以按照自己意愿去谈价。这样来来去去杀价还价，就形成翡翠交易的心理战术，也是这么多人愿意跳进这个市场来的主要原因。

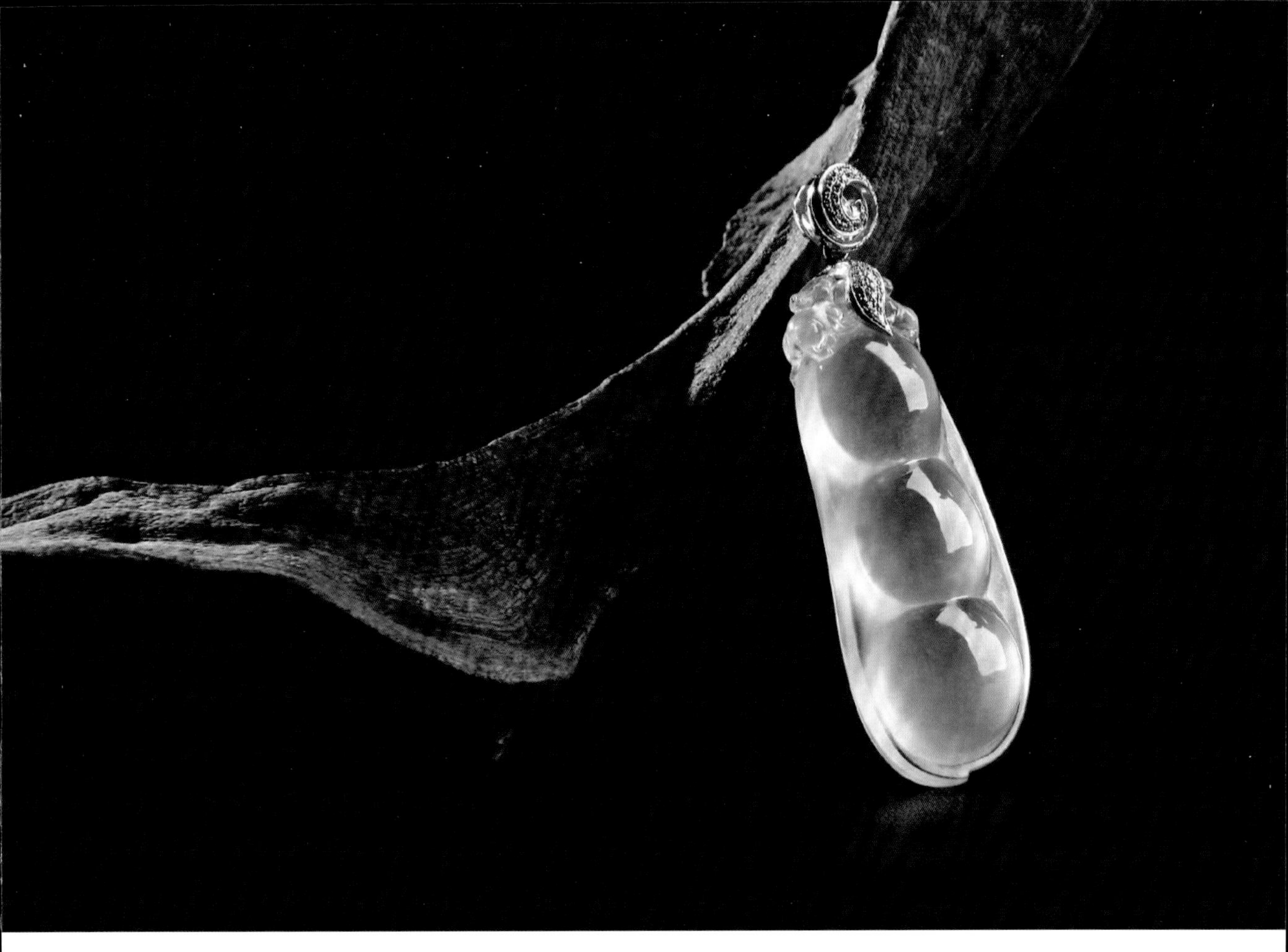

玻璃种白翡豆荚（图片提供 翠祥缘）

## 翡翠投资指南

前几年，无色冰种与玻璃种翡翠的涨幅太高，因此当经济不好的时候，最容易受到波及，这时候只能逢低进场，切勿再追高。根据最近一年观察，顶级老坑种翡翠市场询问度还是相当的高，不管是蛋面、吊坠，还是手镯，都没有降价迹象，主要是货主惜售。高档货的货源越来越少，其趋势也只有越来越贵。近几年的拍卖市场以手镯、蛋面、观音、佛公、珠链这几项最受关注。近几年，大家渐渐对紫罗兰的翡翠关注多一点，现在可能要关注冰种到玻璃种的紫罗兰，豆种到糯种紫罗兰最近的价钱也掉价非常多。此外，春带彩、黄翡、红翡的手镯、吊坠，也受到消费者大大欢迎，收藏或送礼两相宜。

另外，由于翡翠在雕刻大师的推动下，越来越多的人乐意收藏，其艺术价值的增值性就高了。相信在未来的拍卖市场，会有玉雕大师的专门系列作品出现。消费者在投资之前，可以多跟几位朋友讨论，通常行家买货也会征求朋友的意见，四五个人只要有一半的人反对，就应该放弃，切勿躁进。近几年，大家对满翠与冰种到玻璃种的翡翠仍然是很有信心的，不管未来局势如何改变，相信他是最能抗跌的翡翠种类。

## 翡翠鉴定的仪器

翡翠鉴定除了用传统的鉴定仪器如放大镜、显微镜、天平、比重液、折射仪、滤色镜、分光仪、紫外荧光灯、手持荧光手电筒，方便在市场买卖翡翠鉴定外，在实验室内还有红外光谱仪（鉴定 B 货）、拉曼光谱仪（鉴定矿物种类、B 货）、X 光射线荧光能谱仪 EDXRF（测宝石内部微量元素）、紫外－可见光吸收光谱仪 UV-VIS（区分大然宝石与合成宝石、鉴别优化与处理的宝石、探讨宝石致色机制）等。

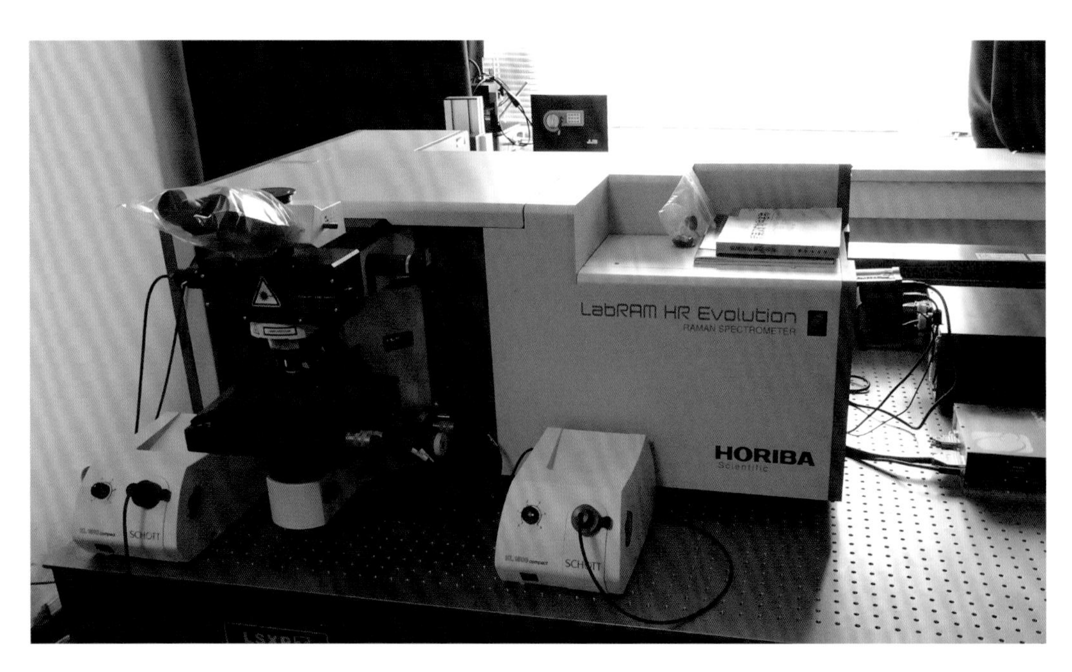


显微拉曼光谱仪（图片提供 同济大学宝石中心 TGI）

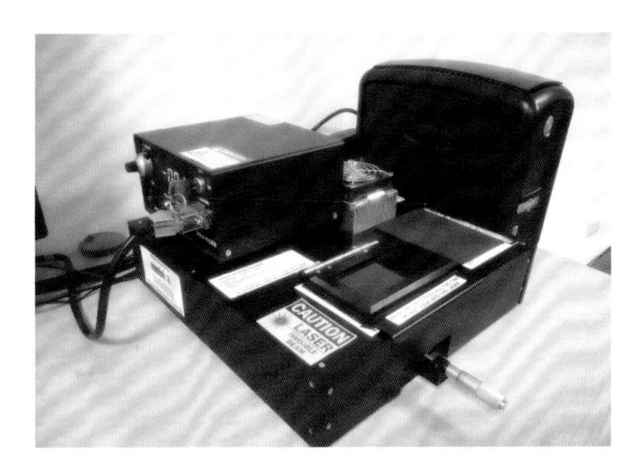


532nm激光拉曼光谱仪（图片提供 台大宝石鉴定所）

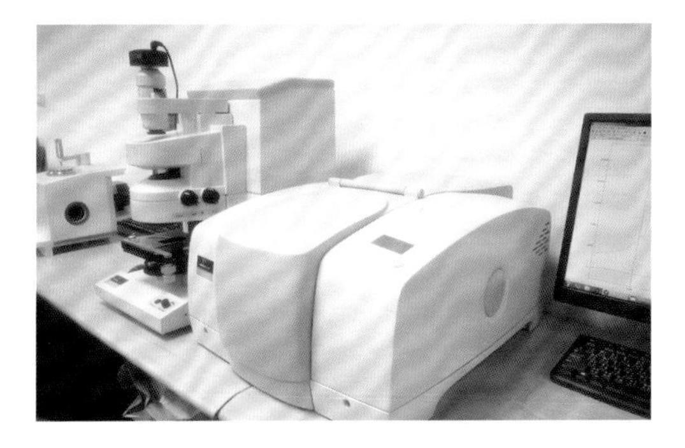

显微红外光谱仪（图片提供 台大宝石鉴定所）

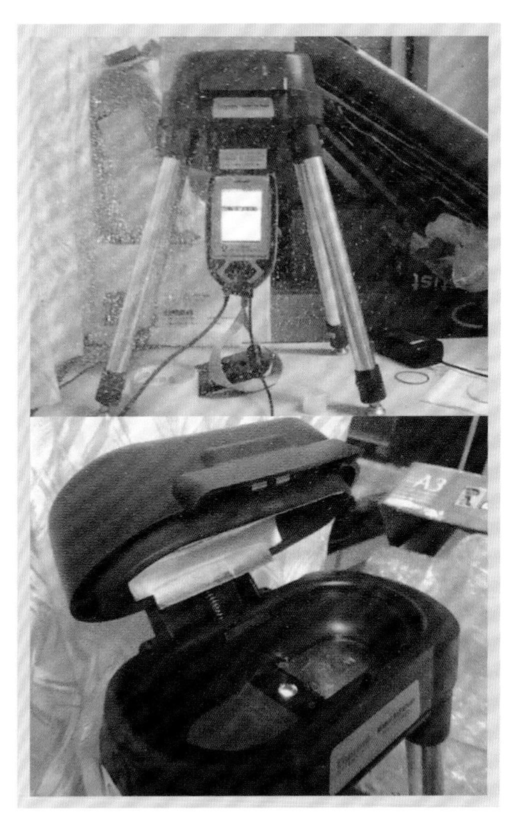

X光射线荧光能谱仪EDXRF（图片提供 吴照明）

UV-VIS吸收光谱仪（图片提供 吴照明）

传统仪器适合个人在家操作练习鉴定，大型仪器随着科技进步，也发展成可携带式，可以移动到户外场所帮客户鉴定，仪器也不断改良，体积变得越来越小更容易携带。这几年鉴宝节目兴起，让许多人重视鉴定，也将家中的宝物拿出来鉴定，透过专家讲解，让消费者能安心购买，也可以知道自己买到什么质量的珠宝。在台湾许多鉴定所因此孕育而生，让许多 GIA、FGA 毕业生可以加入珠宝鉴定师行列。相信未来珠宝与翡翠质量会越来越公开，而且一些浑水摸鱼的商家也会原形毕露，这是大家乐于看见的健康商业模式。

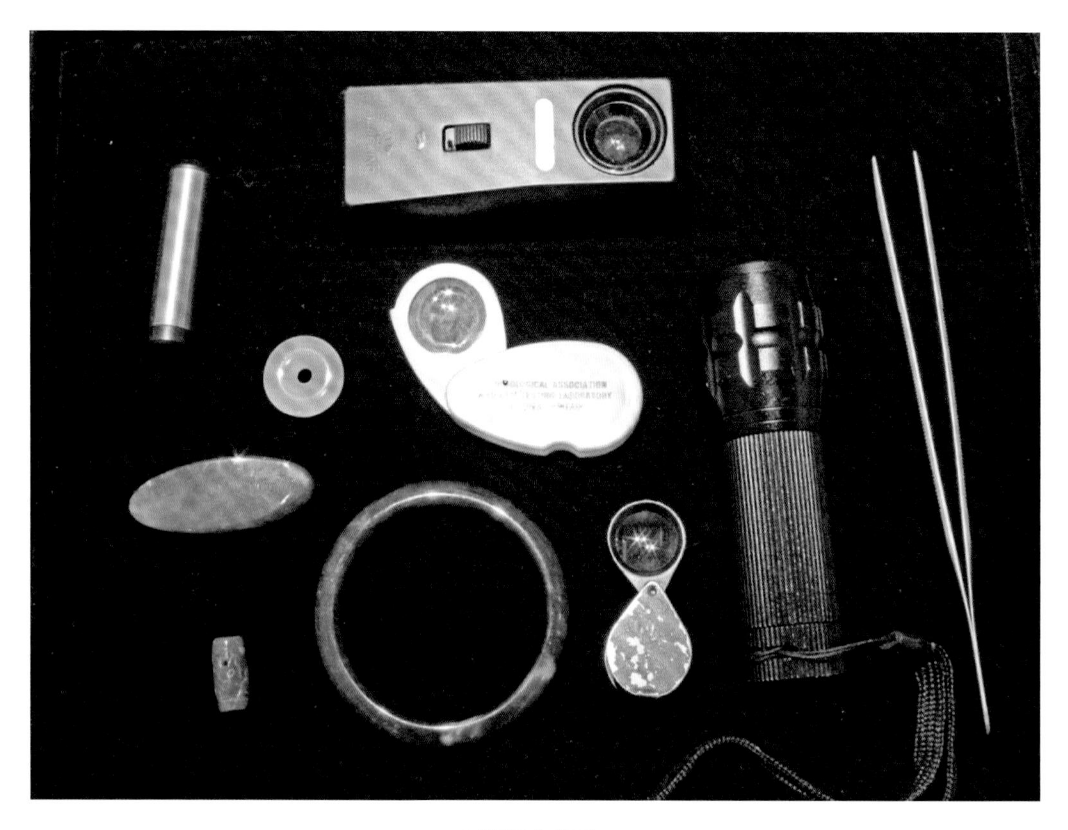

各种基本仪器

B货翡翠在比重液上

操作使用折射仪

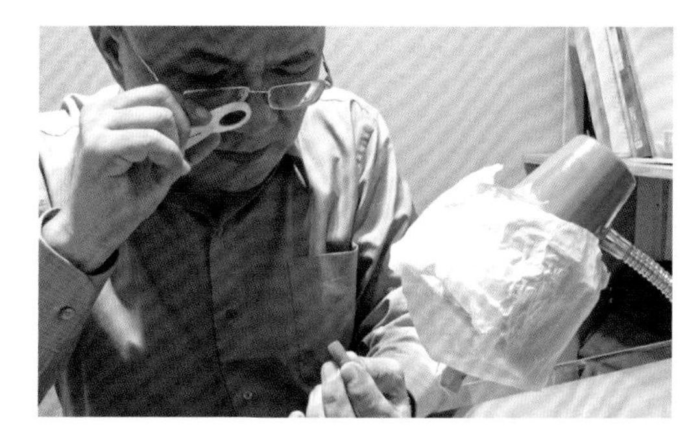

查尔斯滤色镜检查有无染色

带有灯光的放大镜看玻璃手镯

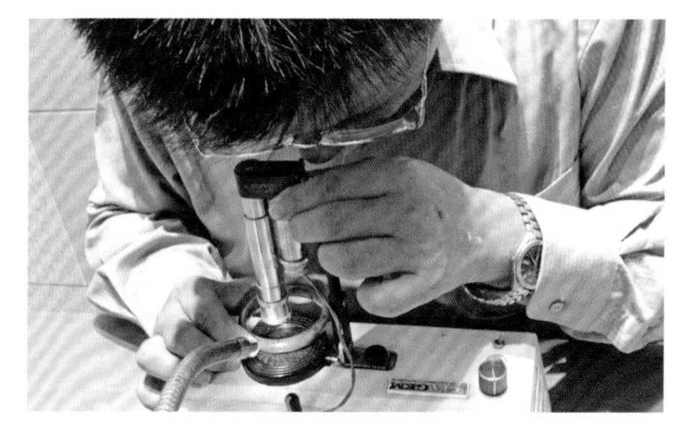

分光仪检查手镯的吸收光谱

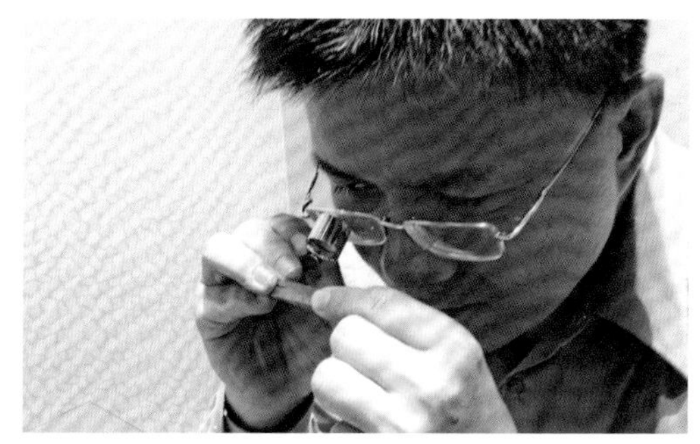

十倍放大镜

手持分光镜

紫外线荧光灯检查翡翠有无荧光

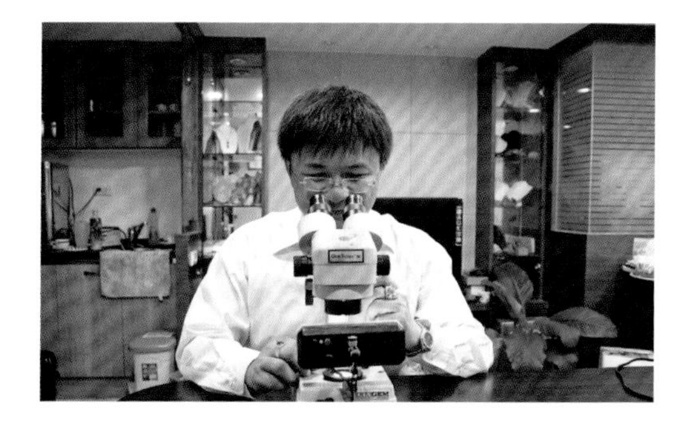

显微镜观察

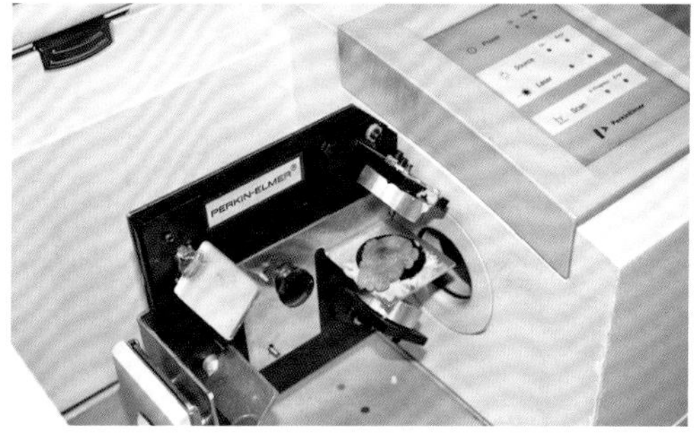


红外光谱仪（图片提供 吴照明）

用各种仪器鉴定翡翠

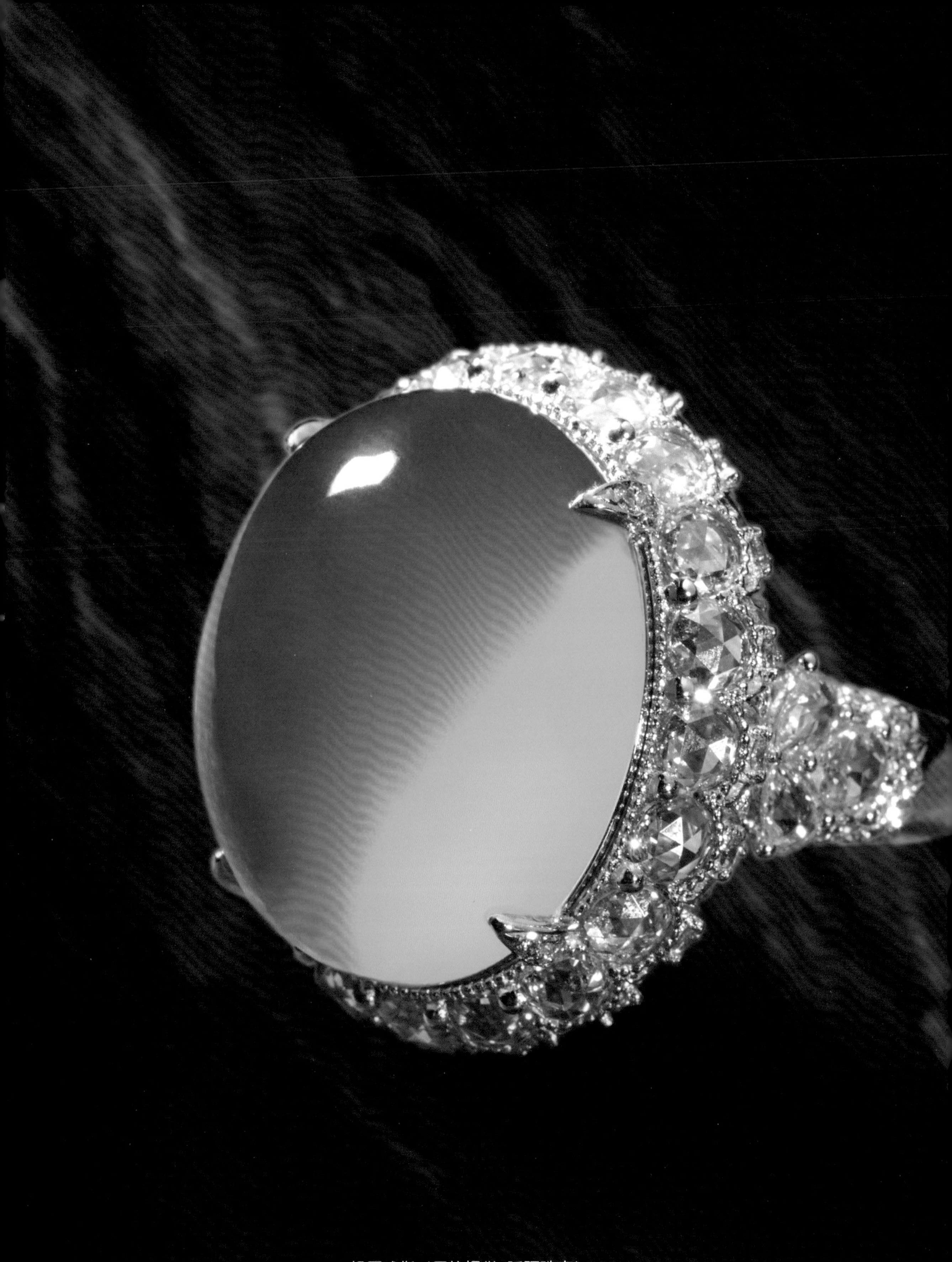

缘蛋戒指（图片提供 廷砡珠宝）

# 出门篇

翡翠赌石注意事项

饰品选购要诀

玉雕大师作品介绍

翡翠珠宝设计

缅甸内比都第55届翡翠公盘游学记

# 翡翠赌石注意事项

## 翡翠原石的特征

翡翠原生矿脉一旦露出地表就会受到周围环境影响，诸如气候变化，温度差异与刮风下雨等。有些沿着原本裂隙加大，逐渐风化受重力作用裂开，滚落河床，并且经过滚动磨圆，将一些原石菱角磨圆；有一些是因为矿物组成不同，受到风化程度差异，比较软的矿物最先风化（钠长石与角闪石部分首先风化），造成凹陷、裂开与侵蚀皮壳。这样的氧化作用，表面会产生褐铁矿与高岭土等。

## 子料产状与类型

翡翠子料产状通常可以分成三种，残坡积型、河流冲积型、砾岩型。残坡积型主要跟原生矿床有关系。残坡积型，即矿脉在大自然的日晒雨淋风化作用下崩解成碎块滚落，残留在附近或不远的坡脚下沉积，这样的子料棱角明显，皮壳较厚，市场上并不多见；砾岩型开采出来的皮壳比较薄且硬。主要是因为砾岩中的翡翠子料是经过滚动再受到风化与侵蚀被埋藏在砾石堆中，由于与空气阻隔，只受到地下水作用，外皮多呈黑色，有时还有蜡状光泽，俗称黑砂皮。经过河流冲积的子料外皮较薄，主要是因为经常滚动，松软的风化壳比较容易被磨蚀掉，这种子料称为水料或水石。

## 子料构造与特征

由于受到风化作用，会顺着玉皮渗透到里面，这是所有大自然岩石渐变成土壤的自然过程。在外表造成有颜色的“外壳”“外皮”或“砂化风化层”。在风化层继续往内受侵蚀称半风化层，我们俗称为“雾”。雾的面积分布与厚度不一定，也会造成不一样的颜色。从雾往里面走，就可以看到原来新鲜未曾受风化作用的玉肉。

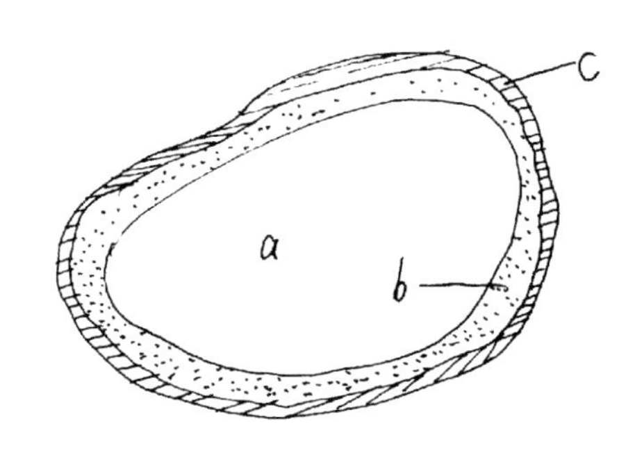


翡翠子料构造图

a.新鲜的玉肉
b.半风化玉石——雾
c.风化层——皮

翡翠原石的皮、雾与肉

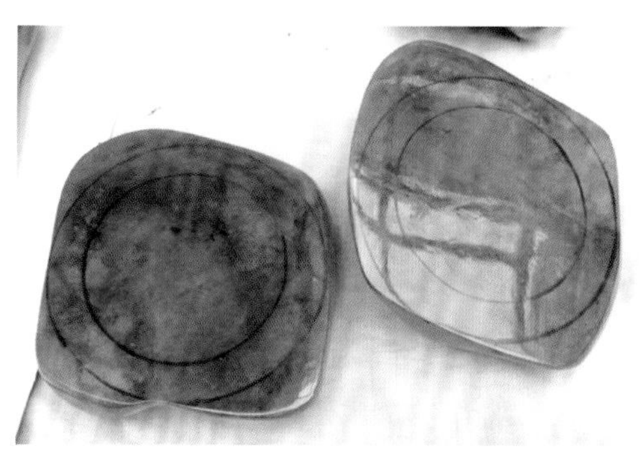

翡翠原石黄色的雾

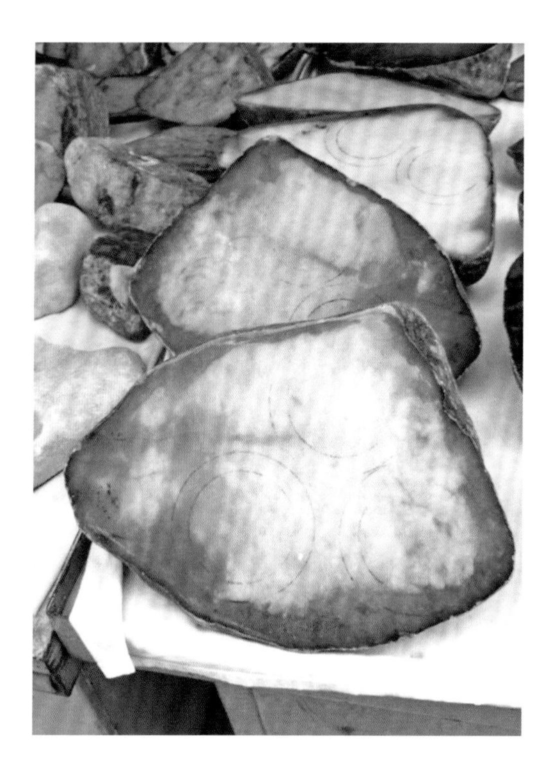

翡翠原石灰色的雾

翡翠原石黑色的雾

## 子料外皮种类与特点

翡翠料外皮颜色与表面特征变化多端。外皮颜色通常受到风化程度，时间长短与周围土壤酸碱性影响。外皮特征与原石本身矿物颗粒粗细及矿物组成种类有关。在同一场区同一层所挖出的子料颜色几乎是一样的。但是不同高度（不同层）的颜色就不会一样。由上而下开采一次可分黄砂皮、黄红砂皮、黑砂皮。著名的后江场区有十多个场口，论质量与产量都是许多商家喜爱的。所产出的高色极品老坑种子料，表皮有红蜡、白蜡、黑蜡三种皮壳。皮壳种类的分法，许多专家都有自己的意见与专业。袁心强教授提出，按照颜色与外表手感粗细来分，有砂状皮、蜡状皮、半山半水皮与水翻砂皮、水皮等。

### ⊙ 砂状皮

砂状皮的外表粗糙，砂粒手感差，皮层稍微厚，没有任何光泽，质地松散。常见的有白砂皮、黄砂皮、乌砂皮、红砂皮。

白砂皮：白砂皮通常为白色与浅灰色，砂粒往往突出手感。白砂皮通常内部没有高绿，偶尔出现浅绿与浅紫罗兰颜色。白砂皮通常质地细腻，且透明度高，通常出冰种翡翠。

黄砂皮：颜色以土黄色、黄褐色、浅黄色为主，也是最常见的皮壳。皮可薄可厚，砂粒手感粗糙。黄砂皮可出现较多绿色，且面积可以非常的大，有时会有春带彩（紫与绿)，质地由豆种到糯种都有。

乌砂皮：乌砂皮主要为黑色与灰黑色调，皮壳比较紧密，略有蜡状光泽。乌砂皮争议相当多，不同专家有不同见解。笔者看过许多乌砂皮，开出窗口带黑雾，且内部干，带灰色。黑色的外皮，如果能用灯光打出内部绿色，代表内部颜色会更加翠绿，因为表皮黑色会掩盖绿色。乌砂皮有拳头大小，也有两只手抱不动的。部分赌石的朋友坚信黑乌砂可以出高色老坑，都是可以上几百万的蛋面，令许多人流连忘返，但是也有人吃了闷亏，从此再也不碰乌砂皮。

红砂皮：红砂皮主要为红褐色，有人称铁砂壳。这种外皮比较坚硬，皮壳也薄，子料外形圆度较差，多有棱角。表皮常见有松花或是黑蟒，推断内部有高色出现。有人喜欢赌红砂皮壳，挑战性很高，都需要谨慎下手。

### ⊙ 蜡状皮

蜡状皮颜色有白、黄、黑、红蜡皮等。蜡状皮的颜色与露出的地层有很大关系。靠近地表的黄砾石层或红砾石层里面就会出现红或黄蜡皮。较深的底下地层的黑石层中会产黑蜡皮。黑蜡皮摸起来有蜡状感觉，表皮颗粒较细，与内部质地并不一致。

蜡状皮主要产在后江与会卡产区。有行家认为部分后江的红蜡状皮，皮薄且白里透红，往往水头长，时常出现满绿高货。黄蜡皮壳时厚时薄，有时出现浅绿，有时偏蓝，想出高色要靠点运气。

各种不同颜色的翡翠原石皮壳

### ⊙ 半山半水皮与水翻砂皮

半山半水石主要是原来风化皮非常严重的子料，经过表面流水的侵蚀，造成表皮光滑，小地方可以发现残留的风化皮壳。这样的皮壳也可以清楚看见内部特征，对于质地推测相当的容易。水翻砂皮是圆度较好的翡翠子料，具有一层砂状的风化皮，砂粒较细，皮壳很硬且薄，赌性不强。

### ⊙ 水皮

水石在河床里滚动激烈，松软的风化层在砾石的碰撞下几乎磨损得差不多了。只见一层颜色的薄皮，在灯光照射下几乎把内部颜色看得一清二楚。水皮颜色多样化，有白、红、黄、黑等。主要产地在沿雾露河沿岸河床中，主要场口就在帕敢、龙塘等地。

## 子料外皮颜色纹路

### ⊙ 癣

癣是原石表面或里面可见黑色或黑灰色的条带状、色斑，俗称杂质。这些黑色的癣主要成分有角闪石、铬铁矿及蓝闪石等。笔者观察发现，在黑色铬铁矿四周会有高的绿色出现，也就是黑色铬铁矿会不断释放绿色铬离子导致翡翠变绿，这就是所谓的“绿随黑走”，互相牵连分不开，就形成活癣。如果是出现黑色角闪石的话，那就是死黑，不会产生绿色，反而是严重的杂质。因此在外皮看到癣的时候就要观察是死癣还是活癣。

原石表面的松花（绿色小点）。

原石表面的绿色蟒带。

黑蟒已经从原石表面渗透到内部了。

绿随黑走。

⊙ 蟒带

蟒带在翡翠原石表面可见有深有浅的绿色带状、块状、细条状，按一定的方向排列。有蟒带的地方，不见得内部有绿。蟒带一般与绿色的走向平行，绿色的走向一般与原生硬玉裂隙有关，这是后期铬离子充填所造成。

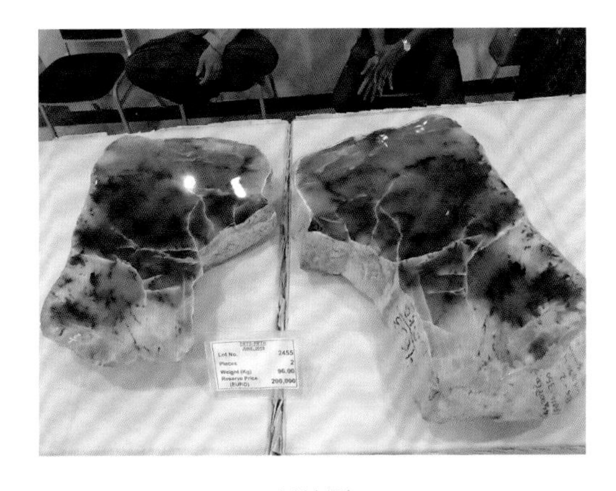

树枝裂

⊙ 松花

松花是外皮呈现如苔藓一样的绿色，通常是点状、团块、斑块与不规则状条带。外表有松花代表内部有可能会出现绿。松花有时候肉眼可见，有时候需要用放大镜观察。常常根据松花颜色、形状、走向、疏密、深浅可以来判断其内部绿色的深浅、走向、形状、大小等。通常我们观察原石都会在表面喷水湿润，再利用强光手电筒照射。

井字裂

⊙ 子料的绺裂

翡翠的绺称为裂绺，肉眼见到裂开的纹路称裂，如果是复合或表面充填物质称为绺。我们细心观察原石表面常常可以看见低凹的地方，即绺裂的地方。绺裂的形成有的是原生绺裂，在硬玉生成的时候，受到挤压碰撞与温度变化收缩所造成。后期绺裂是在硬玉形成后造成，大多明显可见，对翡翠原石杀伤力非常大。依照外观，常见的有井字裂、平行裂、树枝裂、鸡爪裂、马尾裂等，其中井字裂、鸡爪裂和马尾裂会影响整块玉料，甚至使石料变成废料。大裂绺有时会贯穿原石，称通天绺，有时需要剖开才能发现。所有子料都是山料崩裂滚下来磨圆的。观察绺裂要注意原石外形，如是否有小 V 形槽沟、阶梯

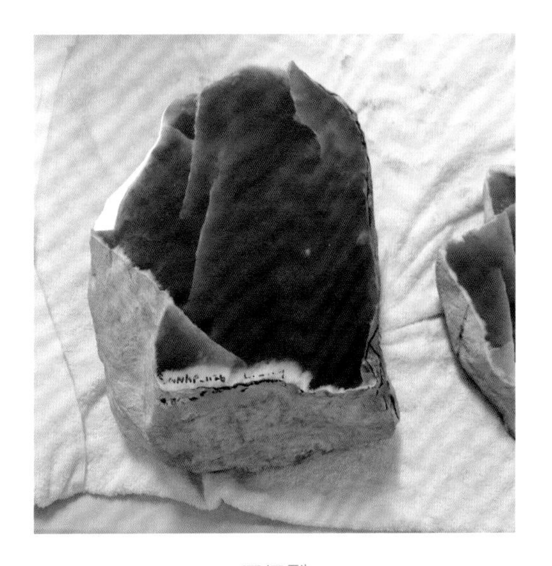

平行裂

状的台阶、大斜交成V字形等构造。因为裂绺都有可能沿这些构造往原石内部发展，不可不谨慎。有些绿色条带本身就是这些绺裂充填绿色铬离子（随绿裂）造成的，另一种裂绺会切断绿色带（截绿裂），有时也会切穿错位绿色条带（错绿裂），都需要仔细观察。原石最怕绵细且密的裂绺，几乎无法取出小蛋面，只能使用在雕刻花件或摆件上。大的绺裂要是能避开，反而是可以做出镯子与取出漂亮的蛋面的，通常商家不会太害怕大绺裂。

## 子料的作假

翡翠子料作假通常会出现在瓦城、仰光或者瑞丽等原石交易地方，大多是随意摆在路边，或者是有小贩拿原石兜售。当你买走一颗几万元的原石后，他自然就会消失一阵子，转移阵地或者庆功去了。

通常最常见的是皮壳作假，就是拿山料滚圆、泡酸后埋在土里一段时间，制造假皮壳。

存心造假：拿染色石英或无色的翡翠染绿，经过水泥与细小沙石混合涂抹表面，埋在土里数年后，再擦出绿色窗口，以假乱真。在缅甸旅游市场最容易被骗，消费者自己要小心。

挖空心思：有的是将原石内翠绿部位取出，再灌入比较重的铅，并且作假皮，这是最早期的做法，现在并不多见。

开窗口涂绿膜或贴绿片：原本是无色的窗口，经过涂抹绿色指甲油，或者连贴一层绿色的翡翠薄片，造成打光视觉效果，引诱消费者购买。

染绿蟒带：直接在翡翠凹槽处，涂抹绿颜色的色料，造成绿色蟒带假象，不可不防。

其他似玉作假：常见的有大理石、碧玉、钙铝榴石、钠长石等混当翡翠，这些仿冒品与翡翠价钱差很多，之前也传出在缅甸公盘买到假货或掉包的现象。平洲玉器协会保证如假包退，特殊的原石也都会注明名称。

## 原石作假

夹层石，不是完整的原石。经过人工手法将品质好的翡翠原料取出，再回填质地差或做色翡翠当作完好翡翠原石来贩售。

二层石，主石多为质地差的原石，在上面的切口处黏上一层色好水头佳的翡翠薄片，这样打起光后会显得又绿又透。

三层石，石头分三层，最底下还是质地最差的原石，中间夹一层绿色玻璃，最上面为一层薄的无色透明翡翠薄片。

人工作皮，将赌输的原石，因为找绿没找到，就做人工外皮。把泥沙混合拌上胶涂在翡翠原石的外表，并且埋入土中数年再拿出来卖。

打孔注色或挖空（底）填色。用钻头在翡翠上面钻孔，并且填入类似绿色漆或绿色牙膏。再把孔封上，让打光后感觉内部有绿。另一种是将有价值的绿色挖掉后，回填注入绿色油漆或绿色胶，将表面做砂皮，保留一个开窗。打灯时候可以看见内部翠绿，引

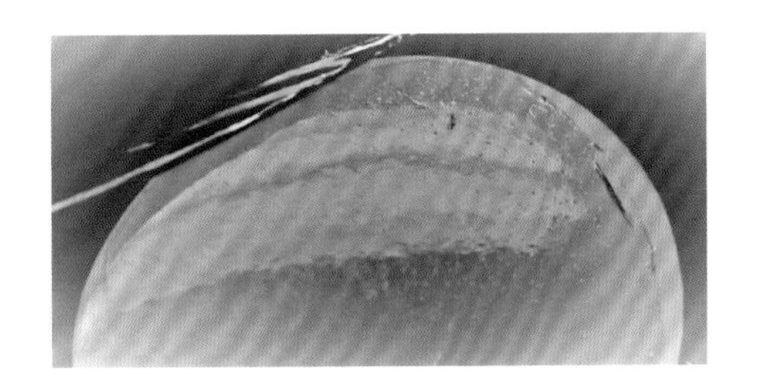

覆膜翡翠

有人造皮和接口的假赌石

表面残留绿色、紫色抛光粉的手镯

诱顾客上钩。

这些做皮或者挖坑填色的原石翡翠通常会出现在边境的观光区，不固定摆摊，可能就只有一颗或3～5颗原石，有时会在清晨或者夜晚出售，在不清楚的光线下更容易引诱观光客上门。部分会在翡翠市场内，专做原石买卖，价钱并不是太高，主要看体积大小，从几十元到几百上千元都有，遇到内行人就会说清楚。若是观光客就不会特别讲清楚。故意兜售假原石做色的摊贩，一旦卖出成功后，就会消失在市场一阵子或者换个场子，避免被拆穿来退货。

如何预防买到假原石，就是不跟不熟的人买，最好是从有店面的商家买，另外如果现买现切开就可以预防被小贩忽悠了。

## 翡翠用有色抛光粉

最近这几年翡翠利用有色抛光粉抛光，让颜色加深的案例越来越多。主要出现在四会、姐告、瓦城等地。颜色有紫有绿。利用有色抛光粉抛光后，会有抛光粉残留在手镯或吊坠表面。最后在敷一次蜡封填，才不会手接触就掉色。这大多利用豆种甚至砖头料来进行优化处理。成品价就几百元到小几千元。通常抛光粉颜色暗沉，放大镜或显微镜仔细观察都可以看到颜色沉淀堆积。通常鉴定中心遇到这种假色抛光粉有三种做法，第一种是不接受鉴定。第二种是把成品经送件者同意放在水中加热溶解蜡后再利用超声波清洗至抛光粉除去，再进行鉴定。第三种就是结论会写天然翡翠A货，备注地方会写表面有色抛光粉沉积现象。观光旅游或者到边境矿区买翡翠都要很谨慎。越便宜的翡翠就越要注意。

## 赌石

翡翠买卖通常在市场上常见到的有原石（赌石）、明料（山料或者已经剖开）、半成品（雕好未抛光）、成品（素面、雕件或金镶玉制品）。其中最令人心惊胆战、最匪夷所思就是赌石。隔着厚厚的皮壳，就像女人罩着面纱，只有掀开这层面纱，才能看到其真正容颜。大多消费者都是购买成品，光是成品已经让大家摸不着头绪了（种类太繁杂，价格差异太大），直接购买原石的大多是翡翠加工厂老板、玉雕师傅、翡翠店老板、少数玩家与收藏家。由于存在太多不确定性，至今仍然没有原石专家，只有行家、玩家与收藏家，赚钱的就是赢家，反之就是输家。有人说一刀穷，一刀富。在瑞丽只要解出种水色好的翡翠，就会在门口放烟火，甚至摆桌请客，连续吃好几天。专门买原石回来解石的人，通常是行家，也是翡翠的世家，在揭阳、平洲、四会、广州、瑞丽、腾冲、盈江以及早期的香港广东道等，这些都是翡翠加工厂的集散地。凭着父传子或者亲戚、同行间交流，不断地累积经验，以独资、合股等各种方式来分担风险。在中国与买卖翡翠原石相关的人，少说也有上万人。赌石其实就是翡翠原石的子料，在看不见内部质地、颜色分布与绺裂的状态下，只能看原石外表的蛛丝马迹，凭经验来推敲。赌石通常分成擦石、切石与磨石这三种状态。

**擦石**

擦石就是擦出一个窗口。擦石的目的就是要找到原石最绿的部位，开一个大拇指大小的窗口。最简单就是用不同粗细砂纸磨出一个小窗，现在都是用高转速的砣

这块赌石，种、水、色好，价格高。

这块赌石，可以赌出一个人的自信与判断力。

擦过开口的赌石。

轮擦拭。这是观察赌石最古老的方法，不了解内部状态就轻易切开，往往造成不可挽回的结果。通过这窗口打光可以观察内部，判断雾、绿颜色深浅、分布、深度与原石透明度。擦口通常需要有经验的人，了解这块原石来自哪个场口，每一场口特性不太一样。如果擦出绿色，且面积加大，通常就有人会停下来，转手待价而沽，把风险转让给下一个人。在瑞丽姐告市场，往往会有一家摊商，就是卖同样外皮颜色、同一场口的赌石，也有摊贩卖不同颜色外皮，不同场口的赌石。在旅游景点花两三百元买赌石，切开之前的兴奋与期待，心脏都快要跳出来，幻想自己即将变成百万富翁，就在切开的那一瞬间，眼球差点蹦出来，废料一个，不禁感慨，还是努力工作比较实在。

**切石**

切石就是经过擦口的判断，将赌石剖开成两半。有句话说“擦涨不算涨，切涨才算涨”。擦涨可能只有三四成把握，但是切涨几乎有七八成把握。赌石切开后不是开奔驰，就是换骑脚踏车；不是吃鱼翅，就是吃粉丝。通常指挥下刀的都是老板或是几位股东的意见，有时会请切石老师傅给点意见。可以在擦口下刀，也可以沿绺裂下刀，也有人沿松花下刀。第一刀就见色通常就会就见好就收，转手赚一笔。如果第一刀没看见色，可以切第二刀第三刀，直到找到色为止。现在切石头分罩盖油切与水切。切开之后通常不是大赚就是大赔。有种无色也不错，最怕无色且无种，差不多就是砖头料。

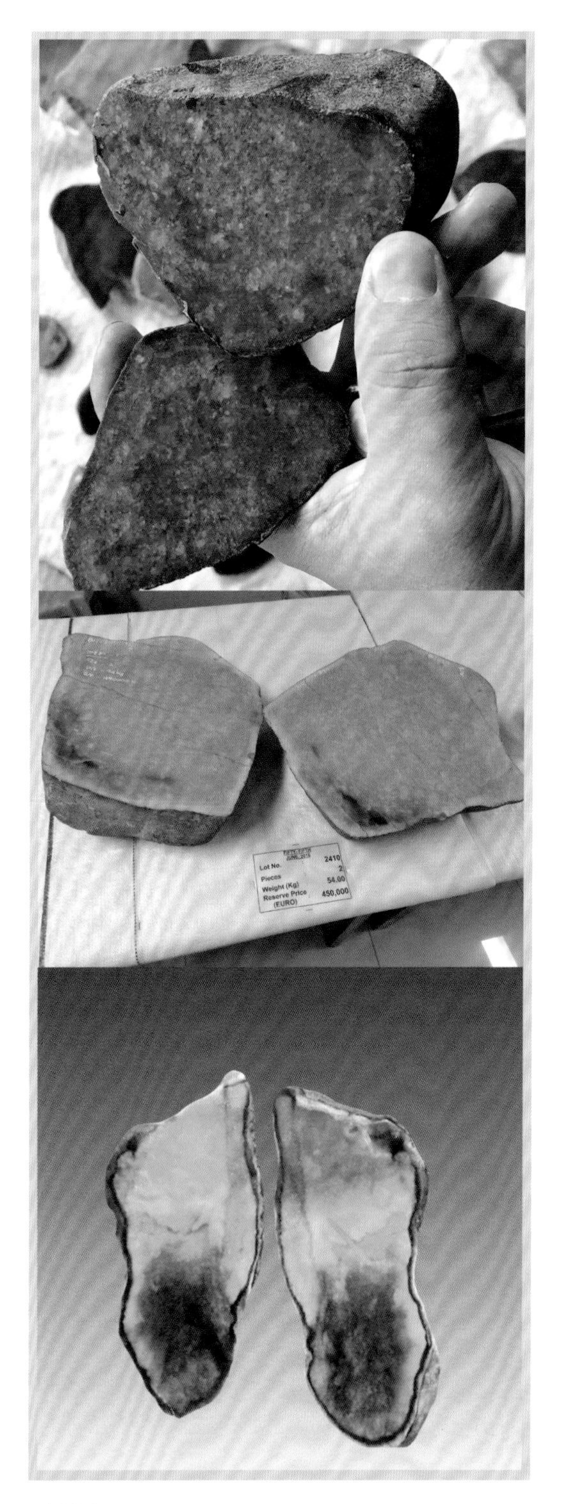


翡翠原石切石

无色，算赌输。沿着裂纹切开，颜色延伸进去，算赌赢。

**磨石**

磨石就是在原石外皮抛光，把透明度表现出来，看到内部的色好，水头好。有时候也会把水浇在外表观察，会有相同效果。

磨石，可以看出好的质地，是不错的摆件材料。

**赌石的特点**

1. 赌色：表面有色，切出来没色就输了。色偏或色浅也是输。颜色以翠绿且正，不能偏蓝或偏黄，色偏暗也算输。要是色翠绿、满色且阳，那就是赌赢了。

2. 赌种：赌种就是赌场口，各个场口的原石都不一样，看错了就全输了。帕敢、南奇、后江的场口常出现高绿翡翠。注意黑癣吃绿算输，松花不渗进去算输，新种当老种看算输。

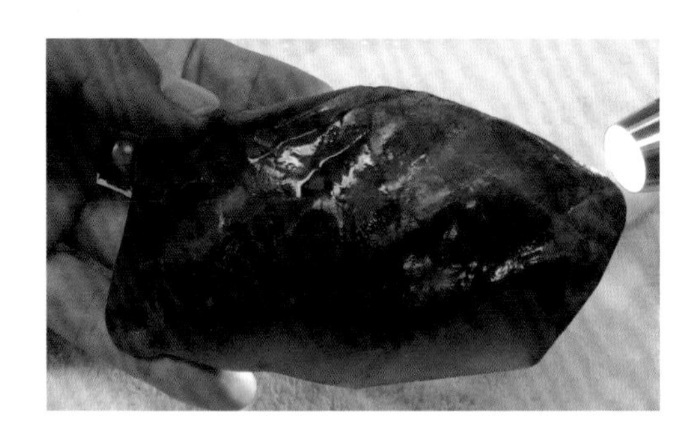

磨光玉皮，可以看见赌石内部的质地与颜色。

3. 赌底：底脏、底乱、底粗、底干、底黑、底松、底磁都是输。

4. 赌雾：雾就是赌白雾与黄雾。雾要薄且透，雾粗、雾干都输；红雾、黑雾算输。

5. 赌裂：大裂如果可以闪开算小输；小裂纹占面积太大算全输；交叉裂纹算输。

磨光玉皮，赌的风险可以降低一半。

有人说中国人是赌性执着的民族，从斗蝈蝈、斗鸡、赛狗、赛马到赛鸽，无所不用其极。俗话说得好，十赌九输。赌赢一次就会继续赌，赌输了就会想下一次一定会赢。赌到最后房子、土地、妻儿都没了。爱赌的人是赌对原石的自信与判断力，有的人是爱寻求刺激，有人是展现财力，有人是上瘾了，无法戒除，想着下一次就会赢回来。常常听说有人赌赢家财万贯，买别墅买车，但是有更多人妻离子散，流落街头，无家可归。其实买切开明料，十拿九稳，留得青山在，不怕没柴烧，可做出多少成品，卖出多少钱，利润有多少，相差不会甚远，这样的生意会长久，睡得也比较安心。

赌颜色，这个就输了。

翡翠狮子头吊坠（图片提供 志臻翡翠）

翡翠狮子头吊坠（图片提供 志臻翡翠）

# 饰品选购要诀

花钱要花在刀刃上。我们都曾经在翡翠饰品面前徘徊无助，不知道怎样下手与挑选。除了不会看好坏，更不知道真假，价钱更是一问三不知，自己很怕被骗。我曾经在求学阶段，跑去台北建国玉市，无助地问了老板如何分辨翡翠的种类与好坏。老板看我是学生，直接笑着跟我说："我们这里是在做生意，如果要写作业交报告，我们可是没有美国时间（很忙的意思），别妨碍我做生意。"被泼了一身冷水，我心里想自己学地质专业，总有一天我一定要比你更懂，你只是比我早了解接触这市场而已。后来才知道，翡翠买卖就是花钱学经验，缴了学费，不管真假与价钱高低，自然而然就懂了。

## 如何挑选戒指

为何要买戒指呢？有些人认为手指并拢后有缝隙，听算命先生说会漏财，因此需要戴个戒指补财，还有人戴尾戒防小人。由于流行的风潮，很多歌星、演员把戒指戴在大拇指上，粉丝也一窝蜂跟着戴。把戒指戴在食指的，是很多有自信的SOHO族或金融、保险、股票、房屋、汽车、美容等行业从业者。至于戴在中指与无名指的，一般意味着，已经名花有主。

### ⊙ 戒指种类

戒指可分为素面与镶嵌戒面两种。

**素面型翡翠戒指**

素面型翡翠是指整个戒指都是由翡翠一体切磨而成（一圈），

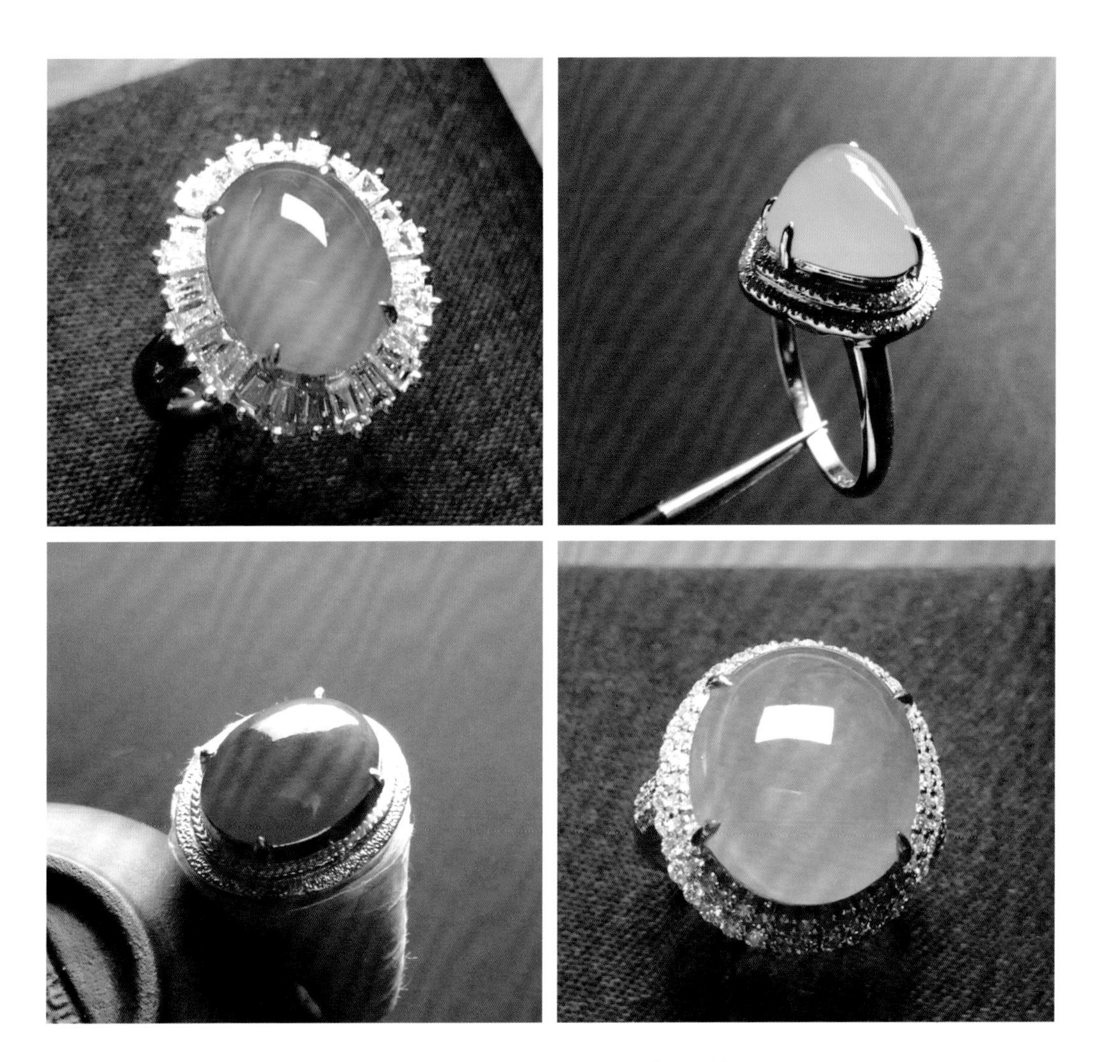

素面翡翠镶钻戒指不同款式欣赏（图片提供 莲叶翡翠）

不需要戒托，直接戴在手指上。素面翡翠因为体积比较大，所以价位比同质量的翡翠高出很多。很多人喜欢这种戒指的颜色或造型，却因为指圈太小或太大而放弃。所以在选购时就要考虑指圈大小问题，因为人的指圈大小常会因为季节冷热而变化。简单的方法可以换手指或左右手换戴，就怕手指变胖，戴不下了。另外，由于翡翠戒圈常接触桌面或是搬运东西，万一碰裂，就非常可惜了。

素面翡翠戒指依照种类，常见的有马鞍戒指和扳指两种。

马鞍戒指形状就好像是马鞍一样，因而称为马鞍戒。马鞍戒分马鞍上半部与马鞍加上戒圈，主要就看翡翠材质有无裂纹。戒面大多会选取比较绿的部分，戒圈通常是没有颜色居多，常见的马鞍戒是白底青产品。顶级的马鞍戒种、色都好，非常珍贵和稀有。挑选时要注意戒圈大小，因为已经无法改变指圈，且戒圈戴的时候要很小心，避免碰撞断裂。试戴时也要注意不要过紧或过松，戒圈最好可以大半号到一号，太大很容易不小心脱落遗失或摔断裂，尤其是洗手或洗澡使用香皂的时候。喜欢马鞍戒的通常是贵妇，男士佩戴与收藏马鞍戒都是年纪稍大、事业有成的大老板，一看就知道家财万贯。

马鞍戒上半身通常会选择翠绿部分，戒脚会搭配K金钻石戒托或黄金配苏联钻（氧化锆石）戒托。要特别注意高翠马鞍戒指通常有挖底，而且呈薄薄一片。一般会在底部灌胶，避免断裂，增加稳定度，所以B货的比例相当高。挑选马鞍戒指主要看它的厚度，也要看它的水头、颜色、杂质，很多台湾人给父母祝寿会挑马鞍黄金戒当礼物，戒脚是活动式的，不怕手指戴不上去或脱不下来。

带K金戒圈的黄翡马鞍戒，K金戒圈可以防止底部翡翠撞裂。（图片提供 仁玺斋）

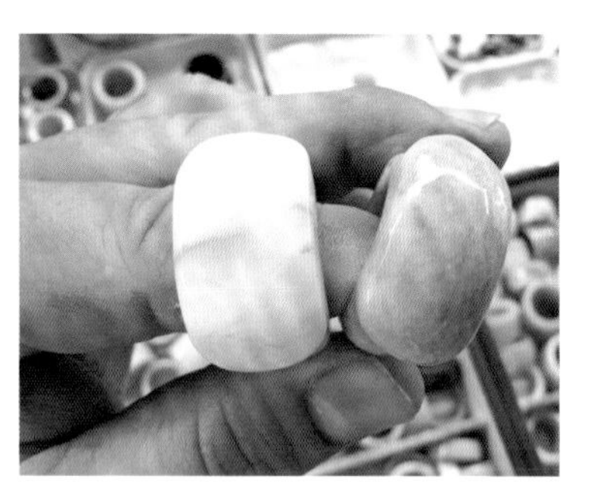

宽版的马鞍戒，50～100元可以买到。（图片拍自北京潘家园）

糯种三彩马鞍戒指（图片提供 金玉满堂）

买扳指要注意手圈的大小、戴上后的松紧程度。（图片拍自北京潘家园）

翡翠扳指在古代是射箭时用于保护拉弦手指的套管。清朝建朝后，满人少用弓箭，翡翠扳指变成高官把玩的行头，偶尔皇帝会赏赐给大臣，清朝时由于乾隆皇帝特别喜欢扳指，满朝文武官员也开始收藏玉扳指。现在有一些诗人或文人雅士在吟诗作对时，喜欢在手上把玩，展现其高尚品位。清朝留下来的有和田白玉与翡翠扳指。扳指的内径约20mm，高 20 ～ 45mm 不等，壁厚 4 ～ 6mm，有时候上口会斜切一刀，下口平整。现在市面上质量好的翡翠扳指不多，多的反倒是几百块就可以入手的扳指，有些甚至是染色的 C 货，在北京潘家园可以花几十元买到。

**镶嵌型翡翠戒指**

镶白金、K 黄金、玫瑰金、黄金、银等材质。主要制作的方式有爪镶、夹镶、包镶等。主要搭配的配石为各种颜色的翡翠、钻石、红蓝宝石、碧玺、珊瑚、珍珠等。制作的方式有纯手工与蜡雕制模镶嵌，两者之间的差异，主要是手工制作成本高，但是可以依照自己想法与设计去制作戒指。以台湾为例，简单的六爪手工制作费用 400 ～ 500 元，稍微复杂一点要 600 ～ 1000 元，手工繁复者要 1500 ～ 2000 元。如果是铸模台简单的要 200 元，复杂一点要 400 元左右。

铸模台用于大量制作相同尺寸产品，有时候可以再经过手工稍微修改。它的缺点就是爪子或戒脚比较容易断裂，没有手工打造的细腻。在银楼成批相同款式的翡翠几乎都是铸模台，珠宝店不同设计款式大多是手工台。

豪华镶钻老坑翡翠戒指

流苏设计的翡翠戒指（图片提供 典华翡翠）

阳绿长方形翡翠戒指（图片提供 典华翡翠）

玻璃种翡翠镶钻戒指

冰种黄翡双葫芦锁戒（图片提供 典华翡翠）

复古如意镶钻戒指

镶嵌的翡翠主要形状有蛋面、马鞍形、马眼形、水滴形、心形、长方形、怀古形、随形、不规则形等，其中又以蛋面翡翠最令人注目与关爱。蛋面翡翠挑选要注意其形状与比例。一般蛋面造型有双凸型、平凸型与凹凸型三种。其中价值以双凸型最高，平凸型次之，凹凸型最低。其长、宽、高比例以肉眼观察顺眼为主，但是仍然有一个理想的比例。

翡翠的绿色那么稀有，可遇而不可得，因此都会就料去切磨，有时候会出现比例不完美的现象，有的偏胖，有的偏瘦。胖的可以再修改，瘦的越修改就越小了。一般椭圆蛋面翡翠有一个标准的比例，比如 6 × 8、7 × 9、8 × 10、10 × 12、12 × 14、14 × 16 等，尺寸越大，价值越大，也越稀有。但是，由于翡翠非常珍贵，翠绿色蛋面就没有比例问题，舍不得磨掉。蛋面翡翠如果厚度太薄就会显得不够完美与饱满，也会漏光。厚度够大的翡翠蛋面就会增加其亮度与晶莹剔透感。过薄的翡翠挖底，如同一个鸡蛋壳，容易碰裂，一般会在底部灌胶，镶嵌的时候，会把整个底部包起来。在选购的时候可以问老板有无包底，也可以翻到背后看，看看底部是否被金属包起来。如果厚度够的话，通常会镂空，或者无包底。

### ⊙ 如何正确观察翡翠戒指的颜色

对于翡翠来说，颜色就等于其价值。颜色差一级，价值可以差十倍。影响翡翠颜色的因素有以下几个。

**光源**

行内有一句话“灯下不相玉，月下美人灯下玉”，就是说，翡翠在灯光下看是不准的，晚上或白天看美女都会有不同感受。无色翡翠柜台通常用偏白的冷光投射，效果会更透。翠绿与黄翡通常用暖色系黄光投射，颜色就会更浓。现在高科技 LED 灯都可调节光的明亮度，让珠宝看起来比实际效果好很多。用不同的光来观察翡翠会有不同的效果，因此最正确的光源就是利用自然光。通常在晴天，上午十点到下午两点，在窗前观察最好。如果阴天或晚上观察翡翠，就要特别注意是用哪一种光源。翡翠最忌讳用日光灯管观察，

简约设计，适合年轻上班族。（图片提供 莲叶翡翠）

两个相似尺寸翡翠吊坠色差一级，价差十倍。

这样会让翡翠颜色更加暗沉，没那么鲜艳。相对地，珠宝店用的珠宝灯，大多是黄光的钨丝灯，观察翡翠颜色会更加鲜艳和让人心动。灯光美，气氛佳，这样卖翡翠成交率就非常高。有时候我带学生去玉市，通常会让店家把翡翠拿到户外，利用太阳光观察一下颜色，才不至于买了以后后悔。

**互相比较**

几乎没有一个人可以把所有绿颜色记下来，所有宝石颜色都怕比较，翡翠也不例外。就算同一块翡翠，磨出来的颜色也会有些差异。因此，多拿几颗出来比较，或者自己搜集一套绿色标本，可以作比色石当参考。

**衬底与背景**

在不同的背景下观察翡翠，也会有不同效果。通常买卖翡翠都会用白纸包装，或是黑底的包装盒来衬托。白纸会使翡翠颜色偏浅，黑色衬底会使翡翠颜色的视觉效果偏暗。如果翡翠制品很薄，卖家通常会在底部垫一层锡箔纸，颜色就会跳出来，很抢眼。消费者千万不要被骗，因为那不是它的真正颜色。因此在选购翡翠饰品时，最好是放在自己的手指上观察，看看比例大小与颜色深浅是否得当。

在自然光下，中间这颗翡翠蛋面偏蓝色。（图片提供 侯晓鹏）

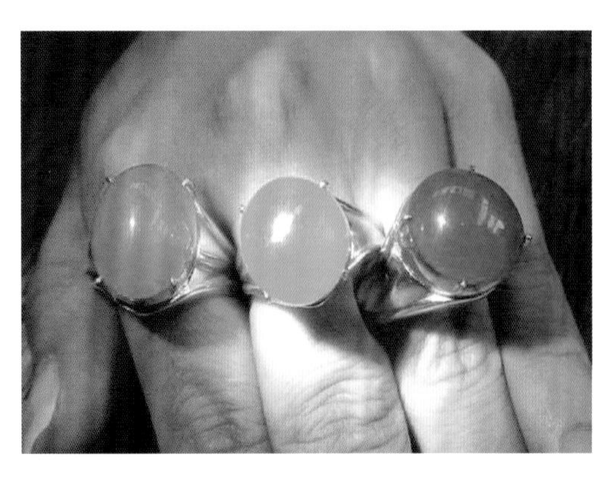

在黄色笔灯下，中间这颗翡翠蛋面偏黄绿色。（图片提供 侯晓鹏）

墨翠戒指打光效果对比。

### ⊙ 观察颜色是否均匀

要观察翡翠顶面、侧面、底面不同方向，颜色是否均匀，也可以放在一杯水中，看看透明的翡翠颜色分布是否均匀。颜色均不均匀自然会影响到翡翠的价位，尤其是蛋面或坠子。除了注意颜色是否均匀分布外，也要注意颜色是不是越来越深，或颜色是否偏黑或灰，偏黑或偏灰都不好。

绿色翡翠衬黑底，视觉效果较佳，绿色会显得比较集中。白翡衬黑底，由于黑白对比强烈，感觉效果更好。两款坠子以黑底和放手上的对比效果，你感觉如何?

在阳光下观察翡翠颜色最自然。（图片提供 焱翡翠）

绿色翡翠戒面的水头呈递减趋势，水头越好，翡翠戒指的价值越高。

⊙ 颜色的鲜艳程度

我们都知道翡翠的翠绿色主要是由铬造成。我在台湾大学研究所研究得出，翠绿色与铬铁矿和钠铬辉石有密不可分的关系。有分析指出，氧化铬成分从 0.16% ~ 3.14%，绿色越鲜艳，氧化铬成分越高，若绿色偏暗，氧化铁成分也会偏高。在商业上，帝王绿、辣椒绿、祖母绿、阳绿等都是鲜艳绿色的称号。金丝绿、黄杨绿、苹果绿和秧苗绿等是亮绿色的称法。至于豆绿、瓜绿色、水绿色为淡绿色。墨绿色、油青绿、波菜绿等都是属于较暗绿色，价值相对就差很多。

⊙ 观察翡翠的水头

翡翠不是单一矿物，它是由许多种矿物组合而成的集合体 [硬玉（辉玉)、钠铬辉石、绿辉石、角闪石、蓝闪石、透闪石、钠长石等]。所以，它的组成非常复杂，同一块翡翠颜色分布与透明度也不尽相同，这也是那么多人愿意撒下千金万金去赌玉的原因。赌水头就是赌它的透明度，从表皮用强光照射可见 1 ~ 3cm 者，也只能猜测 5 ~ 10cm，并无法从一点去证明整颗翡翠是否是为完全透明或半透明。除此之外，用笔灯打光可以见到透明度 1 ~ 3cm，这一颗就价值不菲了。根据欧阳秋眉老师的说法，水头足属玻璃种，水分 3 分；水头尚好属冰种，尚透明，质量尚佳，水分 1.5 分；水头很干属粉底，不透明，质量次等，无水分。

⊙ 观察有无裂纹（瑕疵）与杂质

挑选翡翠都会利用小手电筒去观察有无裂纹（瑕疵)。观察的时候要上下左右检查，不可马虎。裂纹通常为白色，商家有时候会说石纹。不管天然石纹还是人工切磨所出现的裂纹，都会影响翡翠价值。杂质就是白絮或是黑色、杂色矿物。杂质过多，也会降低翡翠质量，能避免就尽量避免。

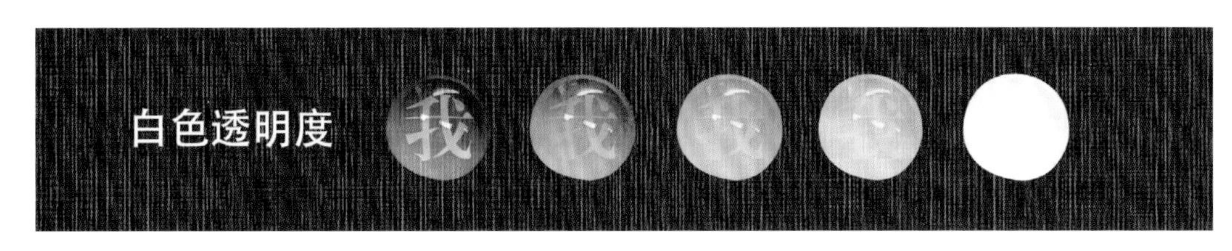


电脑模拟的白翡的透明度对比图，笔者将其分为5级。

苹果绿翡翠戒面（图片提供 徐翡翠）

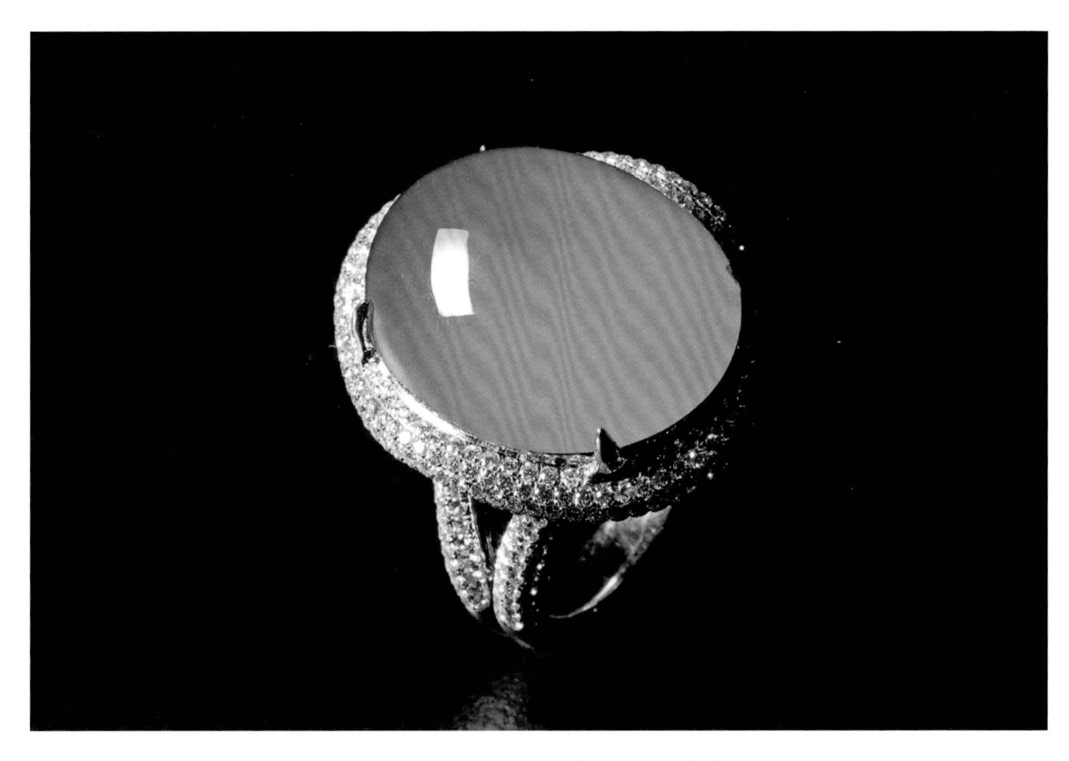

帝王绿翡翠戒面（图片提供 大曜珠宝）

## 如何挑选吊坠

有很多女生因为嫌自己手指头短或粗，不想戴戒指，而选择吊坠。戴坠子有几个好处，不需要改指圈大小，因此不需要知道送礼对象的指围大小，也可以在不同场合搭配不一样款式的 K（黄、白）金或铂金项链。基本上项圈 14 ～ 22 寸大小都可以佩戴（标准长为 16 ～ 18 寸，有些链子后面可以加两寸延长链）。最近流行利用黑绳子来佩戴坠子，不但时尚彰显活力，而且也可节省钱（最近十年黄金涨价 3 ～ 4 倍之多）。

翡翠坠子不但女士喜欢，男生也喜欢收藏。最常见的就是观音与佛公。在大陆很多人都有男戴观音女戴佛的观念，无论是小朋友还是大人都有这习俗。在台湾则是男戴佛公，女戴观音。一般人相信戴了佛像就可以受到佛祖保佑出入平安，消灾解厄。许多基督徒或天主教徒就喜欢戴十字架。时下年轻人也喜欢戴十字架，代表纯洁与平安。更多中国人戴坠子，喜欢其雕刻内涵，总而言之，心里需要什么，就找什么题材来佩戴。

长辈会帮孙子辈儿准备平安扣或者是如意、长命锁、十二生肖等，保佑他们出入平安、健康长大。蝉，代表一鸣惊人，可以用来送年轻学子。高考可以送“粽子”，意涵“包中”。豆荚，代表连中三元。

经商开店者多选择算盘（精打细算）、蟾蜍（咬钱）、貔貅（发财）、白菜（发财）、老鼠（数来宝）、狗（狗来富）、苦瓜（苦尽甘来）、鱼（年年有余）、牛（牛市）等题材。

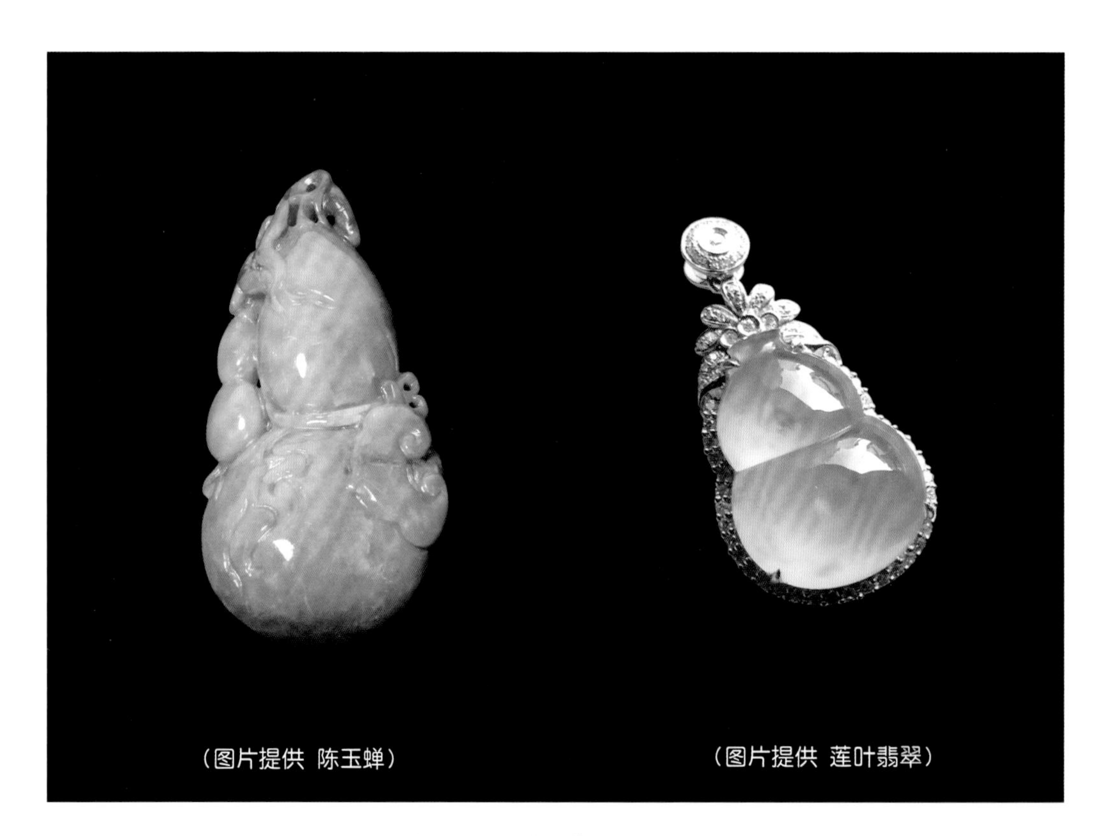
（图片提供 陈玉蝉）　　（图片提供 莲叶翡翠）

三彩豆种葫芦与冰种飘花葫芦质地对比

玻璃种佛公与油青种佛公玉坠比较。在挑选佛公吊坠时，除了看材质外，还要看佛公的大小、身材比例、对称、眼神等。

祝寿选择寿桃、寿翁、如意、佛手、牡丹花、松鹤延年、葫芦、灵芝、福在眼前、花瓶等题材。

文人雅士多选择喜上眉梢、松竹梅（岁寒三友）、竹节（步步高升，竹报平安）等题材。

新婚夫妻多选择葫芦、葡萄、玉米（金玉满堂）、石榴（多子多孙）、瓜果（子孙绵延不断）、枣子与桂花（早生贵子）、童子（招财童子）、花生（生生不息）等题材。

仕途官场人士多选择帆船（一帆风顺），九匹马（马到成功，万马奔腾），马与猴（马上封侯），龙（龙腾虎跃，龙马精神），风筝（扶摇直上），鸡冠花上站蝈蝈（官上加官），竹节（节节高升），莲花（一品清廉，出淤泥而不染）等题材。

### ⊙ 素面坠子

**圆形**

圆形素面坠子最常见的就是怀古（中央孔大小 2 ～ 3mm）、平安扣（中央孔直径 3 ～ 5mm）、手环型（小手镯，内圈大于镯子厚度）。圆形制作较为简单，因而最常见。中国人喜欢圆满、团圆。当不知道送爱人哪一种翡翠坠子好的时候，就送她怀古或平安扣吧。很多人送刚出生婴儿平安扣，就是希望孩子能平平安安长大。挑选豆种的翡翠，一件的价位从几十元到上百元都有，比送黄金要省钱。小玉环通常是因为能取的手围较小，一般大人

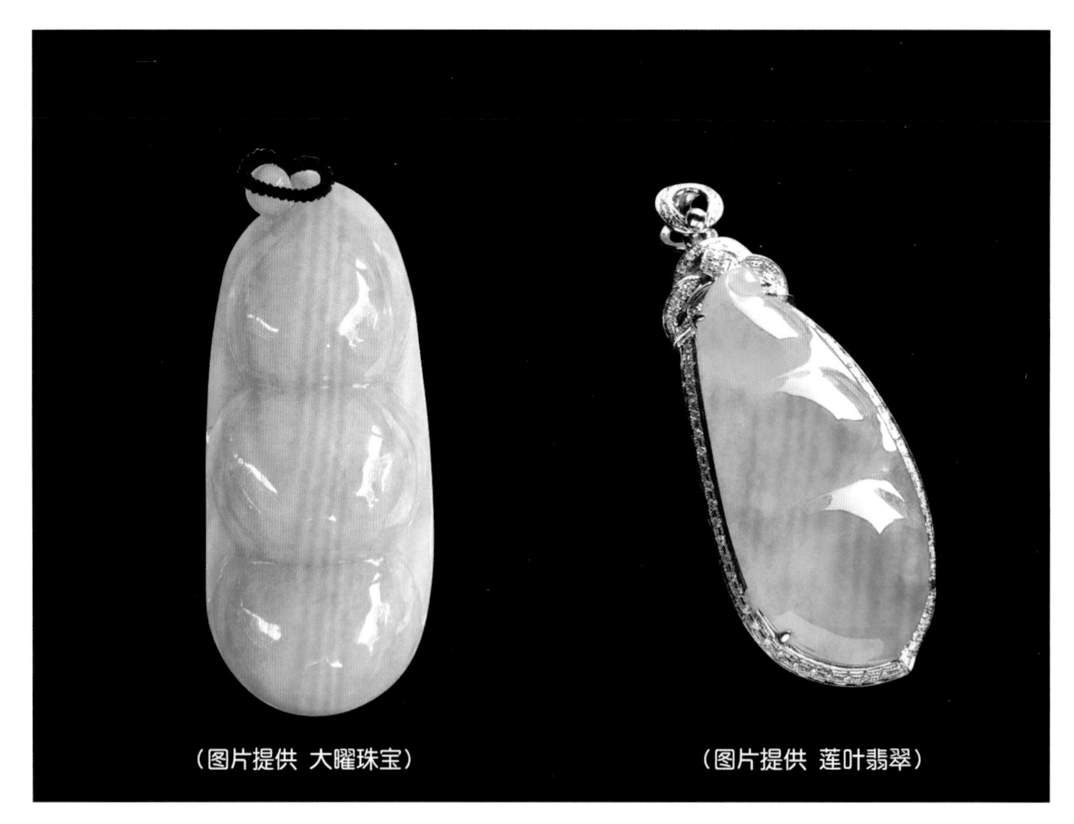

不管颜色与质地，我们都可以很清楚地看出，右边翡翠豆的价值高于左边。

无法佩戴，因此都是小朋友佩戴。小玉环让小朋友佩戴要非常注意，因为可能没两下就摔断了。除非家里在卖玉，不然还是挑选比较不容易摔坏的玉坠给小朋友佩戴。

**心形**

心形是很多女生无法抗拒的形状。挑选心形的坠子就是要注意其比例。两颗心连在一起，叫心心相印，或是一支箭穿过一颗心，叫一串心。心形最好有厚度与幅度，要注意颜色与瑕疵。

**长圆柱状或管状**

明清时礼帽上饰翎之用，长管里面掏空，可以用来插羽毛。目前仅做造型，非常少见。有时会特别用在复古的造型上，非常具有中国风。

**长方形、正方形或菱形**

选购此形状的翡翠要注意其厚度，有无挖底，背面K金有无封底。另外就是注意颜色均匀度，水头好不好，有无杂质，等等。

⊙ 雕件坠子

翡翠拿来做坠子雕件，很多都是用边角料，因此成品对称性几乎都不太好，左右歪斜或缺边，不然就是底不平往上翘。如果是取镯心来制作坠子，那肯定每一个都很完整圆满。因此在挑选时要尽量注意外形完整（圆形、椭圆形、正方形、长方形、菱形、三角形），另外就是要注意其颜色分布与俏色，好的材质一定找老师傅来雕刻。另外，化腐朽为神奇的就是能把别人当成废料的玉材，雕出不朽的身价，从而延长翡翠的生命。在雕刻中，除了要有好技艺，还要对翡翠材质有深刻的认识和对颜色艺术有十足的把握，这三者缺一不可。云南腾冲玉雕大师杨树明的“风雪月归人”，就是将雕刻技艺、翡翠材质、颜色艺术三者完美结合的最佳写照。

翡翠雕花坠子，如果说材质与颜色占了六七分，那另外三四分就是雕工与创意了。从事玉雕的人，有的是从小学、初中开始学习，有的是半路出家。年过五十岁以后，因为眼睛老花，手的掌握度也比较差，就不适合从事玉雕工作。反倒是三十多岁，学习玉雕十几年、二十多年，各方面技艺炉火纯青的人在玉雕界小有名气。这些人如果不想再被传统雕法所束缚，就要有一些创新理念，为自己的理想做出一些惊为天人的作品留给下一代，也是为玉雕界扬眉吐气。

岁寒三友 （图片提供 张炳光）

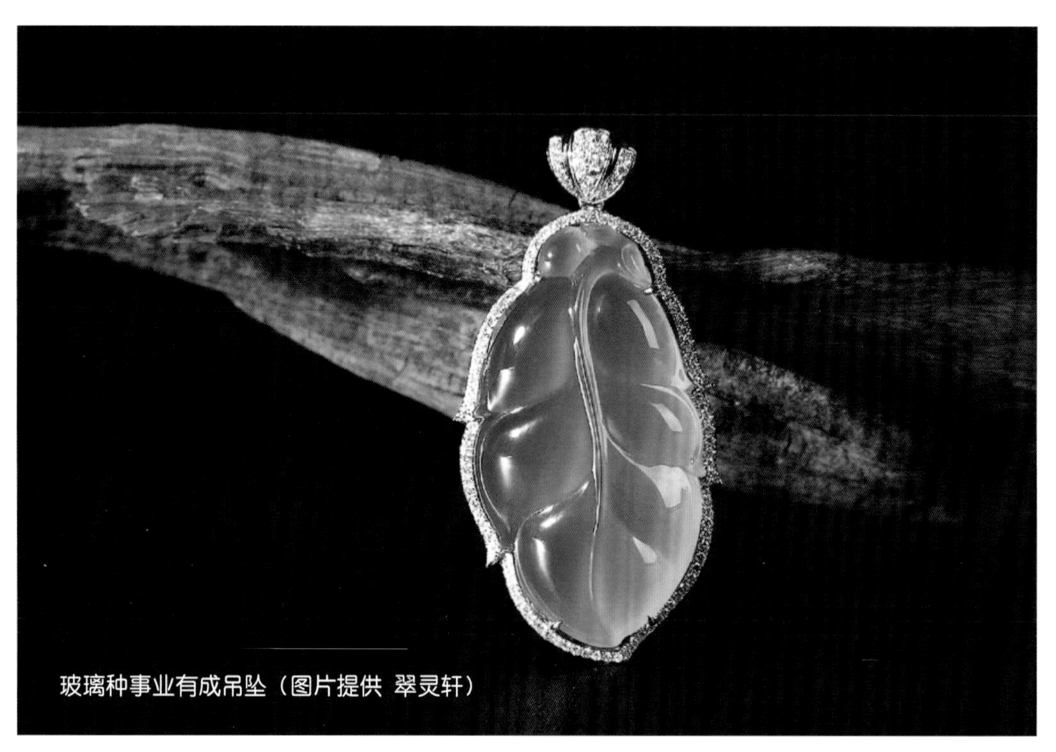
玻璃种事业有成吊坠（图片提供 翠灵轩）

高冰荧光佛公吊坠（图片提供 莲叶翡翠）

冰种飘花鱼牌（图片提供 莲叶翡翠）

高冰雪花棉平安扣（图片提供 莲叶翡翠）

⊙ 坠子的款式和颜色

坠子可以分男生佩戴与女生佩戴。简单的造型有生肖、佛、如意、十字架、貔貅、叶子、龙凤、怀古、豆荚、葫芦、寿桃、竹节等。佩戴方式包含最简单的用中国结或是K金镶嵌等。吊坠选择最主要是寓意，想保平安的人会选择弥勒佛、观音、关公、十字架。想要招财就选貔貅、蟾蜍。想长寿就挑寿翁、寿桃、鹤、乌龟。要有好福气的就选豆荚、怀古、葫芦。想找吉祥护身符就挑十二生肖、龙凤。在选择时一定要注意雕工是否精致，形状（外形轮廓）是否完整，厚薄是否适中（通常越厚价值越高，冰种吊坠最好3mm以上；糯种大吊坠一般厚度为10 ～ 15mm），质地是否轻透，杂质与裂隙是否多而明显，颜色是否不均匀或过深偏暗，抛光是否光亮，体积大小是否与自己身材比例符合，最后就是搭配的衣服款式与颜色是否合适。在台湾有色彩学老师会建议，依照自己的生辰八字或是星座、血型搭配哪一种宝石或哪一种颜色的珠宝。搭配服饰好像很重要，当我们戴了吊坠一整天或是一个礼拜，都没有人问，就代表这件饰品有点失败，可能不适合自己。除了选择款式与搭配的衣服外，更重要的是与肤色相配。皮肤稍微黑点的可以选择透一点或是浅粉色系列的翡翠。吊坠通常搭配皮绳或K金项链。项链长短看衣服领口深浅而定，长项链有时候显示性感与妩媚，适合亲友晚宴或是生日Party佩戴，短项链适合平常上班或居家、逛街佩戴，能显露端庄气质。

帝王绿翡翠吊坠、耳坠套装

三粒翡翠的颜色非常浓艳，为翠色中最佳的帝王绿色，佩戴起来光彩夺目，极显名媛风范。寓意多子多福，绵延不断。

冰种飘花如意（图片提供 莲叶翡翠）

冰种带绿福贝（图片提供 莲叶翡翠）

高冰飘花山水牌（图片提供 莲叶翡翠）

冰种白翡站佛（图片提供 莲叶翡翠）

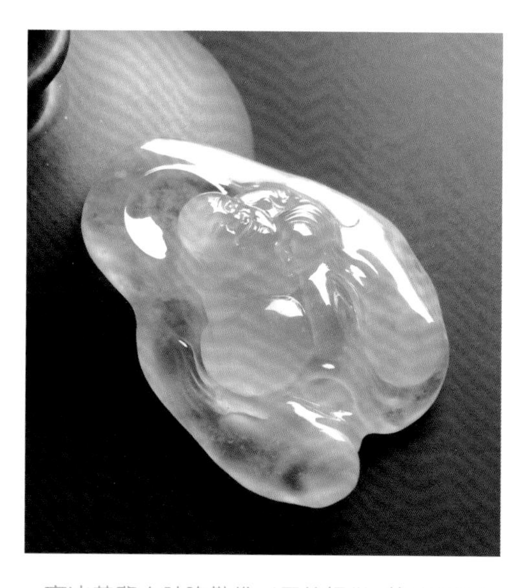

高冰黄翡大肚弥勒佛（图片提供 莲叶翡翠）

## 如何挑选珠链

翡翠珠链一直是国际珠宝拍卖会的焦点，常见的有绿色与紫色两种。每一次的拍卖成交价也是当次翡翠拍卖的前几位。珠链分单串与双串及短串与长串（108 颗）。翡翠珠链要成串相当不容易，因为每一颗质量都要很接近，目前市场价格非常两极化，不是一条几百到一两千元，就是一条上千万元。一般珠子直径在 8 ～ 12mm，最大可以到 18mm 左右。要记住，珠子越大颗越稀有，至少要在 10mm 以上。短的珠链比较实用，平常参加喜宴就可以佩戴。长珠链平常不方便戴出门逛街，通常在正式场合佩戴。直径 6 ～ 8mm 的长珠链通常当作手串，可以绕三圈，一般当作念珠，也有人当作时尚装饰，在 5 年前相当流行，看到许多明星佩戴，自己也买好了几条不同材质的长珠链来佩戴。

糯冰种阳绿翡翠珠链（图片提供 莲叶翡翠）

年轻人很少戴一整串珠链，一方面显得老气，另一方面是没财力去买。通常是当婆婆娶媳妇的时候佩戴，最容易受到亲友瞩目。或者是老人在自己生日寿宴场合时佩戴，才能显示自己的家大业大。打磨翡翠珠子相当耗材，要选择完全无裂，且颜色均匀的材质。有的是整条一样大小，有的是由小到大（中间），通常由小到大的珠链我们称为宝塔珠链。要研磨珠子首先要将翡翠切割成长条细柱状，然后再切割成一小块一小块的正方体，最后把它们滚圆磨出圆珠出来。打洞也是一门学问，珠子打歪了就毁了，现在大多用超声波来打洞。在缅甸瓦城可以买到很多便宜的珠链，一串几十块，买回去以后可以自己再挑选分类，把颜色较好的放在一起。也可以按照自己的喜好穿成不同大小、长度的项链或手链。长、短手链受到很多佛教徒的喜爱，当作念珠，平常没事就拿出来念经。好的珠链，就是种要老，水头够好，不能有裂纹与黑点，而且珠子都要圆，洞要正，不能打歪或打出小裂口。珠子与珠子之间有时会用小隔板间隔，讲究一点的会用K金镶小钻。在珠子与珠子中间通常也会打个结，避免绳子断裂，珠子掉满地。珠链锁头现在也很讲究，日本人发明强力磁铁，只要稍微靠近就可以吸紧。传统式锁头为K金上镶满钻石，有时会镶小珍珠或红蓝宝石。一两千元的便宜珠链锁头，一般是用银制作镶苏联钻，以降低成本。

翡翠项链（图片提供 志臻翡翠）

## 如何挑选翡翠套链

翡翠套链给人第一眼的感觉就是贵气逼人，它讲究的是设计与豪华。可分为小套链、中套链与大套链。小套链适合 40 岁以下的 OL（上班族），白领阶层开主管会议或者生日 Party 都可以佩戴。中套链就是翡翠长度占一半，有点奢华又低调。强调的是设计风格，每一颗蛋面（怀古）大小，取决于价钱。大套链是整条套链上都是翡翠，是豪门望族夫人的必备家私。当然这些都得成套佩戴，包含耳环与坠子。就目前来讲，随便一套绿色翡翠套链都要几百万元，上千万元也是司空见惯，等于是把一套房子或别墅戴在身上，价格等同于一辆兰博基尼或是法拉利跑车。或许有的人一生也赚不了这么多钱，也有人有这么多钱也不会买。其实，买稀有翡翠也是一种艺术投资。

天然玻璃种帝王绿翡翠配钻石戒指、耳环套装

老坑玻璃种翡翠钻石套链

## 如何挑选手镯

好多女生第一件翡翠礼物就是镯子。中国人有买镯子送给媳妇当传家宝的习俗。若是第一次到男方家里做客，男友的妈妈拿出手镯给您试戴，基本上就是答应了这门婚事。不管是买给自己，还是买给爱人，手镯都是一件非常有意义的礼物。我感觉戴手镯的女孩子特别有味道，很多人看女生都是看她的脸或身材，我会注意看她有没有戴手镯，戴哪一种手镯。

曾经有位学生打电话给我，说她妈妈车祸刚刚过世，手上戴了一个十多万元的手镯(2012年前，豆青种满绿)，已经取不下来了该怎么办？我跟她说，你帮她手上抹点油，试着把它拿下来。过了七天后我再联系这位学生，问她状况如何？她说，还是拿不下来，太紧了。接着她问，火化后能不能拿出来？我说，翡翠不可能承受超过一千度以上的高温，一定会化成灰烬。就这样，十多万元的手镯（目前至少上百万元）陪伴她妈妈走完人生的道路。当时应该建议她把翡翠锯开，然后再用K金镶嵌起来，或者是破成3～4段，在个别镶成吊坠或手链，传给女儿或儿媳妇。

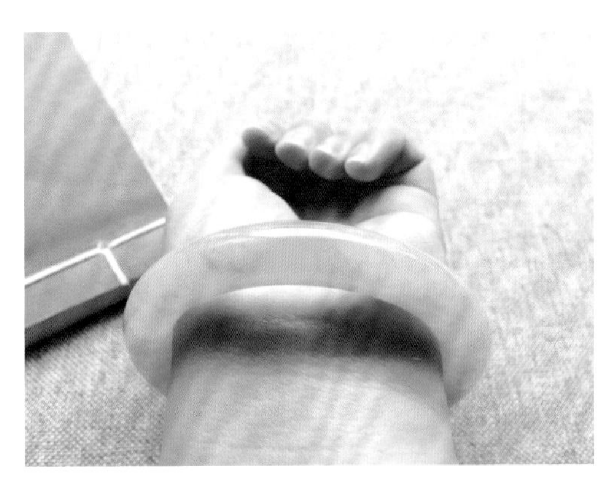

看一下手镯颜色与肌肤合不合适。手镯试戴很重要，要看手围大小，戴上后的松紧程度。（图片提供 莲叶翡翠）

观察一下翡翠内部有无杂质或裂纹。（图片提供 莲叶翡翠）

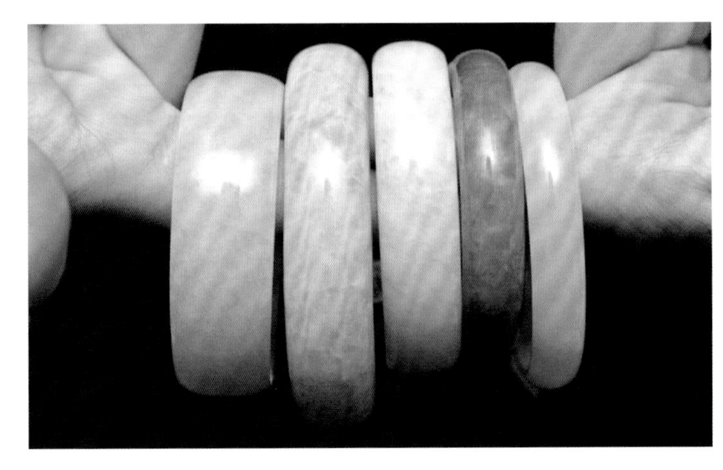

不同宽窄的手镯，从左到右，越来越窄。（图片提供 仁玺斋）

有一位开书局的老板娘，看见我有一手冰种紫色带绿（春带彩）手镯，特别挑了一只最漂亮的，紫色部分占了 3/4，当初的价格就将近两万元（1999 年）。她非常喜欢，把它藏在柜子里，白天不敢拿出来戴，生怕老公说她又乱花钱。有一天晚上半夜爬起来偷偷拿到浴室里戴，越看越开心，于是在脱下来那一瞬间，滑掉了，摔在地上，断成了四截，她问我有救吗？可以把它镶起来吗？我说翡翠断了，就是帮你挡了一个灾，至于镶起来只是一个纪念，基本上已经没什么价值了。要不摔，现在价值也超过百万了。

二十五年前（1994 年），我跟一位来台大地质系学珠宝鉴定的姐姐去香港广东道买翡翠。当时我在广东道看上一手三彩玻璃种手镯，觉得特别喜欢，就买回来了。后来学姐告诉我买贵了，这样的手镯大概只要八百元就够了，我花到一千元左右。回到学校后，一位有名气的陶瓷专业的老师，送我两个碗，我非常开心，因为他的碗一个要两千两百元。为了表示敬意，我就送他妈妈那只玻璃种三彩手镯。如今，那个碗应该有三千元的价值了，而我送的那只手镯，以现在的行情，估计在台湾新北市可以买一套二到三房的公寓（市价 150 万～ 200 万人民币）。如果他知道，也许会开心得跳起来。

翡翠手镯（图片提供 志臻翡翠）

每一只手镯的背后都有一段扣人心弦的故事。您是否也正在寻找您生平第一只手镯呢？该怎样挑？去哪买？真假如何辨别呢？怎么砍价？这都是可能遇到的问题。

挑选镯子要注意的事项有很多，笔者逐一为读者解说。

### ⊙ 形状

镯子的外形，有从古代流行到今天的圆镯，近二十几年来流行的扁镯，以及小巧可爱的贵妃镯（鹅蛋形）三大种。其次是在整体表面上雕刻花纹、正面雕刻纹路的镯子与麻花形状镯子、外方内圆的镯子（类似玉琮）、内扁侧面方形等，这几样都比较少见，不过还是有些人特别喜欢。

**圆镯**

手比较细长（手臂骨架较细者），人比较娇小，体重在100斤以下者，戴起圆镯比较好看。圆镯制作费料也费工，往往是国际拍卖会上的常客，也是收藏家的最爱。手围通常不大，台湾围在16.5 ~ 18.5号，香港与内地围在52 ~ 60mm。圆镯的宽度与厚度通常在8 ~ 12mm，手比较有肉者戴太细的圆镯显得不大搭调，圆镯宽度太粗，就丧失了她的美感。戴圆镯通常会比较卡手，做事不方便。古代戴手镯的人都是富贵人家，家里有阿姨（丫鬟），不需要煮饭烧菜，每天就是擦擦粉，补补妆，跟老爷上上馆子吃吃饭，跟三姑六婆逛街挑挑布料就可以。圆镯制作时间已久，古代的白玉手镯都是圆镯。近几十年圆镯制作比例偏低，主要因为耗料，再就是佩戴时工作不方便。

玻璃种蓝水圆镯（图片提供 翠祥缘）

现在珠宝拍卖大多挑选圆镯且手围大多是58mm。因此在投资收藏上有时候不要因为自己手围偏小就买小手围，宁可买大手围，通常有钱人的手细皮嫩肉且胖，太小手围反而不容易买卖。手围偏小如52～53mm（小尺码），通常售价也会偏低。市面上要过60号手围以上就偏大，这时候通常要定做。手围大小跟个头与胖瘦不一定有关系，有时候胖的人骨架软，也可以带小手围手镯。另外，常做家事与劳动的人，骨架会偏大，因此既使瘦瘦的也是要戴大手围手镯。

**扁镯**

扁镯是比较大众化的手镯。目前市场上占有比例大概有七成。由于符合人体工学原理，特别贴手，戴起来舒服，不会卡手。扁镯手围通常在16～20号（台湾围），52～60mm（内地与香港围）。小于52mm是儿童手围，大于60mm是特大号，手围再大也有，可以订制。适合戴扁镯的人，通常手臂比较有肉，戴起来比较有福相。平常出门逛街或在家做家事都适合，太瘦的人戴扁镯，手镯很容易滑到手肘。扁镯内径大小与宽度通常成正比，内径越大，宽度越宽。有些女生特爱大宽板的手镯（12～18mm），宽度越大，越耗体积，通常适合豆种、砖头货（质地差一点），有时候一只手镯可以再切出2～3只手镯。质地越好的种水料，通常手围在57～58mm。手围过小会找不到主人（小手围通常年纪轻，也没钱），手围粗一点（21号以上）还是可以找到主人的。

翡翠冰种手镯（图片提供 志臻翡翠）

糯冰紫罗兰贵妃镯（图片提供 泰隆珠宝）

糯种黄翡雕花手镯（图片提供 泰隆珠宝）

**贵妃镯**

这也是最近十几年流行的形状，有人说是鹅蛋形。通常适合身材比较瘦小，体重 80 ～ 90 斤，骨架小，身高 160cm 以下的女生，手围在 51 ～ 54mm。由于骨架小，戴起来就比较贴手，有古典美女弱不禁风的味道，惹人怜爱，所以也取了个好听的名字，贵妃镯。贵妃镯体积小，厚度薄（7 ～ 9mm），用料少，成本大大降低，因此也相对便宜。因此买贵妃镯也可以帮自己省下财富。

**雕刻纹路手镯**

通常翡翠质地较差，裂纹较多的手镯，会在手镯表面上雕刻花纹，如古钱与瓜藤，还有一些是机器大量雕刻的。另外有一些会在手镯上方雕刻立体的龙与凤（双龙抢珠），这种手镯就是因为舍不得把绿色去掉，才会在上面做雕刻，材质通常会取福禄寿三种颜色。至于其他内圆外方或者是水管形见得不多，偶尔有些客户特别想找这种款式，通常也不会特别去裁切制作，且砖头料居多。一般人会以为雕花手镯特殊稀有花大钱来买，其实是因为质地有缺点，为了掩盖这些绺裂纹而做的修饰动作。喜欢雕花手镯看了此介绍后就知道不必再花大钱来购买。

**麻花手镯**

材质与颜色都不错的手镯，但是表面有少许的小纹路，因此雕刻成麻花（螺纹）形。麻花形手镯有时候镂空分开，做工非常的细腻，不过不常见，少数可见在古时候的白玉手镯上。

**竹节手镯**

外形就是竹节形状，有竹报平安与节节向上的意味。这种也不常见，通常是内部有小石纹才这样雕刻。

白底青螺纹手镯

和田青玉麻花状手镯（图片提供 遗宅堂）

翡翠手镯（图片提供 王俊懿）

## 手围大小对照表

| 台湾 | 香港、内地 |
| --- | --- |
| 16 | 50 |
| 17 | 53 |
| 18 | 56.5 |
| 19 | 57 |
| 20 | 62 |

台湾热销手围17～18.5号，内地热销手围55～58mm。台湾手围通常是有半号的，如17.5号、18.5号。

### 方法一　用尺子测量手掌最宽处的长度

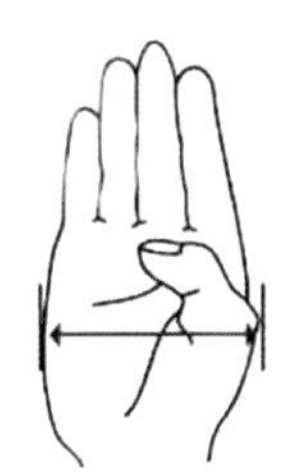

| 测量得到的数据 | 适合佩戴的手镯内径 |
| --- | --- |
| 62 － 66 mm | 50 － 52 mm |
| 66 － 70 mm | 52 － 54 mm |
| 70 － 74 mm | 54 － 56 mm |
| 74 － 78 mm | 56 － 58 mm |
| 78 － 82 mm | 58 － 60 mm |
| 82 mm 以上 | 60 mm 以上 |

### 方法二　用卷尺在手掌最宽处围绕一圈测量长度

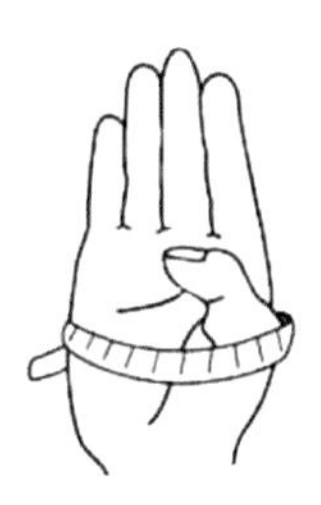

| 测量得到的数据 | 适合佩戴的手镯内径 |
| --- | --- |
| 130 － 150 mm | 50 － 52 mm |
| 150 － 170 mm | 52 － 54 mm |
| 170 － 190 mm | 54 － 56 mm |
| 190 － 210 mm | 56 － 58 mm |
| 210 － 230 mm | 58 － 60 mm |
| 230 mm 以上 | 60 mm 以上 |

### 手镯的内径测量

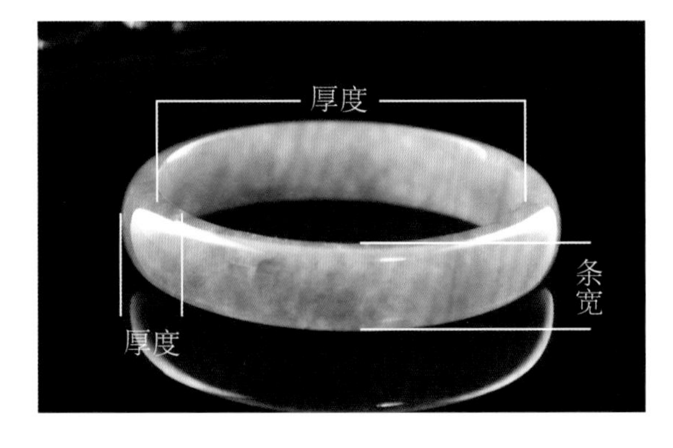


手围尺寸与量法

糯冰种飘花扁镯（图片提供 莲叶翡翠）

⊙ **试戴**

戴手镯有一些小技巧。当看中一只手镯要知道能不能戴得下，就得试试看。太贵重的手镯千万别乱试戴，有时候不小心滑手，或是戴进去拔不出来那就挺麻烦的。记得有一次，带学生去一家顶级珠宝店，出发前交代学生看就好，不要试戴。可是就有一个银行的经理，偏偏不听话，拿起一只十五万元的手镯试戴，因为手镯太紧了，拿出来的时候不小心掉在地上了，镯子当场断成三截。

2018 年在瑞丽，一位姐姐挑选手镯，试戴时将一只 20 多万元的手镯当场打断成好几截，这位姐姐听到价钱后当场晕了过去。这段视频传遍微信圈，连电视台记者都来采访。几乎所有从事珠宝的朋友都看到了这则消息，很多人议论纷纷，专家也教大家如何拿手镯，很多人也在议论这只手镯的价值，到底这位姐姐会赔多少钱，20 多万元估价会不会过高，消费者会不会提告法院等，据我所知，这件事情后来是平安落幕，这件事提醒我们做珠宝的朋友一切都要特别小心，因为不要跟自己的钱包过不去，你说是不是呢?

每一个人戴过手镯之后，最好记住自己的手围大小，有时候夏天与冬天也会有差异。眼光好的老板，有时候看你的手大概就知道你戴几号的手圈。不是身材胖手围就大，是要看手掌骨头硬不硬。通常在家不需要做家事的人，细皮嫩肉，手掌骨头也软。相反的，在家里要拖地洗碗，搬东西，煮饭烧菜干粗活的，即使身材是瘦瘦的，手掌骨架也粗，戴的手围也大。

在戴之前最好涂一下乳液或香皂、沐浴乳、婴儿油等，避免过度摩擦产生红肿。也可以戴上食用塑料手套，它也有相同的功用。试戴时先将手环放在四指内（大拇指在外），如果下压可以卡住关节就有机会戴进去。

戴的时候要注意大拇指与下面关节，还有食指关节，最好有朋友帮忙戴。自己戴有时候怕疼，就不敢戴了。戴的时候通常要感到非常疼，圈口才刚好，如果一下就戴进去代表圈口太大。要注意的是在桌上放一块毛毯或者是浴巾，以免滑落到地上摔断。戴上去之后举高手，看看手镯落在哪个位置，如果可以稍微移动 3cm 最好。圈口太大很容易在洗澡或洗手时滑出手，太小未来不但无法脱掉，还会阻碍血液循环。有人喜欢每天将手镯戴上拔下，换不一样的手镯，也有一只手戴两个手镯，据说这样可以提神，手镯碰撞声音铿锵有力，但是容易互相碰裂磨损。

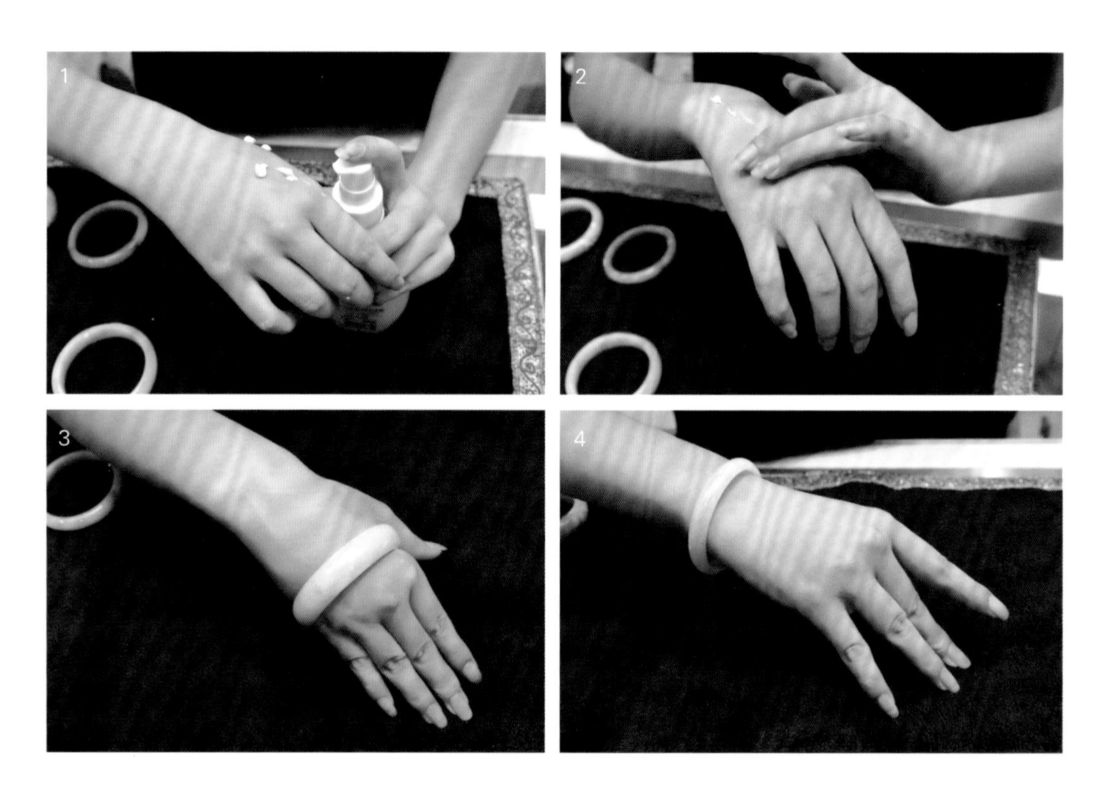


手镯试戴过程演示

1.先在手上擦上乳液。（图片提供 勐拱翡翠）
2.将乳液均匀涂抹在手关节上及手背处。（图片提供 勐拱翡翠）
3.试戴四只手指，若可以紧紧戴下，那么这只手镯大多适合你。（图片提供 勐拱翡翠）
4.手镯戴到手腕上以后，可以移动3～5cm，为最适合大小。若无法移动，卡在手腕上，就表示大小不合适。（图片提供 勐拱翡翠）

### ⊙ 观察手镯有无裂纹或石纹

手镯有无石纹或裂纹，价值差别很大。很多商家去买货，一整手 12 ~ 15 只的手镯通常会有 3 ~ 5 只有大小不等的裂纹。这些裂纹有时候是原石本来就有的，有时候是切割时产生的，更有些是不小心互相碰撞产生的。不论如何，上游买卖手镯是不能挑的，除非是零售。拿到这几只有裂纹的手镯怎么办呢？有些店家会诚实告诉客户，原价的五到十分之一便宜卖了。有些则会说这是石纹，每一只手镯都会有的，请消费者放心。不管再怎样喜欢，有石纹就代表它有瑕疵，会不会立刻断掉不得而知。通常平行于镯子面上的石纹都是天然的裂纹，如果是不小心撞裂的裂纹，是垂直于镯子表面，就是与镯子的宽度一样的一条裂纹。

如果随身没有携带手电筒或笔灯，可以在珠宝店或玉市摊位的灯光下观察有无裂纹。可以用大拇指与食指捏着镯子的宽度转一圈，如果有石纹或裂纹自然就会现身，一清二楚。如果随身带笔灯最好（吃饭的家伙，最好随身携带），从内侧往表面打光，绕一圈慢慢仔细观察，不得马虎。若有发现小石纹，可以用手指抠抠看，如果可以抠到，表示已经

经过撞击造成的裂纹，天然原石产生的裂纹。

利用笔灯照射，可以发现手镯的裂纹。

有时候，没有灯光，手镯部分裂纹不容易被发现。

裂到表面，可以毫不犹豫放弃。记得二十五年前买到那一手玻璃种三彩手镯，其中有一只有一道三厘米的石纹，手指头可以摸出来。有一位朋友看了非常喜欢，我原本送给我妹妹戴，后来她还是想买，硬要我把手镯从我妹手上拿下来，我再三告知她有石纹，她说没关系，她太喜欢这三彩颜色与质地冰凉的感觉。镯子有垂直的裂纹是会随时断裂的，通常是不小心碰撞或跌倒造成，无法挽救。很多人不敢戴手镯的原因，是认为自己粗手粗脚，容易碰断摔碎。其实戴了手镯反而会改变脾气，不敢随便动怒，更不会伸出手来打小孩。走路也会很注意，随时都会谨防跌倒。久而久之，自己脾气也改变了，变得有淑女气质了。

要注意的是，挑选手镯一定要当面挑选决定。有些时候买卖双方熟悉了就会让顾客拿回家试戴，要注意带回家有保管手镯的责任，一定不能粗心碰撞到。拿回去还得双方当面检查清楚，以免事后发现手镯有损，双方闹得非常不愉快。有很多女生买翡翠，通常在跟老公报价钱的时候都会自动去掉一个零，以免夫妻失和或无故吵嘴。

### ⊙ 听声音

翡翠质地好坏，可以通过敲击听声音是否清脆悦耳。店家通常会拿铜板或一块玛瑙印章，轻轻敲击用绳子垂吊起来的手镯。声音越清脆代表质地越好，裂纹越少。也有人拿声音的清脆度来判断翡翠是否做过灌胶处理，如果是灌胶严重的 B 货翡翠，声音比较低沉且闷（声音传递受到胶的阻隔影响）。老板一定会准备好两套标本敲给你听，颗粒粗点、质地差一点的翡翠声音也不是很响亮，但是它是 A 货。反倒是灌一点点胶的 B 货，声音跟 A 货有时候不容易分辨出来。消费者千万不要只听声音，就来判断这翡翠是否经过处理。

### ⊙ 要偏重颜色还是偏重质地

很多学生会问我，同样价钱的两只手镯，要挑绿色多一点的还是质地透一点的。这个问题就等于在问钻石要选颜色白点还是要挑干净点的。同样的例子，也有人会问是要挑高大挺拔没钱的年轻帅哥，还是要找年纪大秃头却有钱的大老板？这问题你自己决定就好。当然如果钱够的话，可以选择颜色均匀且鲜艳，质地轻透且无棉絮的高档老坑种翡翠。九成的人都知道，现在要看得顺眼的手镯，已经是一栋豪宅（别墅）的价格，超过 1000 万元人民币。这只是看顺眼而已，还不是很满意。想要看得很满意的要 2000 万～ 3000 万元人民币。如果真的想看到眼睛蹦出来，双手发抖的话，就要花 5000 万～ 1 亿元人民币。在 2012 年七、八月的这段时间，不时传来同行成交几千万元手镯的消息，这问题就得看口袋有多深。从以往经验来看，翡翠质地的价值增幅比颜色来得快。十几年前买翡翠都是重色不重种，无色玻璃种没人要。现在知道质地透才是王道，或许只是一小段绿、一丝丝绿都比满色不透明、颗粒粗的豆种好。冰种无色手镯与豆青种半圈绿手镯，我会选择冰种无色手镯。如果是白色不透明手镯与不透明带黑绿或是白色表皮带黄，就得选择带黑绿或带黄皮的手镯。选择手镯就是要选择亮点，要挑翠绿色的，当然价钱就要很高，宁可买一小段（1 ～ 2cm）鲜艳翠绿，也不要一大段（3 ～ 5cm）浅绿色。因为戴手镯的时候，我们都会把亮点摆在手正上方让亲友同事看，把有瑕疵或黑点的部分放在手下方遮住。

## ⊙选择手镯与年纪的关系

### 30岁以下的年轻女孩

购买手镯与一个人的年纪有很大的关系，人生很多东西都有入门款，就像买房子或车子，一开始都是买二手房或车，等以后赚钱再换新房、新车。刚入社会的小资女，30岁以下，从学校毕业不久踏入社会，经济状况比较不稳定。出门在外打拼，光交房租吃饭就差不多用光薪水了。很多都是一天一餐，美其名曰减肥，其实是节衣缩食，省点钱假日跟朋友、同事逛街，才能够买一些衣服、化妆品，或者上餐馆吃美食。这时候能有个手镯戴就很不错了，通常也就花个几百上千元。这预算想买到冰种或玻璃种几乎不可能，因此建议可以买不透明的黄翡或浅紫色的手镯。白底青也是不错的选择。若是有点积蓄，可以挑冰种飘绿花或蓝花，这些都很适合年轻的女孩。

### 30～40岁白领OL（上班族）

您这时候已经有一定积蓄，可能成家立业，小孩子也可能在小学或者初（高）中就学，平常就得有一笔教育经费开销。或许房屋贷款尚未缴清，买奢侈品总有一些顾虑。另外，也有一批自行创业成功的女性自己当老板，或者当上主管经理。这些朋友可以选择豆种全紫或冰种半紫的手镯，也可以挑选冰种飘蓝花或是花青种一节翠绿的手镯。

### 40岁以上事业有成女性或家庭主妇

很多女人是将自己全心全意奉献给家庭，也没有额外收入。或许每天买菜攒一点小小私房钱，想买一只手镯犒赏自己，又不想被老公知道，就可以挑一些不透明带点蓝色或灰色调的手镯。只要几百元就可以满足小小心愿。如果您是大富大贵的人家，想挑一只可以传世的手镯，就可以挑冰种春带彩或是玻璃种一半绿，或是老坑三彩福禄寿手镯。如果能找到冰种满绿手镯那更加珍贵，值得珍藏。

冰种黄加绿飘花贵妃镯（图片提供 莲叶翡翠）

糯种紫罗兰扁镯（图片提供 仁玺斋）

高冰白翡手镯（图片提供 纯翠堂阚雨）

参考行情价10万～20万元，平安扣2万～3万元。

黄加绿圆镯（图片提供 纯翠堂阚雨）

参考行情价30万～50万元。

高冰飘花扁镯（图片提供 翠灵轩）

参考行情价100万～150万元。

花青糯种扁镯（图片提供 仁玺斋）

参考行情价40万～70万元。

玻璃种带绿色根手镯（图片提供 翠灵轩）

开价在150万～200万元。

花青糯种手镯（图片提供 纯翠堂阚雨）

参考行情价40万～70万元。

## 如何挑选翡翠耳环

选购翡翠耳环的人远比手镯与吊坠来得少，因为通常是成套佩戴，还有人是耳垂太小，不适合戴耳环。也有人是因为会过敏，严重者会红肿发炎溃烂，因此也不敢戴耳环，等等。近几年受到欧美与日本年轻人影响，男生也开始穿耳洞戴耳环，主要都是银饰，假日在台北西门町可以看到许多型男，嘻哈打扮，除了头发染色造型酷炫，身上必定有许多刺青，戴耳环是必要行头。男生通常只戴一耳，戴两边一般来说有特殊意涵。最简单的就是耳钉，简单一颗主石，可以包镶或爪镶，想丰富一点就在外围镶一圈小钻石。这种是很低调简约的做法，不论平常上班或者参加宴会都不失端庄。

翡翠耳坠（图片提供 志臻翡翠）

耳环的形状与大小可以对脸型起到平衡和修饰的作用。瓜子脸（一个巴掌大）的人适合任何款式的耳环（比如垂吊式夸张做工的耳环），这是最上镜头的脸，只需要注意发型（大波浪卷发、直发）和服装的搭配就行；长方形或国字脸的人适戴水滴形、心形、椭圆形和花式耳环，以耳钉为最佳，忌戴棱角分明或怀古形耳环；圆形脸的人适合戴修长直线条形的耳坠，如管状、辣椒形，水滴形，忌戴圆形、四方形、三角形贴耳的耳钉。

翡翠耳坠（图片提供 志臻翡翠）

三元豆耳坠（图片提供 甄藏拍卖）

简单耳钩式垂形耳坠，饱满三元豆红翡，中规中矩之中彰显优雅贵气，适合职业女士出席宴会佩戴。

豪华型耳环（图片提供 典华翡翠）

亮丽花朵造型，风姿绰约，品位出众，能够增加女性的迷人风采。

⊙ 垂吊式耳环

这可以是多种宝石与翡翠的组合，通常以钻石、红蓝宝、祖母绿、翡翠、珊瑚等高价珠宝来搭配。有些风格复古，显示波希米亚风格，设计大胆，颜色亮眼突出；有些做镂空几何图形设计，重点是多串的流苏，细长且闪亮的钻饰搭配，是迷惑对面男性眼光的最佳设计，是有品位与作风大胆女性的必备搭配。

⊙ 饱满形耳环

简单挑选一对饱满的蛋面翡翠，依照自己耳垂与脸形来搭配，可以是富贵逼人的老坑玻璃种（娶媳妇嫁女儿重要的行头）；也可以是优雅高贵的紫罗兰蛋面（独立与自信的女主管魅力展现）；更可以是年轻化、冰清玉洁的玻璃种无色翡翠（千金小姐优雅与妩媚的气质）。

⊙ 轻巧简约形耳环

越来越多小资女接触翡翠，她们从早期接触银饰，转到花花绿绿的翡翠世界。她们注重设计，也在乎价位。造型简约，主石也不大，红绿或是白绿搭配，温柔婉约地展现自己独特的魅力，充分的自信，想追求她们的男士，可是一大把一大把地排队呢！

白翡流苏简约耳坠（图片提供 雅特兰珠宝）

适合年轻的女孩子，流苏造型灵动、甜美，容易吸引男士目光。

蛋面翡翠耳饰（图片提供 吉品珠宝）

硕大且饱满的老坑玻璃蛋面，搭配璀璨的钻石，有富贵吉祥美满的含义，适合一些实力雄厚的中青年成功女性佩戴。

## 如何挑选翡翠胸针

会选购胸针的女士，接触西方文化早且非常有品位与气质。因为胸针在欧美是非常受欢迎的珠宝饰品。看一个女生戴的胸针，就知道她内心在想什么。

翡翠胸针通常是用蛋面、不规则随形的翡翠、钻石或其他红蓝宝配石去做镶嵌设计，着重在颜色分布与整体外形设计上下功夫。常见的胸针大多是昆虫造型，其中又以蝴蝶造型为首选。其他造型有蜻蜓、青蛙、蛇、凤凰、蜜蜂、豹、山茶花、梅花、竹子、孔雀、金鱼、菊花、蜥蜴、百合花、花瓶、天鹅、郁金香、康乃馨、幸运草、鹤、乌龟、兔子、鸡、狗等。胸针展现的是设计与镶嵌功力，动物的惟妙惟肖，眼神逼真，出神入化；花朵需要配色出众与立体感，层次分明。台湾著名设计师龚遵慈女士，专门做胸针设计，而且是私人订制，每一年的展览作品都吸引诸多贵妇的青睐与收藏。

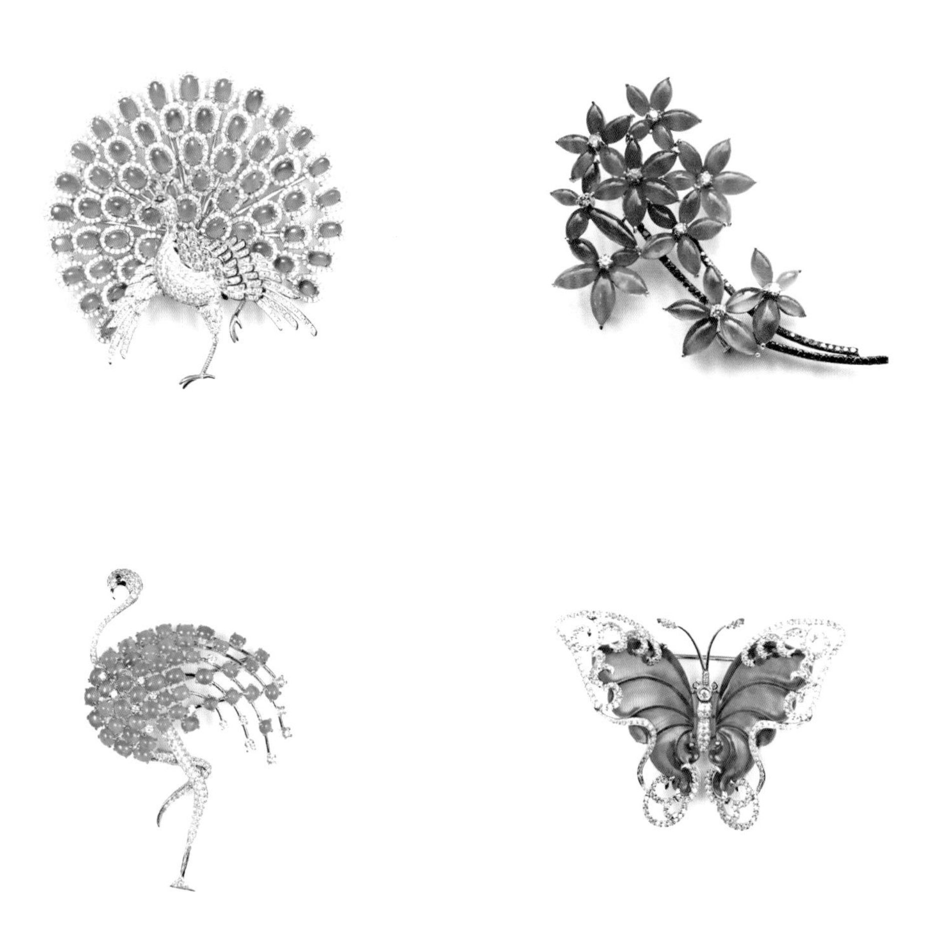

鸟类、花卉与昆虫造型胸针（图片提供 雅特兰珠宝）

体现出设计者对大自然的细致观察和敏锐把握。无论是线条、色彩的搭配，还是整体或抽象或具体的造型，都给人耳目一新的愉悦感。美丽动人的翡翠胸针，对一个人的品位、情趣有强化、加深的作用，就好比“字如其人”，而我们观胸针就可以判断这个人的品位、个性等。

## 如何挑选翡翠摆件

选购翡翠摆件，表明了选购者的气度风范与鉴赏翡翠的水平。市面上买卖摆件的商家不少，每一家特色都不一样，通常选购者不是自用就是送礼。自用者家里必须地方宽敞，有个大客厅或书房。要不然就是开公司，可以展示企业家的艺术修养与文化气息。选择观音、弥勒佛等摆件，表现主人对佛祖的虔诚，以求保佑全家平安健康，事业顺利。文人雅士喜欢山子，比如登山访友、采药图、良师益友、喜上眉梢、岁寒三友等。老人收藏或用于祝寿比较喜欢福禄寿三翁、猴子献寿桃、翠玉白菜、花开富贵、如意、松鹤延年等意境。为官者喜欢鱼跃龙门、马上封侯、马到成功、玉玺印章、节节高升、官上加官、三阳开泰、一品清廉。开店做生意的可以考虑貔貅、金蟾、雄霸天下、富甲一方、马到成功、一帆风顺等。

企业家收藏或赠送重量级人物就必须找玉雕大师级作品，风格清新脱俗，哪怕是花草、昆虫、鸟兽的主题，都应用了极细腻的雕工与巧妙的布局，将翡翠的颜色与材质发挥得淋漓尽致。想要收藏还是得靠缘分，双方心灵契合，一切才会在不言中。

佛朝宗多彩翡翠组合摆件（图片提供 莲叶翡翠）

巧雕黄翡黄山云影（图片提供 莲叶翡翠）

瓜藤蔓延，多子多孙，贺新婚或者祝寿都可以，整体造型与工艺均佳，也可用来收藏。（图片提供 勐拱翡翠）

摆件，顾名思义就是有个底座，可以摆（立）起来观赏。体积也是分大小，一般来说大多 10 ～ 50cm 长，5 ～ 15cm 宽，10 ～ 50cm 高。翡翠不见得越大越贵，要看翡翠的材质而定。摆件的流通性是翡翠制品中较低的，买的人通常会考虑家里有无空间摆放。有时候都是兴冲冲地买，没多久就在墙角生灰尘，因此买的时候就得考虑清楚。有时候企业、餐厅、茶艺馆、酒店也会摆几件翡翠摆件，可以看出老板对中国玉文化的推崇，彰显艺术品位和企业精神等。

**⊙ 挑主题**

挑选一个翡翠摆件，大多数人都是心里有个底，清楚想找哪方面图腾的素材。就算是要送礼也是要针对收礼者的年纪、职业、兴趣去分析。如果第一次买，老板也会这样询问，自用还是要送礼，有哪些题材比较适合赠送等。

**⊙ 挑玉质**

照常理来说，做雕件的料，通常有比较多的裂隙无法做手镯与蛋面，质地通常是杂质多、不透明等砖头料。好一点的就会带点玉皮黄翡，偶尔有点淡绿或灰绿颜色，或者浅粉紫色颗粒粗的材质。常见的有白底青、花青、紫罗兰、黄加绿、黄翡、红翡、乌鸡种、豆青种等。如果是精挑质地好带翠（玻璃种、冰种）的翡翠来做雕工摆件则另当别论。

⊙ 挑工艺

传统市场里的摆件通常做工都不到位，无论是圆雕、浮雕、透雕、镂空雕都是轻描淡写，马虎带过，过于零乱，没有层次感。翡翠雕件中人物佛像、貔貅与山子风景比较常见。一个小摊位可以摆十到二十件，预算在几千元到三五万元的货。这些摆件不讲究整体形状，做工比较普通，人物与花鸟、昆虫、动物的细部特征表现不自然，立体感较差，观音的比例不对，无法表现她的慈祥与庄严。在购买的时候，要仔细观察弥勒佛的脸部、眼、耳、鼻、肚子比例对不对；马尾巴的每一条小线条细不细、有无断裂；鸟身上羽毛左右的对称与每片羽毛大小与排列是否一致等，透过这些细节就可以看出雕工是否精细娴熟。现在的雕工作业分工非常精细，擅长人物的就雕神佛人物，擅长螃蟹、龙凤的就雕这些动物，擅长雕山子的就专雕山子、景观等。

⊙ 挑意境

意境也就是构图，同样一个题材，不同的人去制作，风格就会有差异。通常玉雕师傅大多有绘画基础，对于雕刻山水与人物，动植物都有基本功。由于翡翠大小不一与颜色分布无常，临时出现的状况很多，计划有时候赶不上变化，就好像挖矿一样，要随着矿脉走，把翡翠颜色表现出来。打底打得好是成功的一半，雕得太烦琐复杂有时候显得太凌乱，布局太简单，又会觉得有点空洞可惜。这样的经验必须靠多接触、多比较才能练就出来鉴赏力。

年年有余（图片提供 仁玺斋）

这是利用巧色来雕刻的作品，栩栩如生，可见雕刻师之功力深厚，适合摆放家中收藏或赠送长辈亲友。

### ⊙ 挑俏色

翡翠的颜色复杂多变，为翡翠的雕刻增添了许多困难，对雕刻工艺师的技巧掌握要求更高。把颜色运用得当，就会让人望之惊叹，竖起大拇指。反之，颜色出现在不该出现的地方，整体的效果就会大打折扣。不当的颜色中也多含大多数人认为是脏与杂质的棉絮，巧妙运用在构图中变成寒夜里的雪花。把不起眼甚至要丢弃的玉料，变成炙手可热的作品，化腐朽为神奇，这并非人人都可以做到，也不是一天两天修炼可以出现的灵感。

### ⊙ 挑作者

目前市面上雕刻品中有九五成以上都是没署名的作品，消费者并不清楚作品出自谁手。玉雕品从古至今，很少能知道是谁的创作。直到子冈牌（始出于明代，为明代玉雕大师陆子冈所创）的出现，才发现创作者的重要。现在的翡翠雕刻，也出现许多大师级的人物。他们的作品有自己的独特风格，每一个阶段都有不同的创作。雕刻师不再是大量生产的工具，也不再是为赚钱而雕刻，而执着于将来能给子孙留下什么样的作品，如何能提升国内的雕刻水平。他们甚至把玉雕结合成装置艺术，融入各种素材的大型翡翠创作。这样的摆件不再是材料多少钱，雕工多少钱，每一件艺术雕刻品背后都有独特的心情故事，换一个人来诠释就不到位。

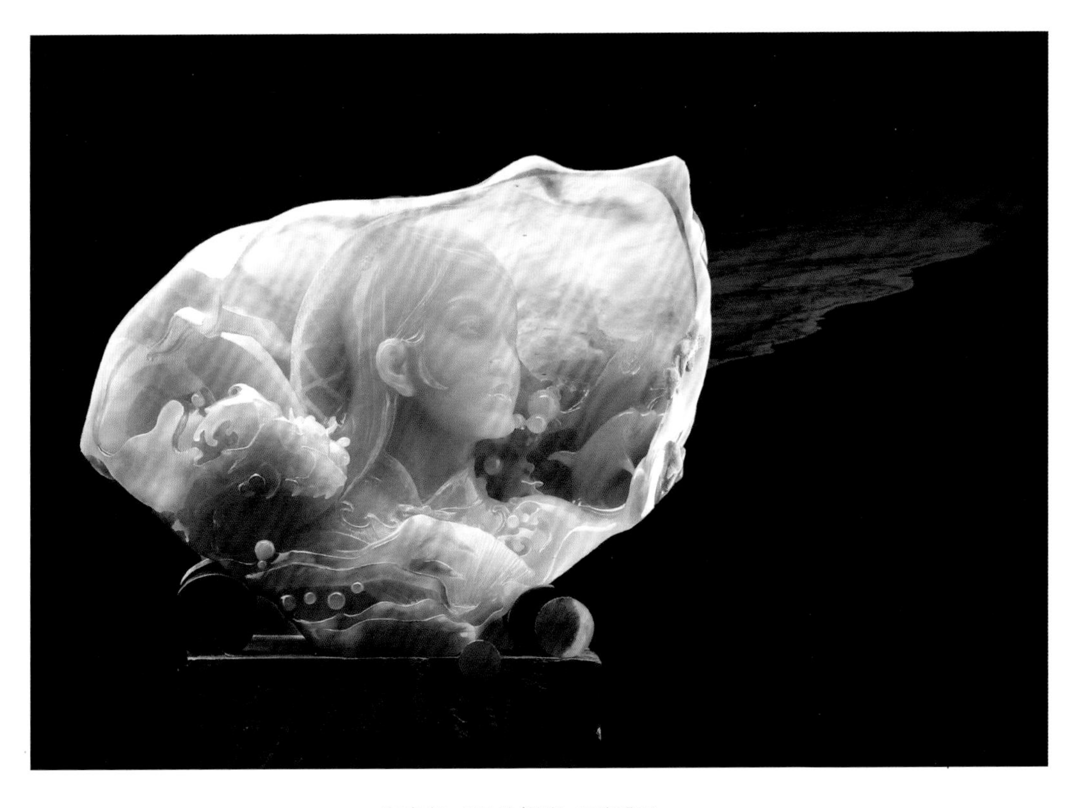

海之韵（图片提供 王朝阳）

双福迎春（图片提供 叶金龙）

这件作品生动有朝气，俏色运用自如，刀工流畅，无可挑剔，是收藏投资的佳作。

仁者乐山，智者乐水（图片提供 杨树明）

这件作品将自然山水融入生活中，给人清新愉悦的感受。

## ◎明清翡翠可不可以买

最近这五年市面上流传的明清时期的翡翠。大多是全绿吊坠，全红吊坠，部分有紫有绿吊坠或手镯，各式各样应有尽有。像这样高档的翡翠如果颜色是真的，价值应该是几百万元起跳至上千万元。许多人买到的价钱都是几万元到几十万元，甚至到百万元。一位旅居海外的医生与我联系，一开口就说在朋友介绍下买到一只价值100万元的满绿手镯，问我是否有投资收藏价值，并且附有广州某研究机构某博士的拉曼光谱鉴定证书。这样的案例，也发生在微博上，业者称明清老翡翠无法用现代的鉴定方法来证明它的真伪。对于许多想收藏古董的投资者，真是一头雾水。

像这样的明清老翡翠到底可不可以买？任何珠宝只要喜欢就可以买，只不过如果它无法通过现代鉴定方式鉴定那就是有水分了。市场上出现的明清老翡翠最大问题点在于它的颜色多属于B+C货。也就是说它是灌有色的胶（环氧树脂），在明清时期根本没有这种方法。这种方法出现在20世纪80年代末，90年代初。要硬说它是明清老翡翠真的有点牵强。说真的喜欢想买，可以花几百元过过瘾也不错。每次带学生到广州考察翡翠，都可以看到华林寺旁边的小巷里有成堆的问题翡翠在批发。花几千元就算是个性豪爽，花几十万元到上百万元来买就是太任性了。明清老翡翠是否可以有染色，我的看法是有的，这种技术也不是最近这几十年的事，但是翡翠染色就没价值了，且容易褪色，市场价值在几十元到上百元而已。

哪来的那么多好的明清老翡翠，要多少有多少，且只能固定打一家证书。消费者可以拿B+C的翡翠问问厂商收不收，一只卖给他5万～10万元就好，要多少有多少，看看厂商是不是这么豪爽大气。最后再次提醒读者，真的很喜欢B+C货翡翠，搭飞机或者坐高铁到广州华林寺旁，花几千元就可以买一串手镯与吊坠了。如果你因为看了我的书，省下了几十万元的钱，可以帮我推广书，让更多亲友免于吃亏上当。任何一个翡翠成品婉拒国检检验，不是心虚就是有问题。

明清·翡翠刻花手镯

# 玉雕大师作品介绍

## 黄福寿

台湾当代玉雕大师

1985年于台北“德隆玉雕工作室”担任主要设计指导及特殊玉雕创作

### 个人经历

1957年，黄福寿出生于中国台湾高雄。

1999年作品《欢天喜地》获得台湾文建会传统艺术中心第二届“传统工艺奖”雕塑类优选，作品于台湾故宫博物院现代馆展出，得奖作品获永久典藏。

2000年作品《生生不息》获得台湾文建会传统艺术中心第三届“传统工艺奖”雕塑类三等奖，得奖作品获永久典藏。

2001年作品《丝瓜》入选第一届“国家工艺奖”（台湾）雕塑类，荣获“国家文化艺术基金会”（台湾）创作奖。

2002年台湾历史博物馆邀请个展——“随心所玉”黄福寿玉雕艺术创作展。

2008年入选台湾文建会传统艺术中心“台湾雕塑大展”联展；作品《梁祝》由传统艺术中心专案典藏；入选佛光缘美术馆南台别院“国家工艺奖”三人联展。

2009年台湾工艺研究所“玉石雕刻”教师；荣获第五届“大墩工艺师”成就奖。

2010年台湾工艺研究所“玉石、宝石雕刻人才培育”教师；2010年花莲石艺嘉年华主题邀请展。

2013年举办高雄市文化中心个展“慈悲的容颜——黄福寿玉雕艺术创作展”。

2016年获颁台南市传统艺术保存者。

2017年举办台南文化中心个展“繁华　明净——黄福寿玉雕艺术创作展”。

## 大师简述

艺术的创作，是一种提炼自我，诠释自我的过程，同时也是完成自我乃至超越自我的切身体验。与玉石雕刻结缘至今已三十余载。于此漫长时光中，从最初接触时的那份喜爱与热衷，并不因时光的消逝而有丝毫的退缩。纵然经常面对现实生活的考验，也总在现实生活的夹缝间，考验着自我内在定力。然而身处在这不确定、一窝蜂心态的年代，于瞬息万变，万事万物流转中，执着与坚定是一种蓬勃的生命契机，一份常存对理想与真善美的永恒追求。

我们承载了前人的艺术结晶，也视前人的智慧为自我学习的方向。然而在“传统”与“创新”的过程中，我们也将置身于驱离过往、接近新思维的一种不确定的年代。而这种不确定性，也为艺术带来重生的动力。在结构、解构与重组的过程中，也将为艺术文化之演进在不同的时代中留下见证。

## 作品及诠释

《秋的礼赞之十三》

曾经它只是一块璞玉
是经亿万年的演化凝结的静默

雕琢是对话的开始
被磨砺的声响
是抗拒失去自我的呐喊

玉难以坚持自我
即使个性再强硬

被一一磨去的成分
也包含雕玉者妄动的心
否则稍一不慎
即玉毁心碎

当彼此从抗拒趋于和谐
心玉合一
一片枯叶
坠入了
永恒

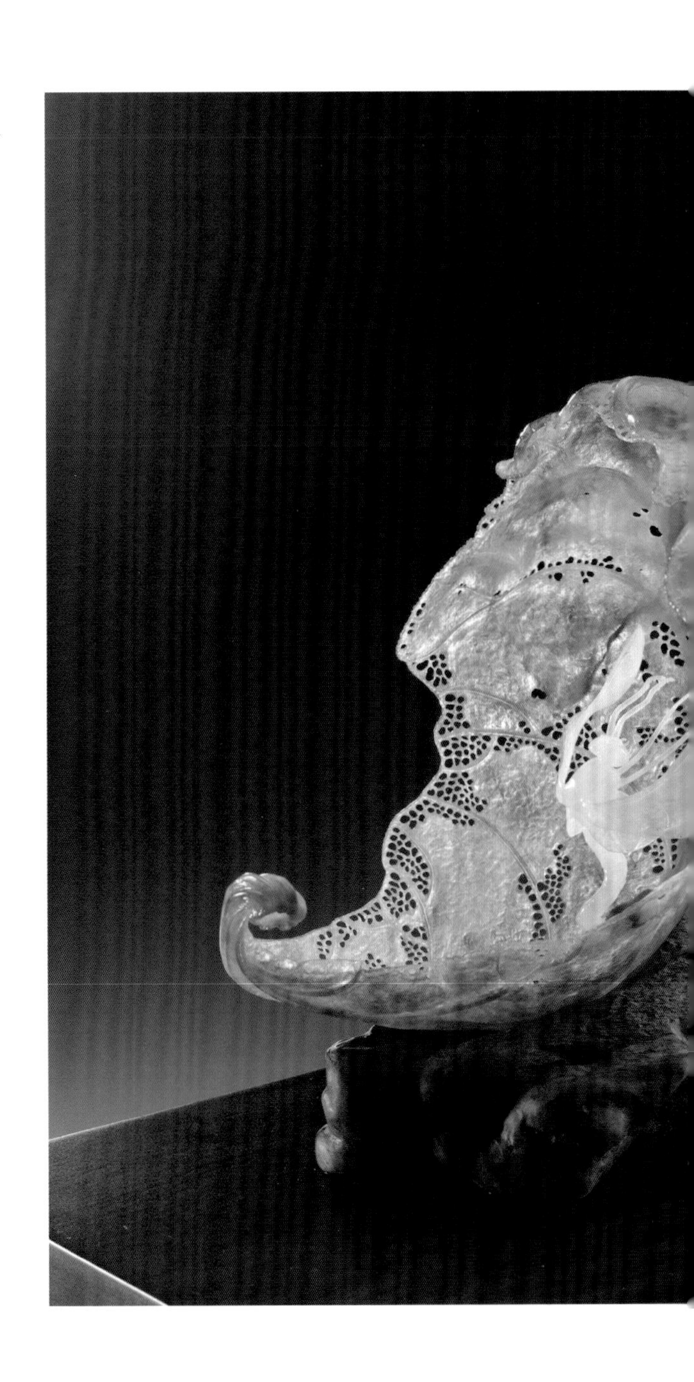

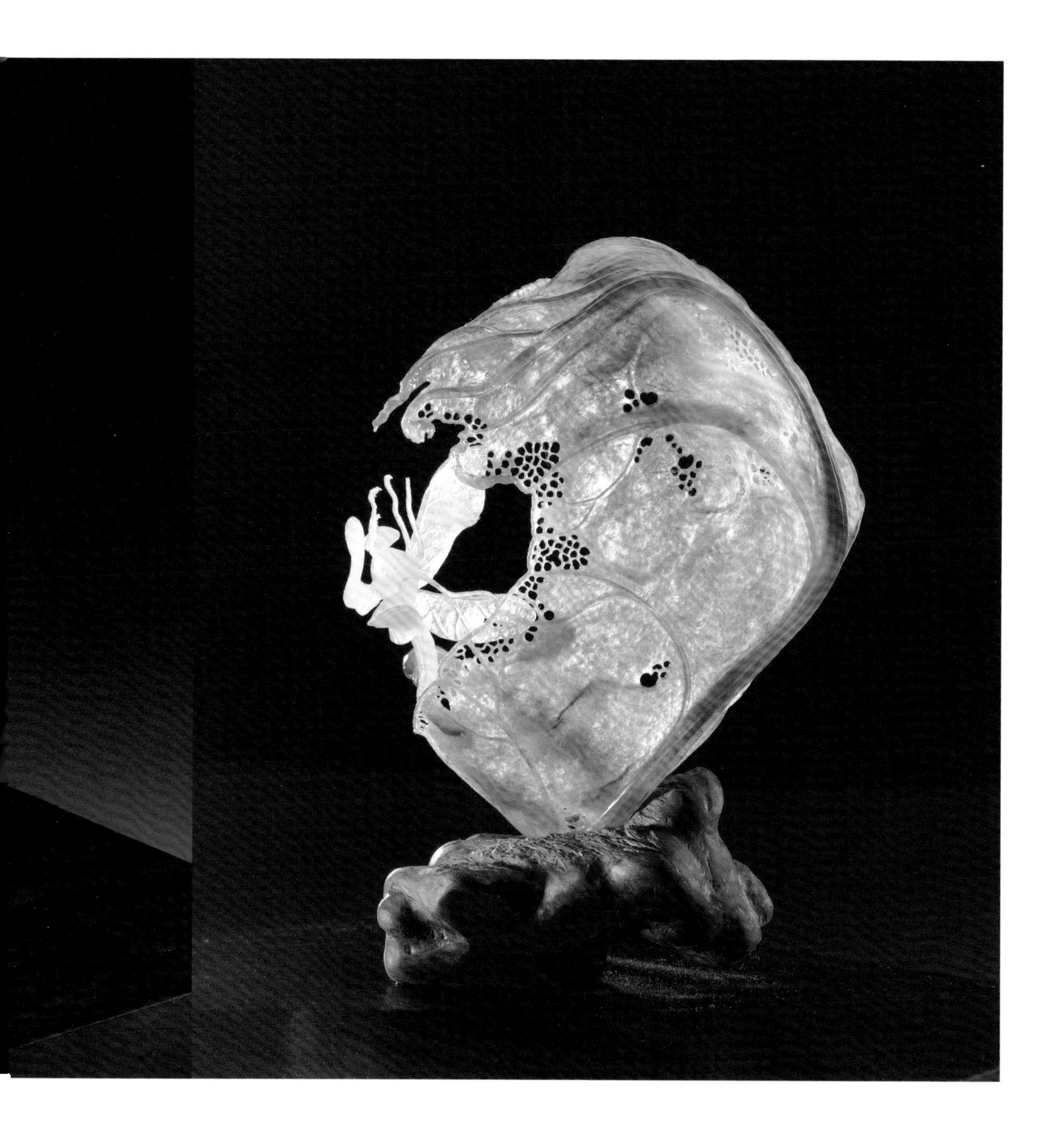

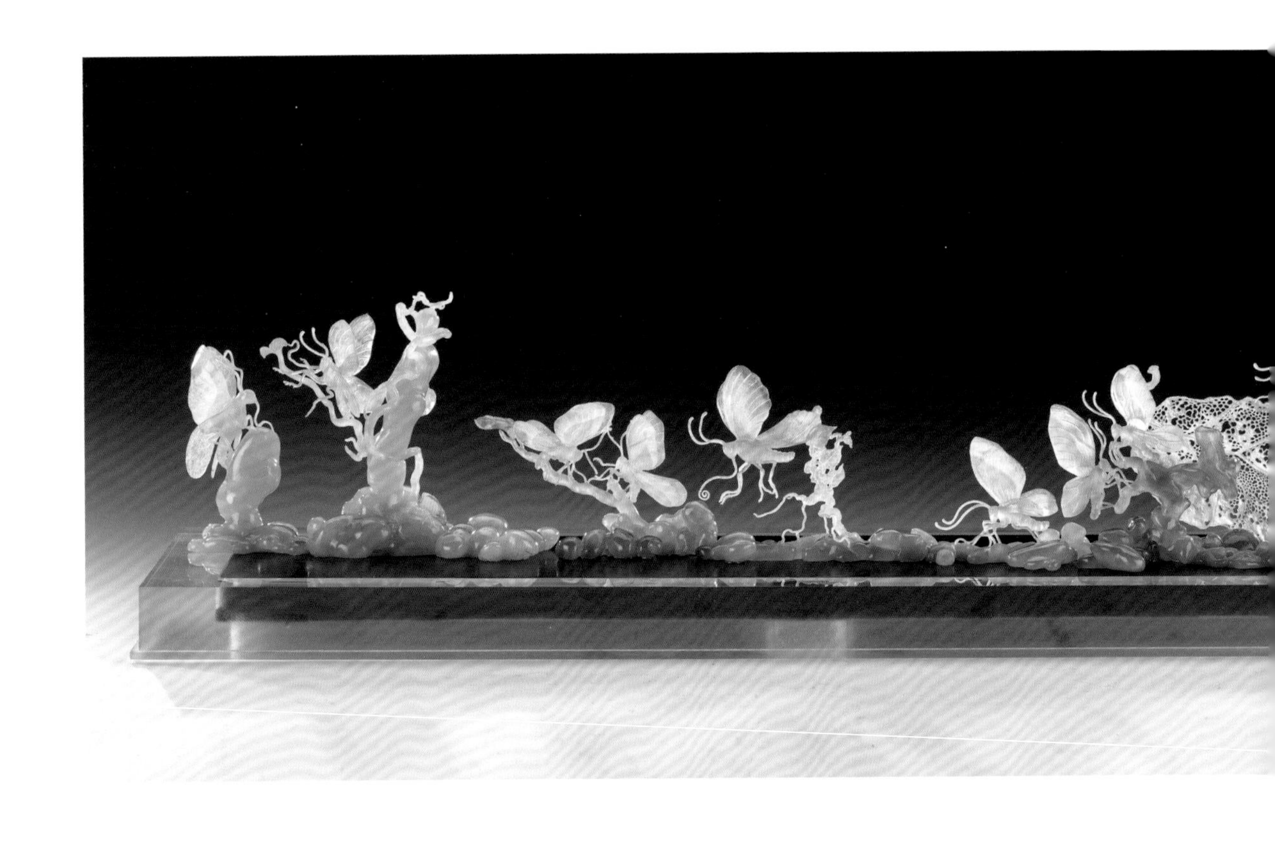

《憩》

这是一件跟蝴蝶题材有关的作品，而蝴蝶在我以往作品中也多次作为创作发想。这件作品的创意来自几年前，我在某处山林里的小溪旁散步，看到许多蝴蝶停留在碎石头上休息喝水。当我看到时，不禁赞叹竟然有如此和谐美丽的景象。如此景象唯有在人与自然和谐共处之下，具有良好的生态环境，蝴蝶才能够在这个地方停留休息，故而赞叹这样难得的美好。现代化与工业化无穷无尽开发与破坏污染，使我们自身所处的这颗美丽的星球生病了。而这和谐的美景有一天不复存在时，也是我们人类自尝苦果的时候。

我是以现代雕塑的装饰手法来呈现这件作品。这是由两块不同翡翠材料分成三块所构成，散置在整个作品上，形成和谐美妙的画面。

## 王朝阳

中国当代玉雕界代表性人物之一

被誉为“玉雕界的齐白石”

## 个人经历

1971 年，王朝阳出生于玉雕之乡河南省南阳市，受环境熏陶，他从小酷爱绘画。

1988 年步入玉雕界，曾先后师从国家工艺美术大师吕昆、宋世义。

2005 年 7 月顺利通过由国家轻工部、劳动保障部联合颁发的"国家高级工艺师"的资质认证考试。

2005 年 11 月，《斑点狗》获由中宝协、国家轻工部等单位联合举办的玉雕界最高奖项"天工奖"铜奖；"栀子花开"获"优秀作品奖"。

2008 年《军帽》荣获"天工奖""最佳创意奖"。

2009 年《祝福》荣获第十届中国工艺美术大师作品暨国际艺术精品博览会天工艺苑"百花杯"中国工艺美术精品奖金奖。

2010 年，作品《年轮》荣获中国玉（石）器百花奖金奖。

2007 ~ 2016 年，多次获"神工奖"，获"卞和杯"。

## 设计理念

对于王朝阳来说，一件好的玉雕作品，最重要的不是原材料是否贵重，而是是否能读懂。琢玉是发自内心和玉石的对话，玉雕一定要符合玉石的特点和心性，也要符合当代人的审美观。好作品的神韵来自雕刻者的人生积淀和生活阅历。不能哗众取宠，而是把自己的真感悟和理解与生活当中一些真、善、美、慧的东西相融合，以自己独特的艺术形式表现出来，这才是最重要的。

经过近三十年的苦心研究，王朝阳独创了当代翡翠雕刻新美学——玉雕心法。主张玉雕是关于空间的表达。以材料为主，把雕工减到最少，把想象力放到最大，最大限度地展现翡翠材料之美。极简以后，更注重大形制的力量，最大限度地体现翡翠之美。去掉了多余的东西后，雕的部分就必须要做到极致，起到画龙点睛的作用，不雕的地方还不能寡淡。这是一种专注和极致，一种对细节和内在更高的要求……

《花之梦——梅之傲》

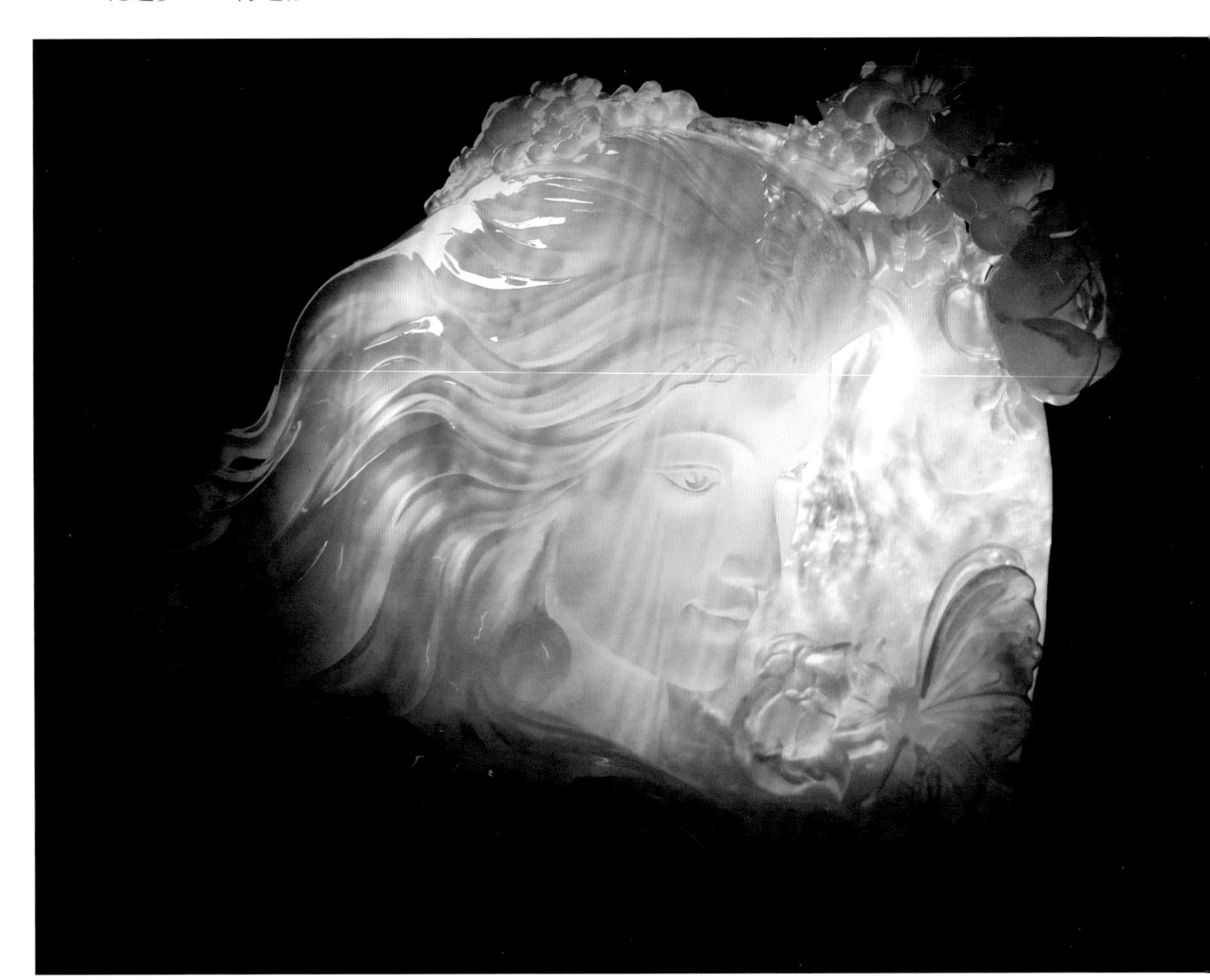

## 作品及诠释

《红色经典》

早期创作的《红色经典》系列，是王朝阳对翡翠雕刻中公益艺术创作的一种探讨。他读懂了材料，选择了最适合它的红色经典这个题材，将几块极其普通的材料，用最擅长的俏色巧雕表现出来，成就了玉雕界变废为宝的神话。王朝阳说，创作《红色经典》系列之后，他感受到，一件作品真正的内在灵魂塑造，在于最大限度地发挥材料本身的特点。

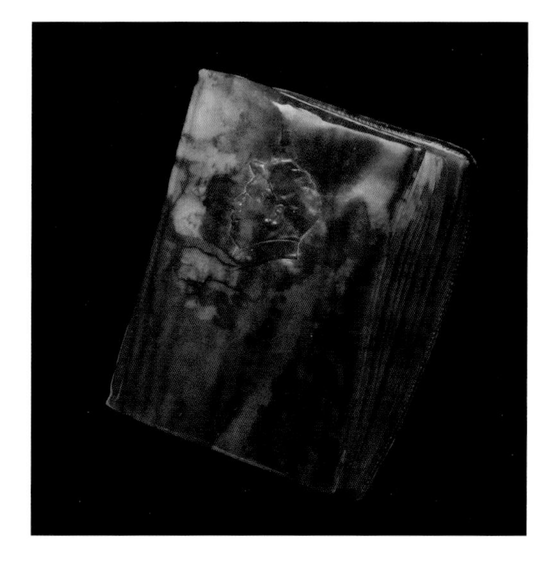

《红色经典——红宝书》

浅雕毛泽东头像，皮壳上斑驳的色彩把风吹日晒雨淋后书泡泡的发霉的质感表现得淋漓尽致。

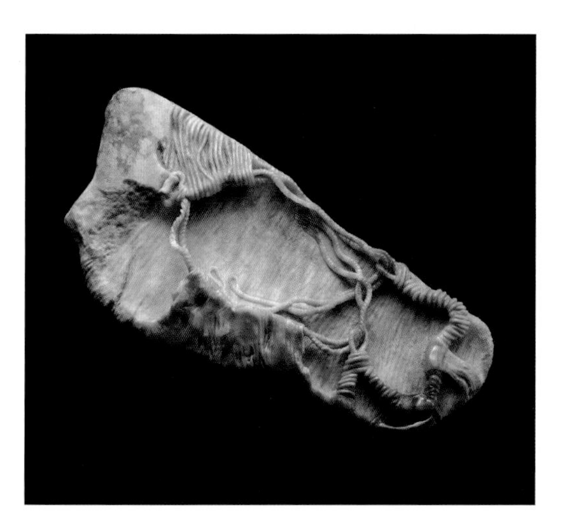

《红色经典——草鞋》

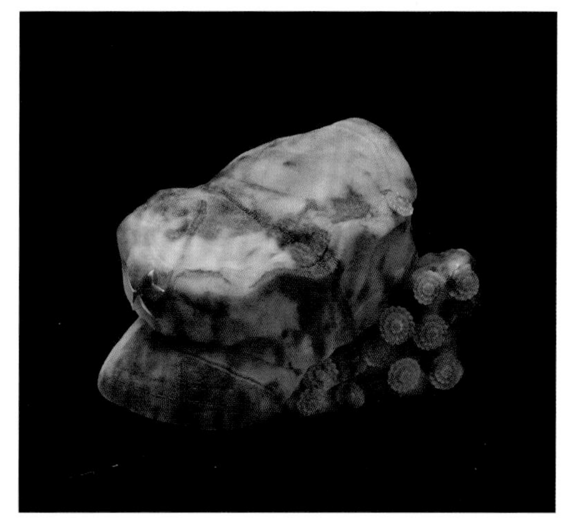

《红色经典——战地黄花》

帽子上唯一一点天然的红色被巧雕成红五星，旁边的黄翡巧雕成小黄花，有一种饱经战火的感觉。

《民族》

王朝阳创作的《民族系列》，主要源于他对幸福的思考。经过长期的采风和积累，他被少数民族生活中那种质朴、单纯、宁静所感动，生活艰辛却内心富足。因为懂得感恩，懂得知足常乐。所以《祝福》《年轮》等作品带给人的是真诚和感动，让大部分忙碌生活的人们获得一种心灵的放松。

《民族——年轮》

《民族——祝福》

《鱼》系列

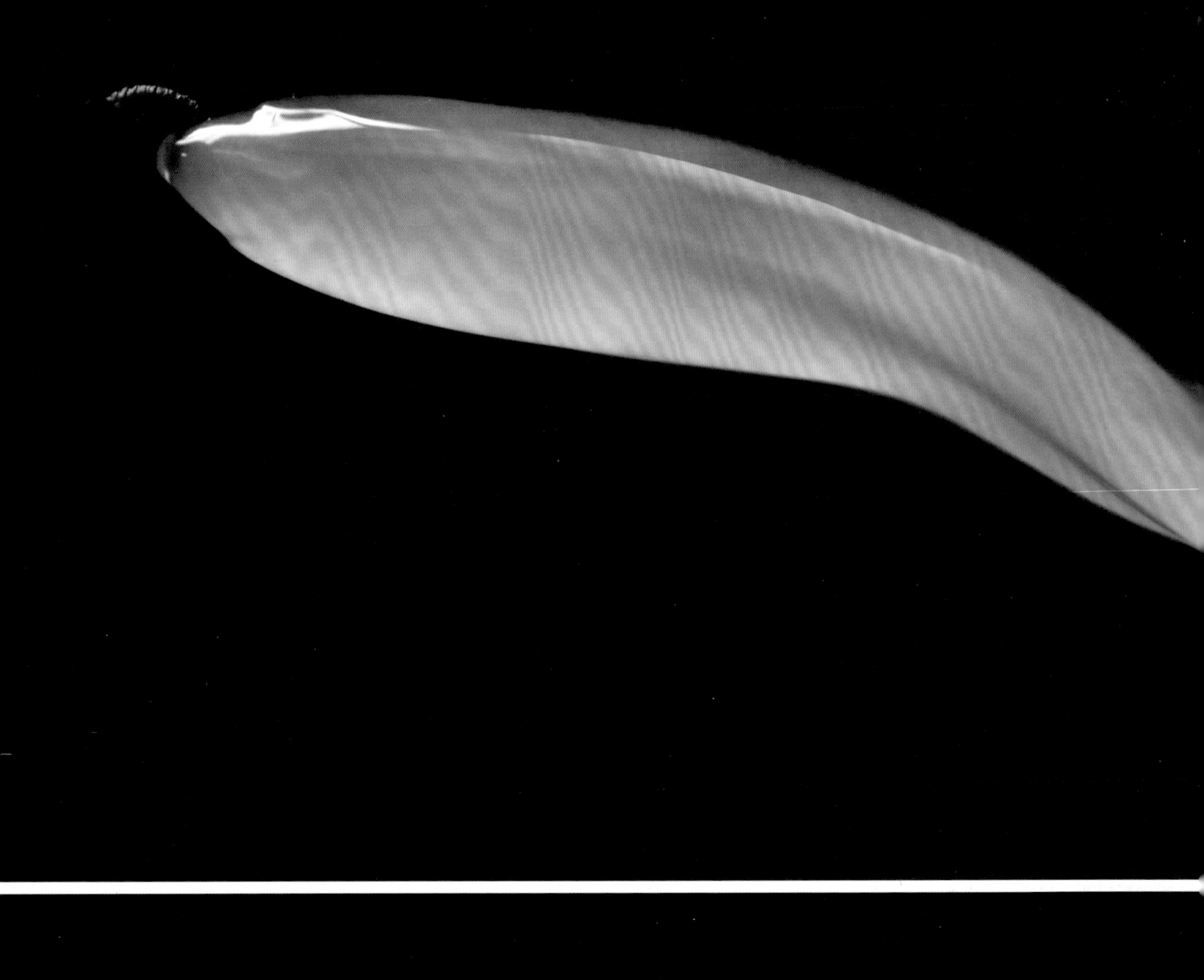

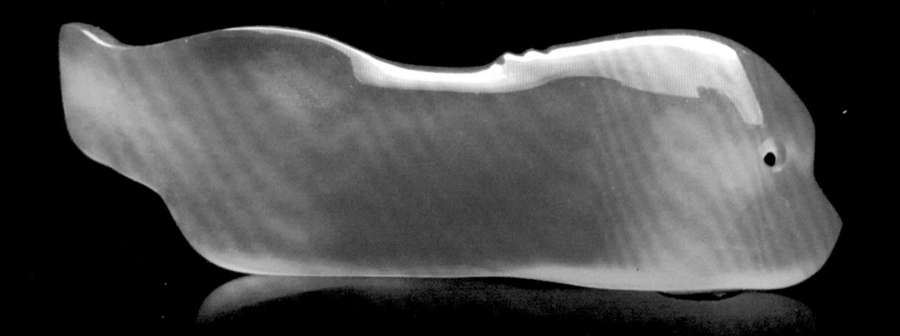

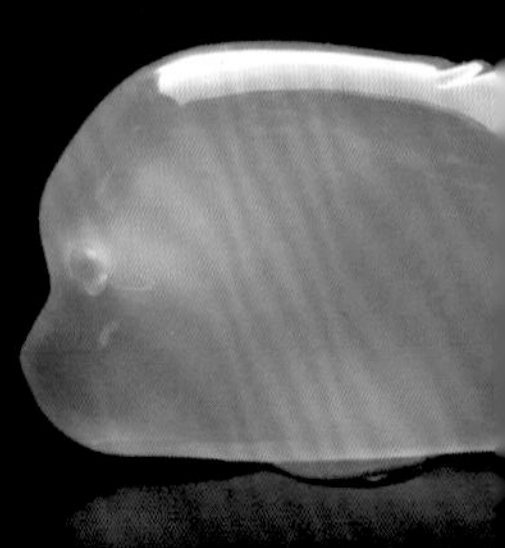

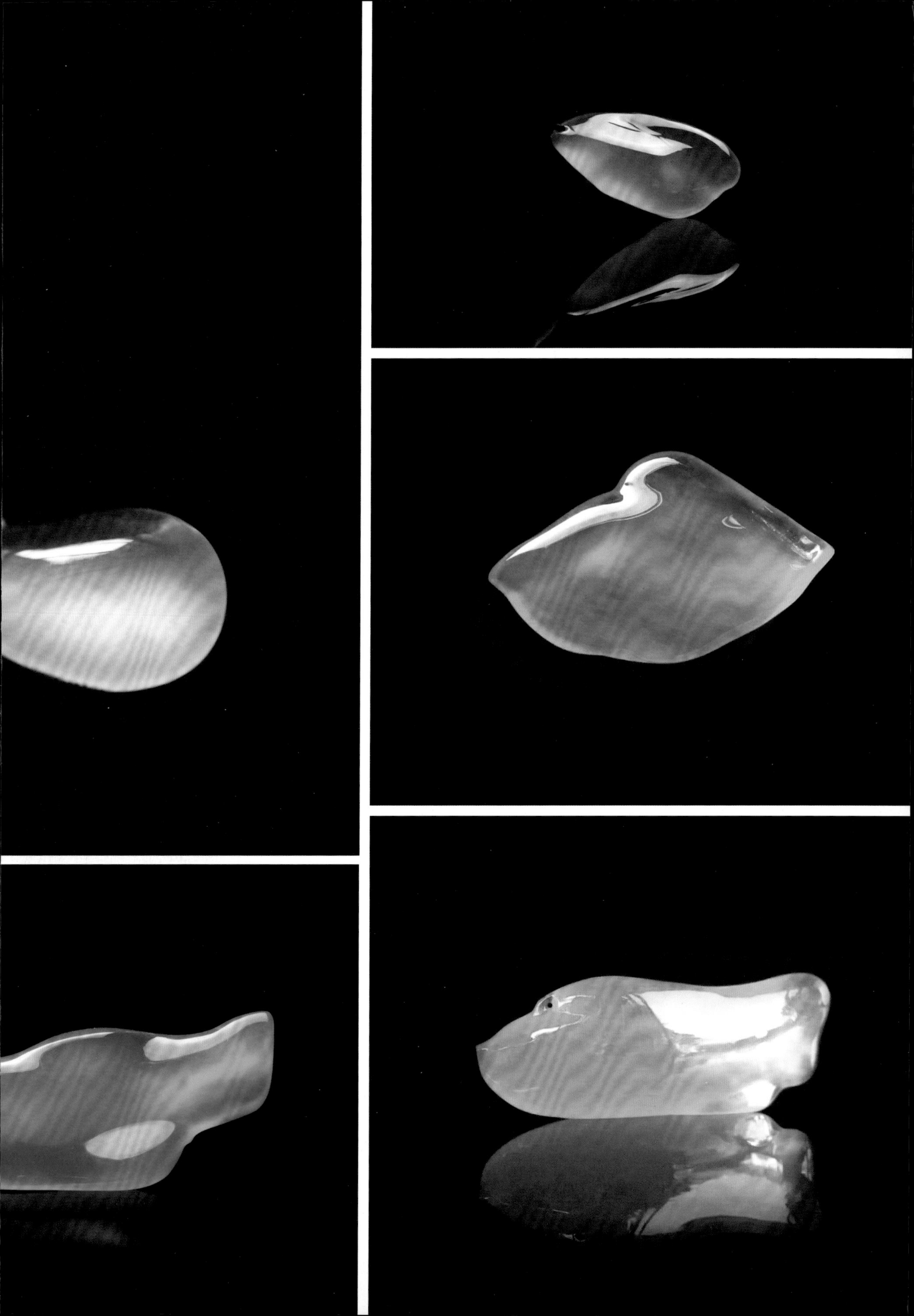

## 王俊懿

中国翡翠艺术家

中国玉石雕刻大师

### 个人经历

1974年，王俊懿生于桂林。自好雕刻，从父习书法、绘画。

1993年，进入翡翠玉雕行业，学习玉雕技艺。

2004年，作品《仙螺王》荣获“天工奖”金奖，成为“天工奖”开创以来，最年轻的金奖获得者。作品《傲龙出海》荣获“天工奖”最佳创意奖。

2006年“天工奖”评选中，作品《荷塘月色》荣获“最佳创意奖”，同时三彩翡翠作品《神龙护宝》荣获“优秀作品奖”。同年，获“中国玉石雕刻大师”称号，成为国内最年轻的国家级玉雕大师。

2010年，耗时两年完成国宝级大型佛像翡翠艺术作品《无量寿佛》。

2013年，大型翡翠佛造像装置艺术作品《药师琉璃光如来》，获得中国百名玉雕大师参加的“神工奖”唯一特设高于金奖的最高创新大奖。

2014～2015年间，在法国罗浮宫、纽约联合国总部等地进行国际巡展。

2017年，在中国国家博物馆举行的“第二届艺术品市场价值建设奖”中，荣获“最具收藏价值艺术家奖”，成为当代玉雕艺术界获此殊荣的唯一代表。

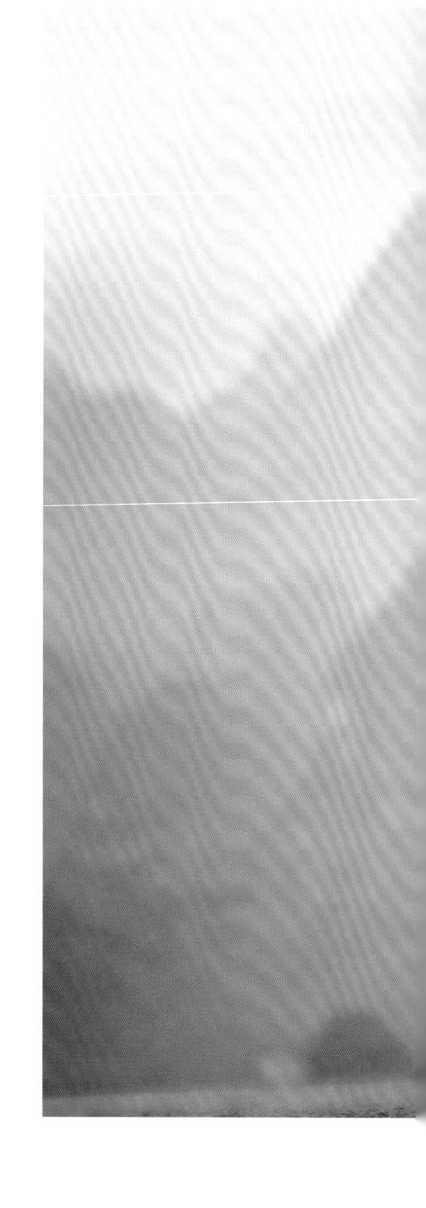

## 大师简述

作为翡翠艺术的探索者、开拓者，王俊懿二十年来一直把玉中的翡翠这种古老、珍稀的材料作为作品重要的表现元素。他以中国“天人合一”传统思想为创作基础，尊重每一块翡翠的天然特性，顺其自然进行创作。同时以拥有千年历史的“金玉结合”的形式，开创全新的艺术表达。运用各种金属材料的延展性，进行金属工艺的创新，从而形成一个有机的翡翠雕刻艺术与综合装置艺术融合的艺术整体。他将当代人文的艺术思想与个人理想注入古老的传统民族工艺，赋予玉雕这样一个传统与当代的艺术生命。

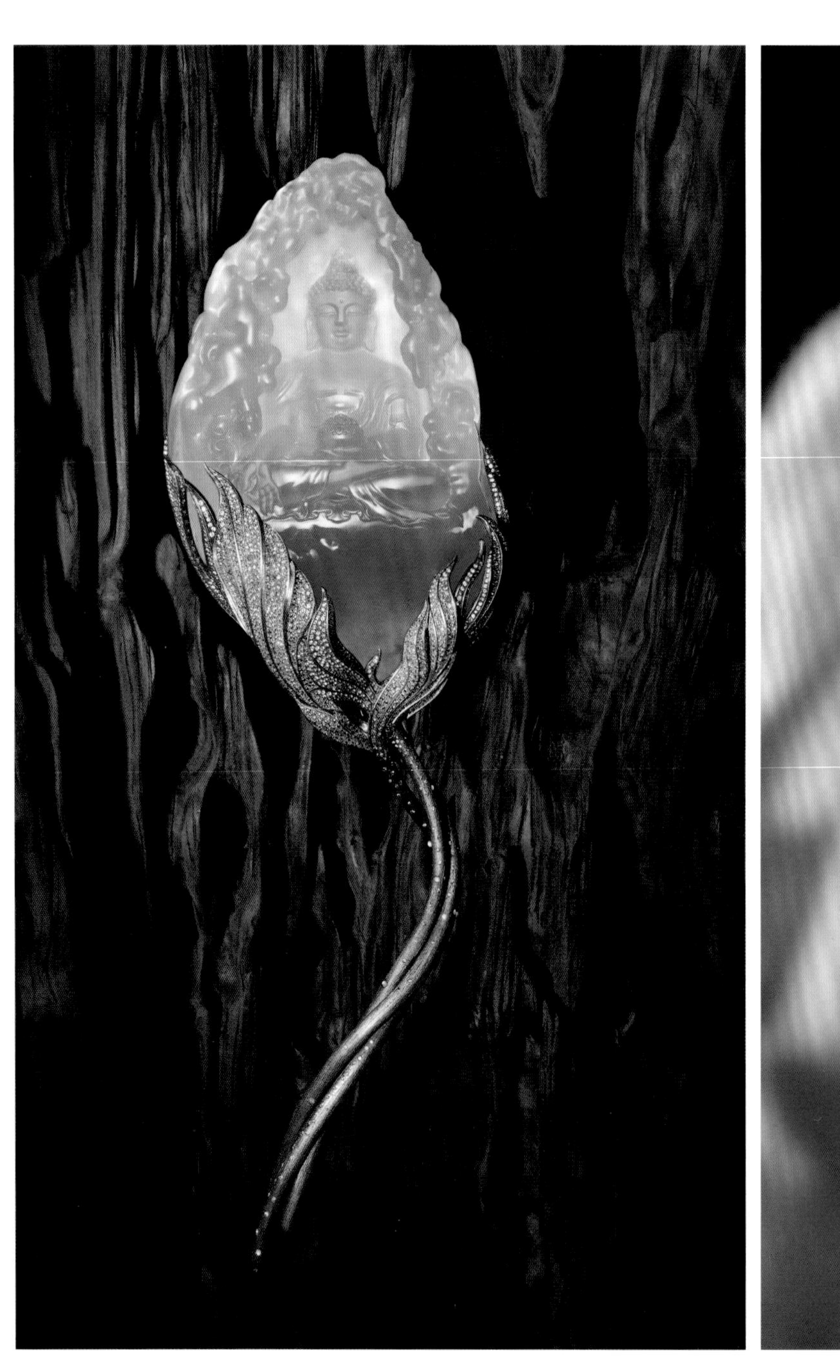

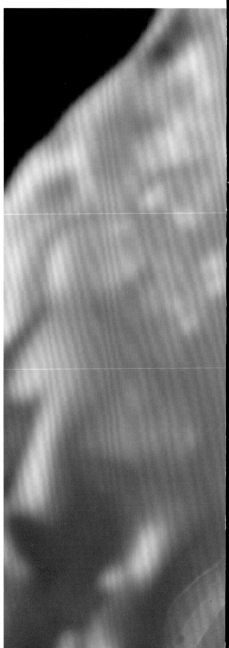

《药师琉璃光如来》

一佛二体，共命化身，无论相隔天涯海角，灵神相生相连，佛佑天下。

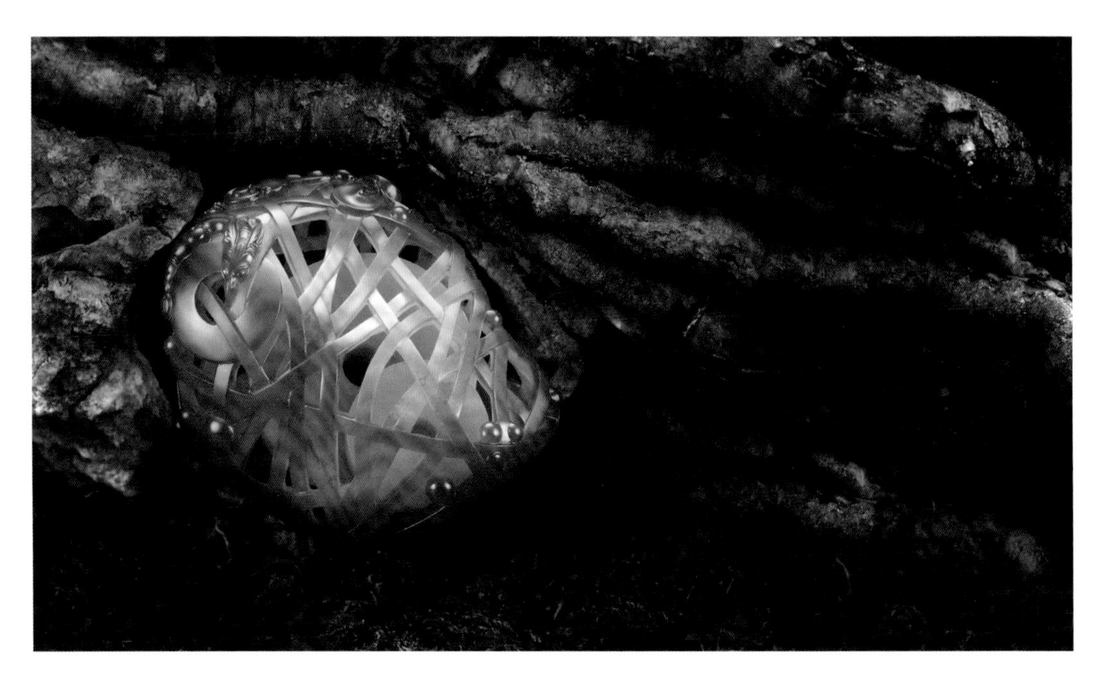

《凤吕》

神仙国度吉祥庇护，吸日月之灵气，孕育凤巢领主。

《仙螺王》

十年磨懿剑，三彩写神奇。

巧取天上螺，背负家与国。

《一叶如来》

一瓣腐朽的莲花正在徐徐地飘向泥土，一枝宝莲由泥土中缓缓盘旋而上。莲枝上闪烁着晨露清澈的光芒，宝莲恭迎似的拖住残莲，瞬间佛光显现。菩萨手捏五蕴和合宝珠，点化众生，被定格的瞬间演绎着佛法的永恒。

《化蝶》

王俊懿艺术代表作，表达对世间之人追求理想所面对的现实思考：挣扎、蜕变、升华。现实世界中的宿命，残酷地束缚和影响着人的思想，化蝶的生命精神却解开了这种牵绊，顽强且神奇的草蝶正冲破重重困境，在挣扎中蜕变、升华，飞向宇宙人生的最深真境！

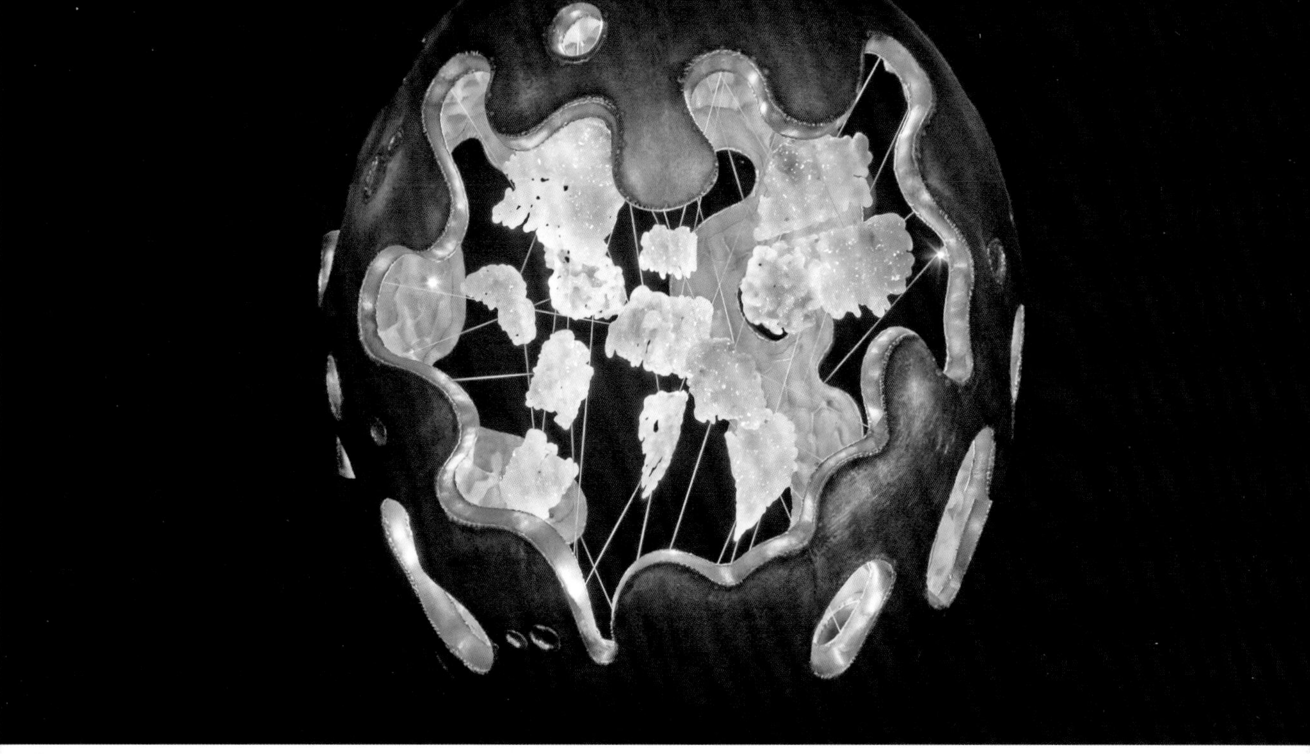

《冰蝴蝶》

玉文化史上首件大型当代环保题材翡翠装置艺术品。

隐喻着两重自然循环的微妙关系。由外而内的解读：在不尊重自然的情况下，地球（钛金属打造的巨型钛金属椭圆蛋壳形制水滴）自然生态系统和环境正在遭受工业文明发展的破坏，冰川融化，蝴蝶在消失，幸福正在离人类远去，我们必须珍爱、尊重、保护生态环境。由内而外的解读：在尊重自然的情况下，冰川融化，冬去春来，万物复苏，生命将迎来新的希望。

## 叶金龙

### 个人经历

作品《舞动青春》荣获“天工奖”金奖。2005年参加第十二届“中国艺术博览会”，作品《无尽的爱》荣获金银珠宝玉器组金奖；作品《蝶之恋》荣获“轻工部百花奖”银奖；作品《无悔的幸福》获“天工奖”银奖。他于北京饭店文物长廊举办内地个人首届作品展。作品《独占鳌头》获“四会市玉器博览会”金奖。2006年参加第十三届“国际艺术博览会”，作品《蝶恋花》荣获金银玉器组金奖，作品《观自在》荣获金银玉器级金奖。曾于云南泰丽宫作个人珍藏品展。2012年7月31日中央电视台4套《天涯共此时》栏目邀请他做“翡翠漫谈”。

## 大师简述

叶金龙，台湾人，在中国玉雕界享有盛誉，他著有《台湾本土玉石赏析》《台湾玉石雕刻入门》《天心礼赞》等著作，善于采用超长、超细、超薄的雕镂技艺，雕琢出薄如蝉翼、脉络凸显的花叶、螳螂、蜻蜓、蝴蝶等作品。叶金龙先生出生于20世纪50年代台湾台北乡间，从小生活在大自然的润泽中，对大自然万物似乎都有一种纯真的感悟。亿万年前形成的美玉奇石，他似乎能触摸到其微微颤动的生命演进的脉络……

《双福迎春》

## 《一叶情》设计雕刻过程演示

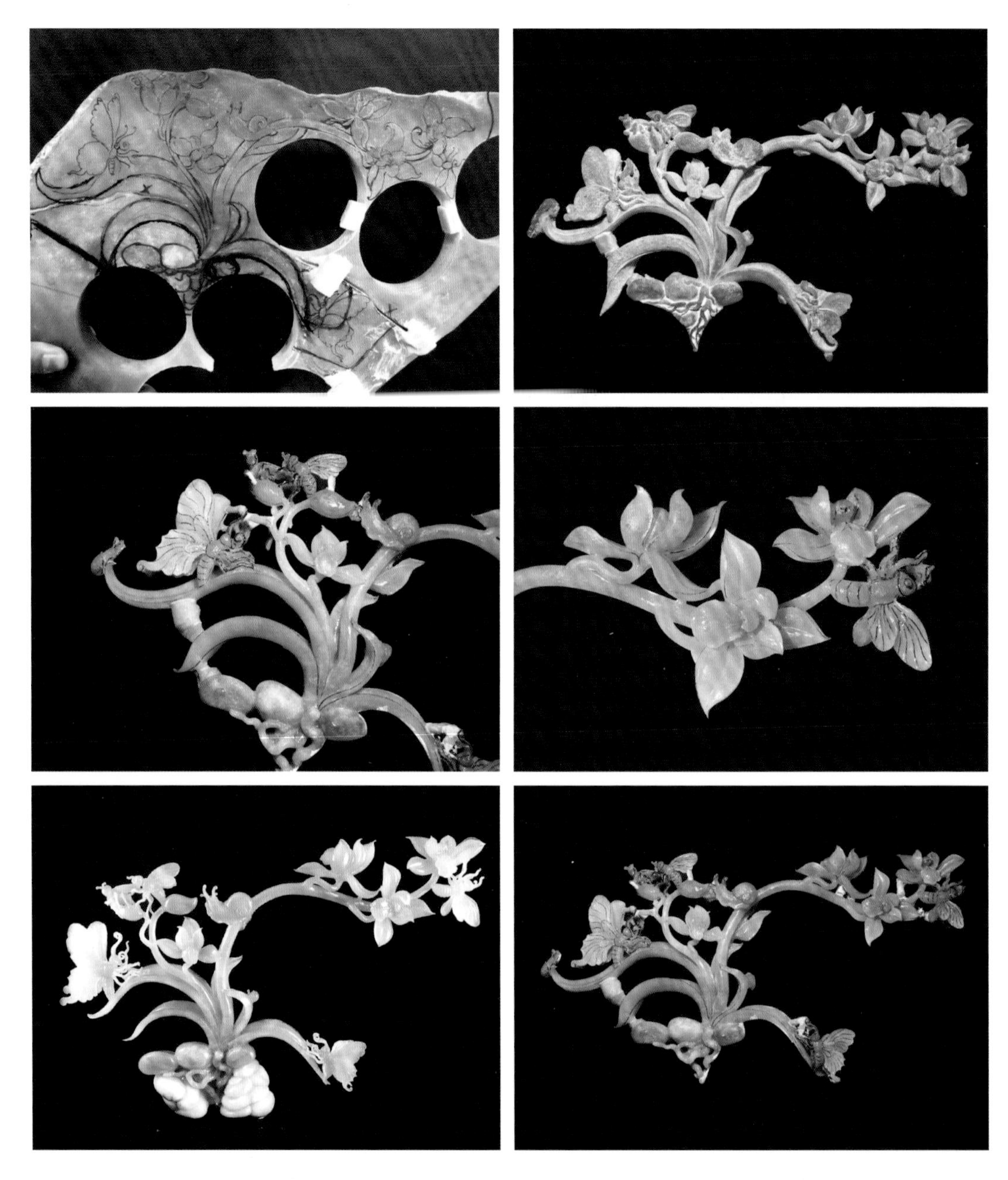

这是一块已经取走七个镯子带紫、绿、黄色的玉料，看大师如何将一块剩料变成一件艺术作品，他在此无私地将“秘密”公开，展现了大师不藏私的风范，其对翡翠玉雕推广不遗余力。

《戏荷》

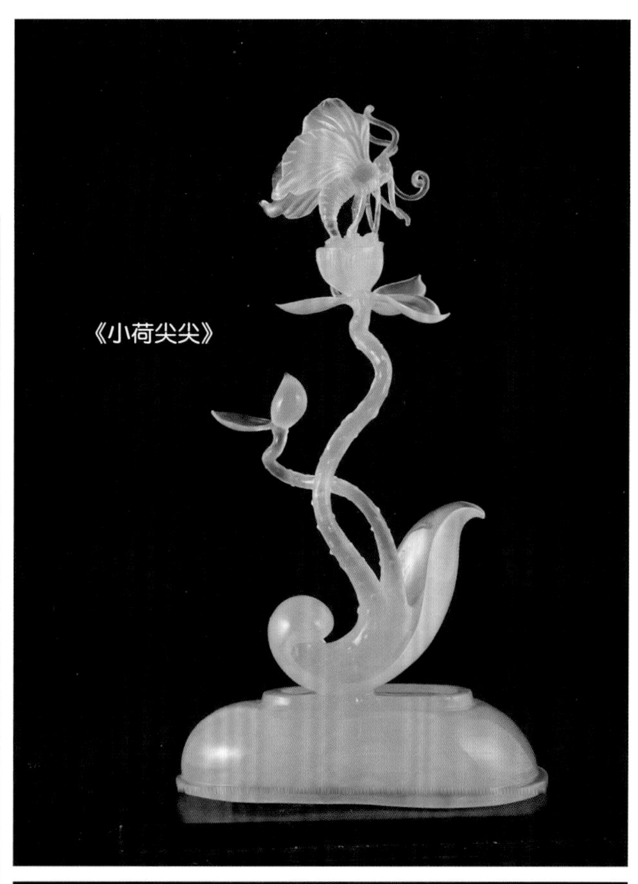
《小荷尖尖》

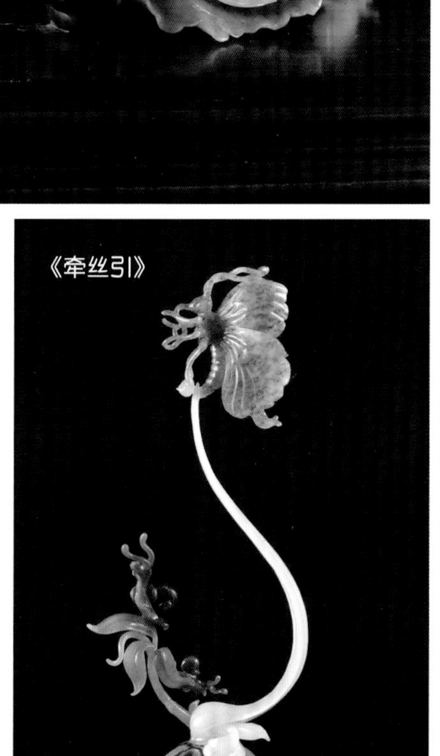
《牵丝引》

《相约一夏》

## 张炳光

### 大师简述

张炳光，专注玉雕设计三十五年，现为广东省工艺美术大师、正高级工艺美术大师、国家政府特殊津贴专家、中国工美行业艺术大师、中国玉石雕艺术大师、中国玉石雕大师等。

擅长立体雕、浮雕、微雕、俏色巧雕等技法，其作品类型题材多元，融合了国画、油画、壁画、漆画、灰塑等中国国粹，并将岭南文化与五行易理玄学等精髓结合运用到翡翠作品的设计创作中，形成了自成一家的美学理念和雕刻体系。

在传统方牌风格上进行多形状和技艺创新，首创性地在翡翠牌上发扬浅浮雕技法，可在1毫米的厚度间雕刻出前后相邻数里的空间感，提出高档翡翠要突出“种、水、色、气”，构思设计中运用“温、良、恭、俭、让”的心法，雕刻中运用“色、透、均、型、工”的工法，做到“材、心、工”三法高度统一的一套完整系统理论。

## 作品及诠释

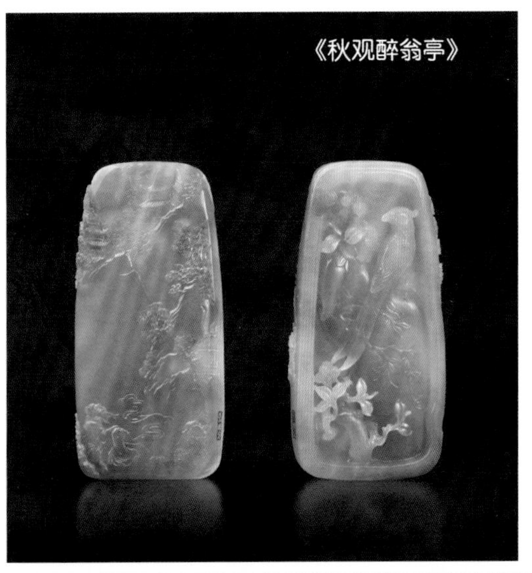
《秋观醉翁亭》

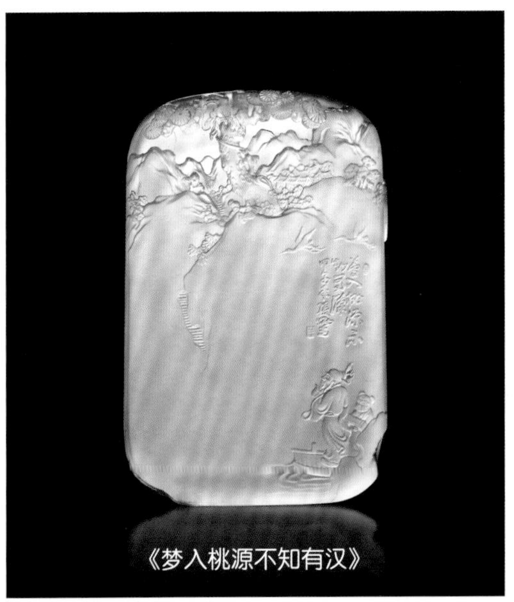
《梦入桃源不知有汉》

《梦回赤壁》

《松鼠三合汇》

《四大发明》

火藥

造紙術

活字印刷術

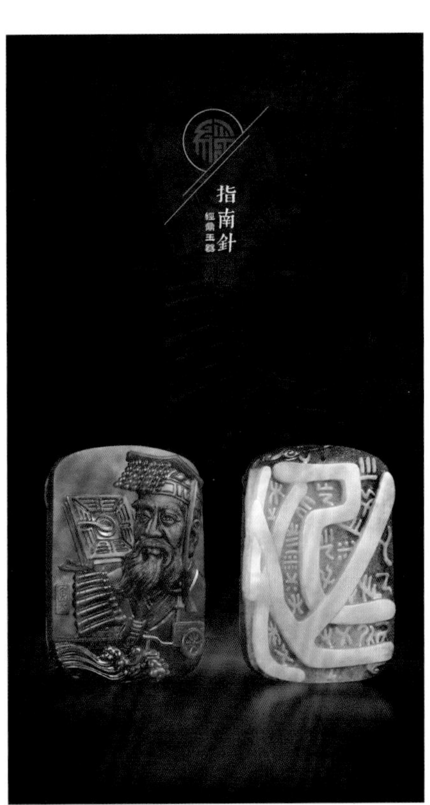
指南針

## 翡翠珠宝设计

翡翠成品在内地大多是玉雕成品，珠宝设计这几年增加了许多生力军，代表中国的翡翠设计开始慢慢走上国际舞台。每个翡翠设计师都是一个灵活的化妆师，让翡翠与各式珠宝精妙地结合在一起，他们匠心独运，使得翡翠佩戴者越来越年轻化。

## 刘明明（大树）

大树珠宝设计工作室首席设计师、创始人

### 个人经历

刘明明，出生于 1983 年，籍贯山东，毕业于中国地质大学（北京）珠宝学院。

大树珠宝设计工作室首席设计师 / 创始人。

中国独立艺术珠宝设计师，国家注册珠宝设计师以及中国珠宝玉石协会会员。

2008 年至今一直参加北京、上海和香港等各项重大珠宝首饰展览。

《暖树》

设计打破常规，这是一棵与众不同的“树”。

独特的卡通外形，

言简意赅却令人印象深刻。

钻石小鸟的点缀生动可爱又不失奢华，

高级珠宝不只有高冷，

还可以好玩、有趣。

《金鱼》

如意为头，牡丹花尾，精美绝伦的虎头金鱼，
在抽象与写实之间娴熟变幻，
别具匠心，又显得生动有趣。
为避免大面积金属的沉重感，
以花瓣的线条勾勒出鱼尾游动的形态，
轻盈自由，活力无限。
配石与金属表面肌理的处理，
增强作品层次感，丰富细节。

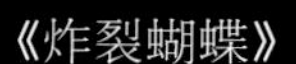

《炸裂蝴蝶》

灵感源于花火，
蝴蝶造型凛冽。
翅膀部分由独特的几何状线条构成，
与特别造型的主石形状相融合，
极具现代感。
线条呈放射状分布，
犹如烟花绽放，
配石采用白色钻石，
至蓝色蓝宝石的渐变效果，
增强整体色彩感。

蝶恋花，
即便转瞬即逝，
也要实现那几秒钟的极致美丽。

《功夫蝉》

造型圆润，憨萌可爱。
黑色配石与黄色金属搭配，
色彩活泼明艳。
匠心之处，在于，
胖蝉的一对翅膀可以灵巧地活动。
水润细腻的翡翠蛋面，
化身为武林高手，
演绎出别样的珠宝趣味。

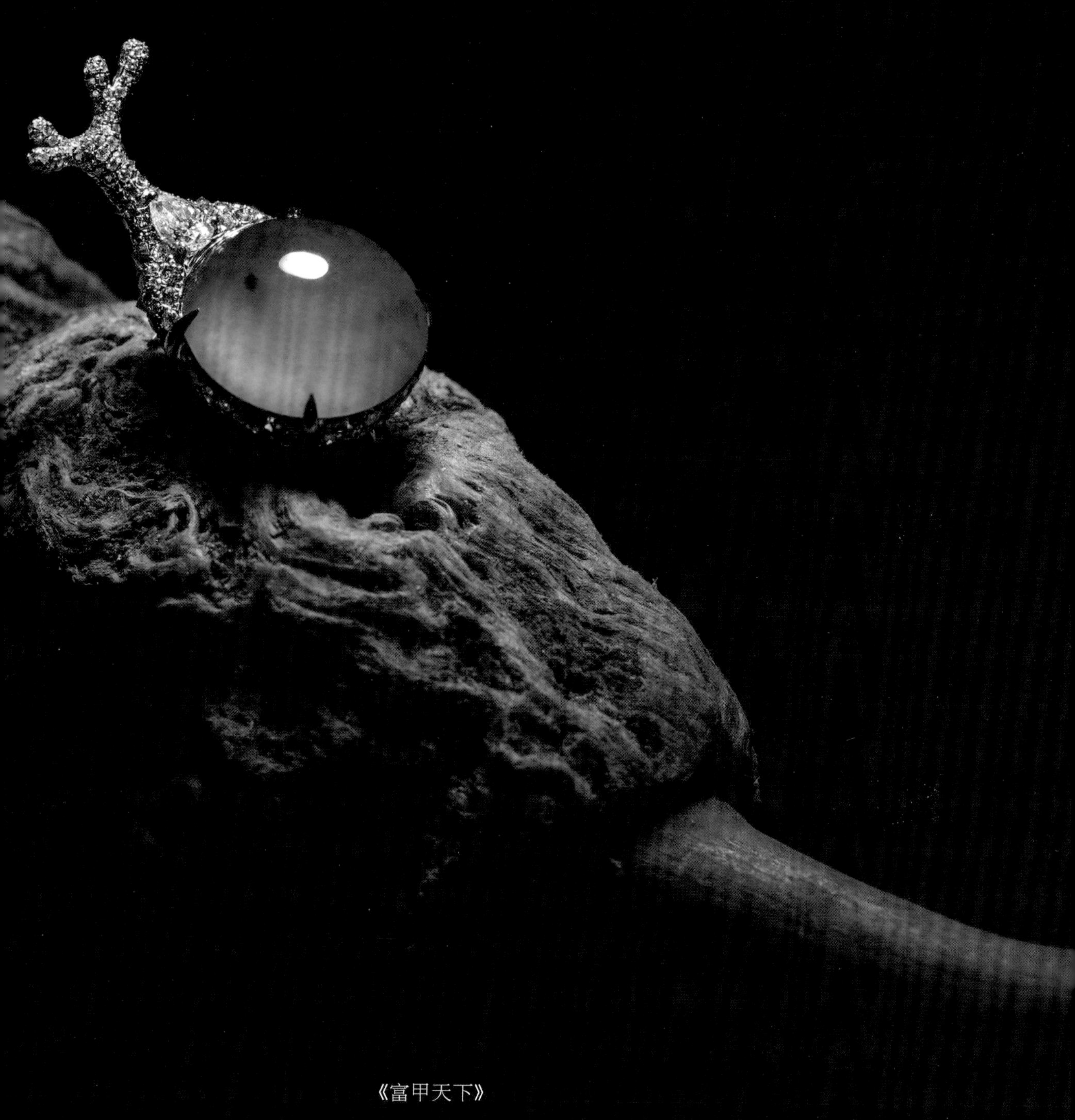

《富甲天下》

巧借缺陷转化为设计特色。

以甲虫为创作主题，寓意富甲天下。

造型饱满，圆润，

头部造型简洁，突出触角特征，

虫身底部铜钱纹饰的独特设计，

与富甲天下主题辉映，使人眼前一亮。

## 黄湘晴

台湾创意珠宝设计师协会理事

中国珠宝特约设计师

### 个人经历

台湾创意珠宝设计师协会理事，喜柿珠宝首席设计师，中国珠宝特约设计师，媒体喻为“沉香珠宝第一人”。

2005 年成立 SisyJewelryArt。

2009 年毕业于英国皇家宝石学院（Gem-A）。

2015 年中国珠宝行业中最高级别的国家级赛事——2014 年中国珠宝首饰设计与制作大赛，作品《为你停留》，获得“最佳媒体关注奖”殊荣。

2016 年中国珠宝行业中最高级别的国家级赛事——2016 年首届中国珠宝首饰天工精制大赛，作品《金鸡报喜》，获得“最佳材质搭配奖”殊荣。

2018 年第九届中国珠宝首饰设计与制作大赛，作品《展翅高飞》，获得大奖殊荣。同年又以《展翅高飞》沉香珠宝获得国家级赛事第九届中国珠宝首饰设计与制作大赛大奖殊荣。作品入选 “2017-2018 中国珠宝文化蓝皮书”。

2019 年作品《无相》入选国家级赛事第四届“天工精制”大赛并获得大奖殊荣。

### 设计理念

写历史，是黄湘晴不懈怠的艺术坚持。首创沉香珠宝新风潮，被媒体喻为“沉香珠宝第一人”；近年来相继推出各系列作品发表，如文学珠宝系列、小说珠宝系列等，成功地引导两岸珠宝业界的时尚潮流。

在她的字典里关于“喜欢”这件事常常是没有道理可言的；也许你喜欢红色的狂野，而她或许偏爱蓝色的沉静，所以艺术家的风格只能从血液里寻找专属于自己的创意 DNA，不拘泥形式并突破现状。让每一件珠宝作品都有说故事的能力，是台湾珠宝艺术家黄湘晴对自己创意风格的最佳批注。

《荷塘情趣》胸针吊坠

《恋爱的印象》套组

《情人的美》（戒坠两用）

《天使之翼》（耳环）

《秘密花园》胸针吊坠

## 王月要

王月要国际珠宝有限公司艺术总监

台湾创意珠宝设计师协会创会理事长

### 个人经历

1993 ~ 1999 年参与台湾各大型珠宝展览，展露中国风珠宝设计才华，轰动业界，吸引国际买家，并带动中国风设计风潮。

2004 年以“王月要珠宝”品牌，进入国际珠宝市场。

2008 年荣登“中华爱国丰碑”，被中国国务院评选海内外百位杰出人士。

2009 年荣登世界华商珠宝 60 位杰出人物，是唯一上榜的台湾女性。

2011 年获选世界华商珠宝十大杰出女性。

2012 年创立台湾创意珠宝设计师协会，荣获 2012 年中国百名杰出女企业家，中国（珠宝行业）品牌女性，中国珠宝圈十大风云人物，CCTV 彩宝首饰设计大赛银奖。

2015 年荣获“国艺杯”两岸三地珠宝首饰设计比赛金奖，获邀担任巴黎国际艺术博览会珠宝艺术类：台湾组委会国际评委。

2016 年荣获“全球华人旗袍十大领军人物”与“中国魅力十佳旗袍人”两项殊荣，获邀担任台湾宝石学协会第一届顾问及美国宝石研究院台湾校友会第十届 GIA 顾问。

2017 年获邀参加 2017 年海峡两岸珠宝行业高峰论坛，2017 年国际创意珠宝设计大赛评审，2017 年第二届“天工精制”国际珠宝首饰作品大奖赛评审。

2018 年获邀担任 2018 年中和盛世杯国际珠宝设计大赛评审。

## 设计理念

第一位以中国风为珠宝设计主题的开创者。王月要设计师热爱中华悠远的历史文化，在她的创作设计当中使用特有的瑰玉宝石，搭配中国流传千年的传奇故事、图腾与造型，将中国文化的内涵与大气尽显其中，二十五年来她一贯坚持以中国文化为底蕴，透过作品描绘出设计主题的故事性，使每件作品犹如一幅画、一首诗或是一首古乐，更加深刻地将中华文化刻画于当中。她任重而道远地发扬中华文化精神，将每一件作品赋予一份艺术的价值，希望东方文化与东方珠宝艺术闪烁国际，让每位欣赏者与收藏家能感受到文化传承的悸动。

## 作品及诠释

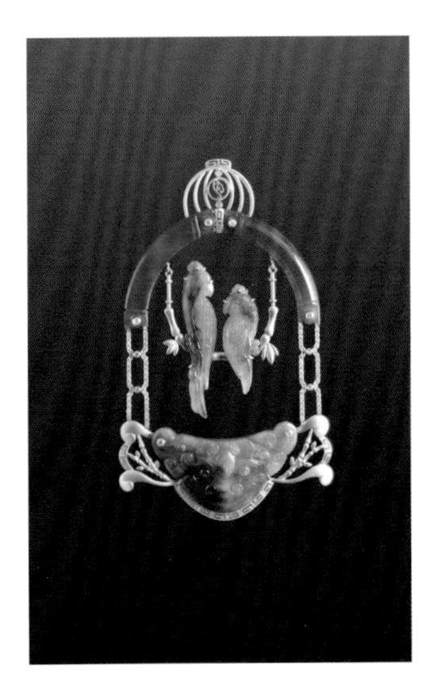

《鹦鹉絮语》

鹦鹉，有着智慧的象征，同时也有爱情祝福的意涵。红翡翠的屋下，一对绿鹦鹉驻足枝头絮语对望、喜迎甜蜜，而整体作品以组线双色的巧思搭配，描绘出春天生机盎然的景象。

《彩翠纳喜福入门》

温润翠华龙凤柱，
巧雕翘角展神工。
石榴红艳鲜香播，
硕果芬芳子福洪。
户户祥光添寿愿，
家家喜庆擎灯笼。
双飞喜鹊临春树，
吉入门栏万事鸿。

《佛语禅心》

佛喜缘起，缘聚则生，慈悲为怀，度化众生。屋檐灯笼高高挂，映照翡翠上浮雕的佛祖，慈祥的神态如春暖大地普度众生，莲生如意、佛语禅心，唯愿事事平安喜乐、顺遂随心。

《甘露观音》

钻石妙智观音慈悲心，一滴甘露泽万物，众生感恩筑庙宇，祈祷百世得佑福观音结合庙宇的设计，展现浓厚中国信仰文化的传统色彩，作品除了希望观音能护佑众生，更期盼佩戴者都能如观音般慈悲祥和。

《青梅竹马》

拨浪鼓声逗弄孩童开心，是纯真美好的童年回忆，如同春节时锣鼓喧天那般热闹吉祥；鼓面上童男童女活泼生动，令人感受笑声盈盈，多子富贵的好兆头。

《香传德芳》

随身佩带一香瓶，步步传芳显德馨，陶冶心性明灵台，警喻世人远恶习。古人佩香，以香气养性，调和身心，也寓意修身修心。

《心得自在》

开眼见弥勒，祥云傍双肩。
银蝠入雕梁，福满天地间。
视心得自在，世间诸圆满。

# 张漫

## 个人经历

毕业于中国传媒大学播音系获学士学位，后在北京大学艺术系进修，主攻艺术市场管理。

1990 ～ 1998 年担任昆明电台主持人节目制作人。

1999 ～ 2004 年担任云南卫视主持人节目制作人。

2008 年成立北京乐动乐听文化传媒公司，成为目前国内一线专业节目制作公司。

2017 年与曾志伟先生合作成立香港水滴传播，主司明星粉丝经济业务。

现任职北京绿尔文化艺术有限公司、北京乐听乐动文化传媒有限公司。主司电视节目策划、主持、制作及演艺经纪。主持过昆明电台《张漫真言》，云南卫视《今夜星辰》，全国 200 家电台联盟的中国原创歌曲总评榜，中央电台《中国制造》，以及和欧洲各使馆合作音乐文化交流节目《走进欧洲》等节目。

曾获中国流行音乐十年回顾最佳主持人，昆明市十大杰出青年，中宣部“五个一”工程奖，中国总评榜十佳主持人，2011 年绿色中国年度焦点人物公益大使等奖项。

## 设计理念

大部分人只知道张漫是大陆有名的电视节目制作人和乐评人，却不知道她还是一名跨界珠宝设计师。她曾在不到两年的时间里，设计了两百款翡翠孤品！

谈起她设计的初衷，张漫说自己好喜欢翡翠，但市场上的设计款都不太符合自己的风格，于是她就自己开始尝试做设计。她说："翡翠是老天爷给的美丽能量，我愿把自己的可爱哲学动人祝福，融入设计中，与有缘分的人相遇……"

看过张漫的部分作品，会觉得这个女子的设计着实天马行空，不喜欢按常理出牌，也不拘泥于套路，对珠宝的设计有自己专属的理解和表达。同时也觉得这位女子的跨界真真是玲珑而勇敢，凭着自己对艺术和珠宝的热爱，从一位电视制作人潇洒跨界到珠宝设计，无师自通。张漫认为，翡翠设计最重要的是，设计出的作品要和每一个人当下的生活相关。

希望更多有想法的人能像张漫设计师一样大胆跨界，为珠宝设计领域带来更多丰富鲜活的思想。

## 作品及诠释

《做人方正才能成龙》手镯戒指

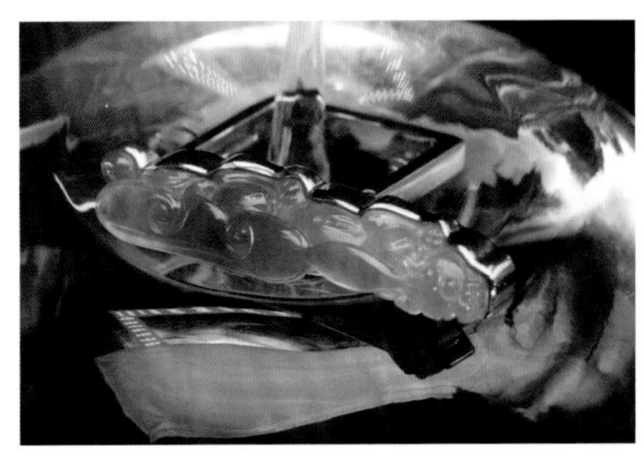

打开你心灵之锁的钥匙在你身上，可是你常常找不到。

《山盟海誓誓死相随》项链

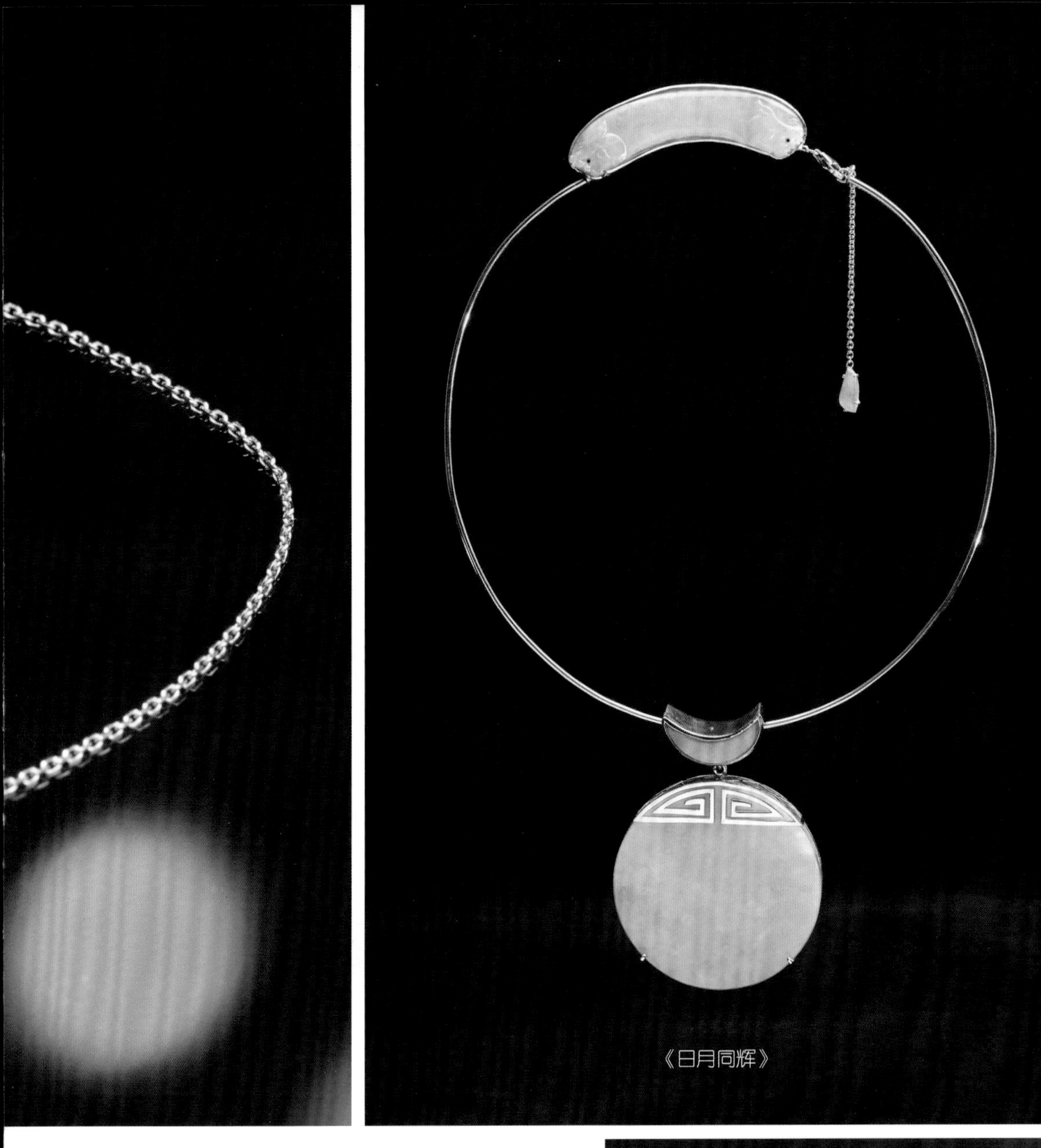

《日月同辉》

《石来运转》女戒

## 郑敏聪

良和时尚珠宝艺术总监

### 个人经历

良和时尚珠宝艺术总监，也是台湾珠宝设计师协会理事和台湾创意珠宝设计师协会理事。

2013 年敦煌国际珠宝设计比赛铜奖。

2014 年台湾“国际”珠宝设计比赛佳作。

2014 年非凡三宝国际珠宝设计比赛银奖及佳作。

2016 年法国巴黎文化部长邀约展览。

2016 年天工精制设计比赛铜奖。

2017 年国际创意设计珠宝大赛银奖及佳作。

## 设计理念

郑敏聪先生从小就看着父亲打金工作的背影，耳濡目染，也不自觉走上这条路。郑敏聪先生从父亲那里接手后一直思考市场的需求，他察觉钻石销售最终又会和传统金饰的改革、品牌金饰起落一般，因此在2003年着手投入天然彩色宝石的设计。他一直秉持着“珠宝即艺术，艺术即生活，珠宝即是生活”，他希望将珠宝生活艺术化，在不佩戴时，不要只是放在保险箱中，而是让珠宝成为点亮家的一道光亮。一路走来，良和时尚珠宝在郑敏聪先生的带领下，从传统打金铺摇身一变成为时尚艺术的珠宝公司，过程中也经历许多跌跌撞撞，但郑敏聪先生认为每一次失败都是成功的累积，唯有不断前进，才能在时代的洪流中屹立不倒。

## 作品及诠释

《华翠》

18K金堆叠成璀璨耀眼的线条，勾勒出花园清朗明丽的景致，蜷曲的藤蔓攀着丰果，浑厚饱满的翡翠透着一股雍容，衬托女子的华贵气质。

《连三爵》

蜷曲的藤蔓垂吊果实饱满的三颗福豆碗豆，有连升三级的寓意，以祖母绿的轻绿色彩将叶子的绿意延伸，活泼中透着古典。

《美髯公》

以浓绿翡翠诠释戏曲中净角的面部，花青纹路作为天然的脸谱，翡翠的高贵诠释着武将的气质，让人不禁联想到有“美髯公”之称的关公，不需表情便将慑人的劲道与磅礴的气势表现得淋漓尽致。

《点逸》

珐琅反射着波光，清透的蓝洗去夏季的燥热。蜻蜓点水。悟，人生最美丽的部分不是起点与终点，而是旅途中的曼妙风华。

《憩》

优雅的红鹤是美丽、自我、独立的代名词，以红鹤作为优雅生活的象征，将各异的材质巧妙组合，以内敛沉稳为意念，增添了一种属于东方的温度。

# 缅甸内比都第55届翡翠公盘游学记

2018 年 6 月 20 日，一群喜爱翡翠的学员来到缅甸首都内比都，来体验翡翠原矿拍卖飨宴。个人建议，从国内可以搭飞机到曼德勒或仰光，再转公交车搭 5 ～ 7 个小时，部分揭阳翡翠业者包飞机直飞内比都机场。内比都是缅甸首都，道路规划宽敞笔直。用餐有很多华人开的中式餐厅，口味都算合胃口，不怕吃不习惯。住宿条件算干净，每晚住宿费用 50 ～ 300 美元。由于天气炎热，建议前来参加翡翠拍卖的朋友要多喝水并且注意防晒。

从申请参观证件就相当麻烦，参与投标者要交 2 万欧元的押金，以免故意流标。入场相当严谨，除了要办入场证外，还要按指纹与照相存档。翡翠存放参观分主建筑大楼与户外铁皮棚架。主建筑主要展示红蓝宝石、珍珠、体积较小的翡翠原石与珠宝成品。户外铁皮棚架主要展示体积较大的翡翠原石。所有摊位前都有工作人员监管，太大体积的翡翠原石，就得请工作人员协助翻面。提醒大家，若不小心将翡翠打翻掉到地上摔坏，后果是自己负责赔偿。这次由于去的时间较晚，前 3 天结标翡翠已经打包收场，因此无缘目睹这些较高档的翡翠（建议：第一天开幕就得进场，先从体积小、价值高的翡翠原矿来观察）。

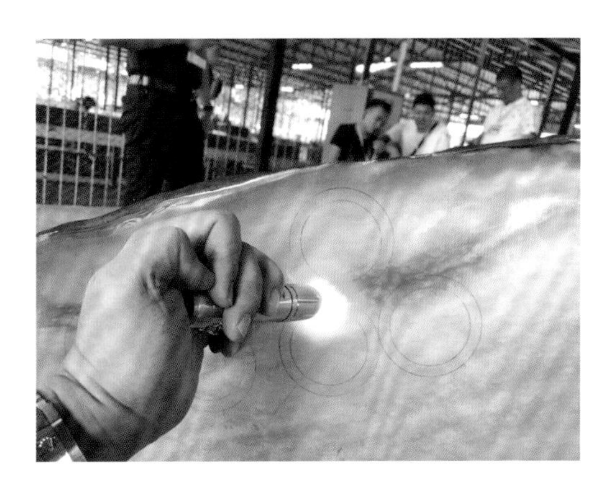

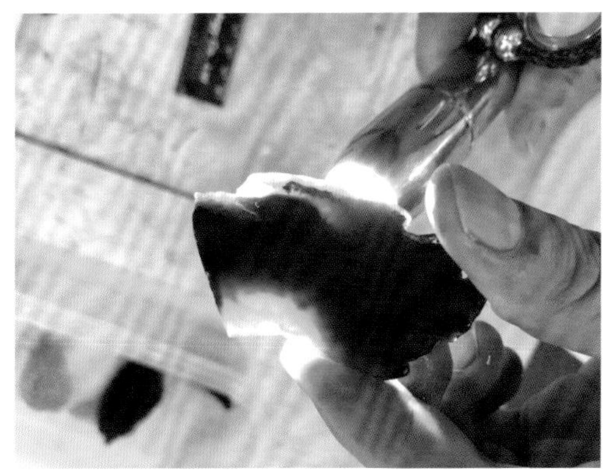

大多数同学都是第一次参加公盘，也是第一次看到这么多翡翠原矿，总是有问不完的问题。到了会场主场馆，已经看到人山人海。参加公盘的人数逐年递减，根据大会说法有将近 6000 多人参加拍卖，来自国内的厂商代表就有 3000 多人，投标数有 6795 件（堆），也是历年来较少的一次。现场除了缅语、英文广播外，也会有中文广播。来自平洲、四会、揭阳等各地工会也会在现场设点为会员服务。

公盘拍卖提醒：

最好 3 ~ 5 人成小组，可以相互研究翡翠质地与买价，综合意见后讨论出最后心理价位。

每一位厂商代表擅长制作的领域都不一样。原矿不外乎做大小摆件、手把件、吊坠、手镯、蛋面、珠链、随形等。福建人爱雕观音与佛公人物、河南人喜欢做大小摆件山子，平洲擅长挑选手镯料，揭阳精工高档吊坠与蛋面，四会偏向中低端吊坠与摆件毛料。多数人都是沙场老手，一堆料能做出哪些成品，卖到什么价位，心里都有底。多数人不会去碰自己不擅长的领域。

虽然说这里拍卖的都是对切的明料，但是翡翠颜色走向与变化还是有几成的赌性，并不是开出来都会跟想的一样。通常输掉的多数是颜色色带变小或一半断掉，或者内部裂纹太多导致不能取镯子，还有少部分是越里面质地越差。同一块料，不同人可能会有不同的想法、做法。大裂纹多就难做手镯，可能偏向吊坠或大小摆件。小裂纹多可能取小蛋面或打圆珠。多数人估出整块料出几个手镯其他就是赚的。有人估切出多少蛋面拿回成本，余下的料直接卖给别人去做其他成品。

买翡翠一切都是缘分。强摘的果子不甜，价钱写太高，有可能赚少甚至赔本，没把握的货不要标。

有兴趣的标号大家一起来。分散风险，集资合股一起买货，有钱大家赚，有风险一起担。

要核算一下自己财力，有时候投太多标，且都命中，会造成自己财务负担或者弃标，损失押标金。

多数人认为标翡翠需要很多资金才可以玩。其实这次观察很多底标价只有4000欧元。

很多人投标都有自己的幸运数字，其中最爱的是9与8这两个号。其次是6与7。末三尾数888、009、099、119、199、999最多。其次是666、700、777、555、222、000，几乎没有尾数有4。

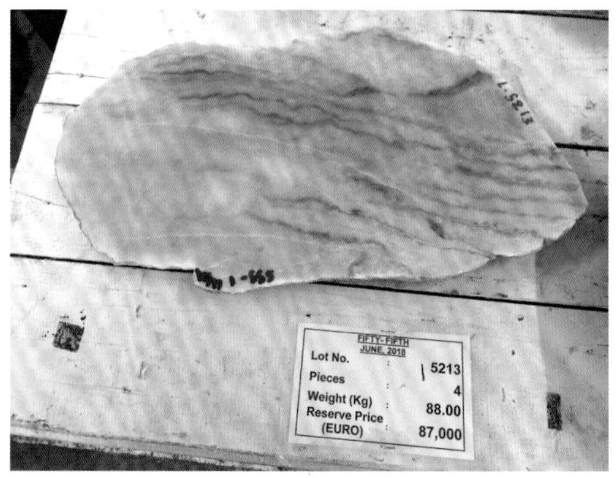

并非每一个标号都有人投标，没人投的原因很多，可能是体积太大，质地较差，运回去运费太高等。最低底价是 4000 欧元起标，有人加 299 欧元，也就是 4299 欧元得标。如果欧元与人民币汇率用 7 来算，这个标号就约 3 万元人民币。多数得标都在几千欧元，少数达到五位数欧元，六位数欧元的就更少了。

第 55 届标王，底价 28 万欧元，开标价折合人民币约 7200 万元。这件标号是 1796 号，83 千克，对切成两大块。我经过时还不怎么看出来。材质本身是糯种，外观并无大裂，右上角墨绿到黑，这里顶多做摆件。左下角出现一道翠绿色带，也有黑色伴随。灯光照射下，出现帝王绿的颜色。这一标如果加上税金，可能成本就要上亿元了。能做出几只帝王绿手镯，无人能知。根据小道消息，有可能要做成珠链，一条就卖上亿元，才有办法回本赚钱。这应该是大老板才有的魄力，本身身价也好几十亿元，才会下这样大的赌注。

2496 号标底价 1500 万欧元，人民币约 1.12 亿元，原以为是当年的标王，遗憾流标，无人下手。9.3 千克，切成 3 块，开出将近 10 个窗口，灯光一打，绿油油的。皮壳很薄，种水也不错。出镯子与蛋面都没问题。重点是看不到的地方是不是满翠，没人打包票。这价钱大概只有输或赚的差别，概率一半一半。几个大老板看了之后摇摇头，回家抱钱睡觉比较实在。

整体来说多数人期待这次公盘有高质量翡翠，但是多数人认为高质量翡翠不到 1%，多数都是中低档翡翠。总成交率还是维持在 80%，但多数都在 10 万欧元以下，4000 ~ 7000 欧元得标也有不少。

紫罗兰“招财进宝”平安扣（图片提供 翠灵轩）

# 实战篇

翡翠各地市场

行家这样拍翡翠——如何拍出翡翠大片

翡翠的经营方式

# 翡翠各地市场

## 瑞丽

瑞丽市中心的翡翠交易市场主要以成品居多，游客在这里可以安心地挑选，不过还是记得要鉴定书与店家保证书。

去瑞丽看货有两个途径，一个是先坐飞机到芒市，再开2小时的车到瑞丽。另一个是从腾冲开车过去，要6小时。总而言之，就是要2～4人结伴一起去，路上可以轮流开车互相照应。

2017年10月，我与助理天琳、冬冬从昆明开车到大理。在大理老城游玩了一遍，吃了很多特色小吃，并且拍到美美的古城照片，依依不舍下继续往瑞丽前进。沿路风光明媚，说说笑笑，只有自己开车，才能欣赏这秀丽的山水风光。途经畹町，这里也是翡翠原石集散地，早期毛料都是经过此地拍卖。畹町桥过去就是缅甸了，由莲叶翡翠老总叶剑先生带我们旧地重游，并且在当地品尝了新鲜的螃蟹佳肴，把酒言欢，也聊起珠宝界一些大佬事业的兴衰，总而言之，领导决策会影响公司未来发展的重要命脉。到瑞丽已经是晚上八点多，我们这群人已经又累又饿，先找吃的，然后再去入住酒店。放眼望去就是整齐街道，到处林立的家具店与翡翠商店。

### ⊙ 拜访王朝阳大师

多年前写这本书我无缘拜会王朝阳大师，这次到瑞丽经熟人带路，我与小伙伴有幸一起到王大师的工作室去拜访。工作室地处幽静小巷，人杰地灵，除了工作室外，前院有一个大大的鱼

汤老师与王朝阳大师的合照

池，养了很多大锦鲤，不仅如此还种了许多蔬菜，这不就是向往中的田园生活吗？想做创作就是要在这好山好水好空气的环境下激发灵感，多令人羡慕啊。我看到了王大师最有名气的创作之一——《祝福》，照片与现场欣赏还是有差距的，这位慈祥的妈妈，感动了无数外出游子的心，记得要孝顺父母，多陪陪家人。王大师近期作品都是雕鱼的作品，把玉质体现最大，用最少的雕工呈现出最美的姿态。这又是另一种境界，不再追求雕工的精细，把玉本质精华原汁原味呈现，用抽象的方式诠释玉雕的新境界。

⊙ 参观翡翠重镇珠宝街商圈

大概这里有一千多家大大小小的翡翠珠宝商店与小摊贩，珠宝店里展示的都是中高档价位的珠宝。商圈周围有赌石、剖毛料与成品加工的作坊，许多河南、福建、广州的翡翠商人都来这里挑货。买毛料的大多都是玉商或雕刻师傅，可以自己拿去加工。来观光的游客建议还是凑凑热闹就好，可以到商店里或者小摊贩手里挑选成品。这一次来瑞丽感觉商店街与珠宝城内逛街买货的人越来越少，卖家显然比买家多。这里的货特色没有很突出，如果你是想找大众货（佛公、观音、叶子、福在眼前、福豆），可以多询问几家，一定可以找到你想要的货，大多数人都跑到姐告去买货了。看了一天货，也需要美食来犒赏自己，傣族风味餐、烤鸡、烤鱼、全牛餐、手抓饭是来到瑞丽一定要点的菜肴。景波族的过桥米线，缅甸奶茶、油面，印度甩粑也是很有特色的小吃。隔一天，您也可以到德隆珠宝城、冠华珠宝集团样样好赌石城转转。这些商城形成一个商圈，基本上看到的都大同小异，冠华珠宝集团样样好赌石城里面有公盘展示与拍卖，也有翡翠加工雕刻过程参观，是团体游客到瑞丽旅游参观的景点之一。您可以前往华丰交易市场，这里有成品与半成品翡翠或黄龙玉，许多河南或福建雕刻师傅就在此落地生根。一楼是加工雕刻与展售摊位兼厨

位于畹町的勐拱翡翠总部，昔日也是翡翠批发的重镇。

白底青的翡翠烟嘴，来自台湾的老人在瑞丽珠宝城开创事业第二春。

房，夹层就是住家，一家三口就是这样艰难地生活，想必是出门在外讨生活的必经过程。这种销售管道，由于是自制自销，少了很多渠道，通常价钱比较好谈，有时候月底要发工资或者是缺饭钱，都可以买到很便宜的翡翠制品。

夜晚一定要去德隆珠宝城，这里像一个不夜城。这次的规模变得越来越大。许多居住在瑞丽的缅甸人拿货来卖，大多都是赌石毛料。这么晚怎看翡翠赌石呢？一大群人都在做直播，热闹得很。透过手电筒，每一位主播讲得口沫横飞，赌石几百到几千都有，有些是蒙头料完全没开窗，只能透过原石表面皮壳现象来赌。说实在的，真的也没人知道会赌赢赌输，买货的人不多，直播的人特别多。可能大家都想碰碰运气，说不定可以扭转乾坤。在这结识了许多好朋友，感谢爱翠老顽童吴时壁大哥帮我们引路，提供许多赌石照片，当晚我们畅谈这几年翡翠市场兴衰，由于微商与直播兴起，给整个翡翠市场注入活血，店家卖断货的变少了，取而代之的都是没有本钱的直播商，对业者来说，只要能卖掉，用什么方式都好。当晚我们听到很多冲天炮的声音，原来很多人赌赢了，放冲天炮庆祝。吴大哥提醒我，有时候这是套路，可能是商家自己放的冲天炮，吸引买家过去买货。吴大哥中午请我们去吃有名的大盘鸡手抓饭，四个人吃一个桌面大的食物，真的挺吓人。主要还是特色，一口饭一口肉挺过瘾。

## 姐告

从瑞丽到姐告玉城开车只要过个关卡，大概 10 分钟就可以到达，它是中国唯一的境内关外自由贸易区，每天一大早就有许多缅甸人携带原石毛料来此销售。为什么会这么热

姐告翡翠交易市场交易盛况

闹？主要是姐告玉城江总的美意，没有旅游回扣，低廉的租金，让这里摊商旺到发烫。上千个摊位，一位难求。这里主要以翡翠原石明料与赌石居多，来这里的商家有些主要来淘蛋面与手镯。一部分是翡翠吊坠，有些是瑞丽当地的玉雕大师雕刻的小摆件或吊坠，也有四会运过来的吊坠成品。还有一些水沫子、硅化木、琥珀、红蓝宝石、尖晶石、星光红蓝宝石等缅甸珠宝。这里不管你买不买货，笔者都会建议您来开开眼界，记得买翡翠原石回瑞丽需要报税，否则被搜出来就会被没收。有经验的原石买家，通常是买固定的翡翠原石品种，减少赔本风险。行家看原石，其实价钱都差不多，不同人看顶多相差在三成左右，因此想买原石还是得慢慢累积经验，别无他法。

姐告除了玉城外，这几年新增了许多市集。主要还是卖毛料、吊坠与蛋面。除了传统的买卖外，这几年来流行的微商与直播也如火如荼地进行着。一早天刚亮，三角片区的缅甸人拿着翡翠就在此交易。此时买卖喊价杀价此起彼伏，人头攒动，在这购买的蛋面通常镶在铜托上，要注意背面有无石纹，另外厚度通常只有 1.5mm 左右，相对来说比较薄一些。在这里要淘蛋面翡翠。如果你对毛料有研究，也可以玩玩赌石，通常给你看到的一面都是最美的，也就是你只能估那一面的价钱，大多数剖开来看里面都没有颜色，原石水头都要保守来猜，有就是看有冰种只能赌开出糯种。颜色也一样，看起来有阳绿，开出来可能只是黄秧绿。而且俗话说宁可买一线，不可买一片。一线价钱跟一整面价钱差很多，赌石还是要保守一点。这里的吊坠跟平洲市场差不多，也有可能是从那买过来卖，几乎没有太大特色。2017 年发生一件掉翡翠事件。客人看镯子时候不小心摔断了，当卖家说出镯子二十几万元价位的时候，这名顾客当场昏倒。几乎所有珠宝圈都在看这则消息，最后这则事件圆满落幕。这事件也提醒我们，看珠宝翡翠都要谨慎小心，因为你认为不起眼，商家可不这么认为。直播与微商把整个市场炒热了。两三年前，市场一直不景气，珠宝城没客人上门，店家哪敢再进货。每一家店主都是在苦撑，最后缴不出租金只好收摊。现在直播几乎就是救世主，给了市场一颗定心丸，在姐告这里又看到希望，商家又开始进场，连卖小吃的摊贩也是赚得饱饱的。计划总是赶不上变化，翡翠市场多数人都是能赚几年算几年。时代改变，销售模式也要跟着改变，翡翠一直都在，喜欢的人还是那么多，在经济环境不如预期的情况下，缩小利润空间、创造薄利多销或者是珠宝设计创作才有办法继续生存下去。

## 腾冲

腾冲是一个有文化有历史的古城，在这里每一个人都可以娓娓道来腾越的翡翠历史。“琥珀牌坊玉石桥”是当年腾越繁华富庶的象征。和顺、绮罗等因翡翠而致富，当年商贾云集、店铺林立、马帮穿梭，英国领事馆、腾越海关等机构，让腾冲十里洋场热闹非凡。从许多出土文物中就可以知道，翡翠早在明朝就已经输入中国。许多人因翡翠致富（寸尊福、张兰亭、李昌德、李本仁、张宝廷、毛应德），也有人穷困潦倒，因翡翠改变一生。其中口耳相传最有名气的有马厩突现惊天财富的“绮罗玉”；请君出瓮，石破天惊的“王家玉”；慧眼入石三分、美玉艳压群芳的“王家玉”；一泡尿冲出稀世之宝的“官四玉”；小马倌结缘大玉石的“马家玉”；流传盛世无价国宝的“振坤玉”；门前垫脚石价值连城的“段家玉”，至今仍然是乡里间流传的美谈。明代《徐霞客游记》中就提到在腾冲旅游看翡翠的历史。最近这几年以腾冲翡翠为题材的电视剧就有《大马帮》《翡暖翠寒》《翡翠凤凰》《玉观音》等，大大打响了腾冲翡翠的名号。到腾冲很多人是参加旅行团，也有人是背包客自由行。在腾冲商家基本上是贩售A货翡翠，在选购后记得索要翡翠鉴定证书与商家保证书。值得推荐的是腾冲翡翠博物馆，里面有上百家商铺，都具有特色。喜欢赌石的朋友，也可以在这里试试手气。杨虎道馆长珍藏了数百件明清时期出土的老翡翠、银饰、

笔者与好友在一起讨论赌石。

腾冲珠宝城，游客有点稀疏，不复当年热闹景象，同行前来批发翡翠的人居多。

琥珀与瓷碗等古董，相当珍贵。这些展品除了展示外也供出售。喜欢古董翡翠的朋友可以去参观选购。玉盛和珠宝一楼有翡翠商品展示，二楼有翡翠加工制作流程与翡翠原石场口介绍，可以对翡翠有深一层了解。双英珠宝、万福珠宝里面翡翠应有尽有，可以挑选一些送人。

腾越翡翠城，展出明清时期翡翠饰品，另外还有赌石交易与翡翠商家，是旅游购物的最佳景点之一。

另外每月逢五日赶街市集，许多人把家里的老古董都搬出来卖，听当地人说中华人民共和国成立前很多人将翡翠埋在自家院子里，到如今很多人买旧房子就是为了挖地下的宝藏，翡翠比房子贵多了。如果还有时间，可以去逛逛杨树明大师的工作室，他的亲民作风和对翡翠的执着，吸引了许多年轻人前来学习，正是这些年轻的玉雕人传承了腾冲翡翠玉雕的香火。

腾冲是个旅游城市，风光明媚，气候宜人，和顺古镇与抗日战史馆都是旅游必经之地，看看建筑与荷花，真是浑然忘我。滇缅抗日战史馆将这段历史留给后代子孙去凭吊。热海温泉与火山，都是都市人休闲度假的好地方。另外国殇墓园，可以缅怀为国捐躯的革命烈士，见证可歌可泣的辉煌历史。品尝地方美食饵丝，俗称“大救驾”，就是用新鲜大米为主料材，再加上鲜肉、鸡蛋、冬菇、辣椒、白菜炒熟即可，营养丰富，味道鲜美。明永历皇帝被吴三桂打败逃亡缅甸，路过腾冲，又饥又慌，腾冲人奉上饵丝给永历皇帝食用。永历皇帝吃了赞不绝口，称此菜为“大救驾”，如今饵丝成为人们喜闻乐见的街头美食。

要提醒大家，来这里要多预留时间，因为飞机场在山顶上常会因为天气不佳、起雾停飞。这次机场之旅，也让我领受到驾驶员的超高技术与胆量。腾冲人的热情我永远难忘。我学会了唱“我在腾冲等着你”，收到了“样样好”，带着腾冲人的友好与祝福离开。

## 广州

广州翡翠买卖在清同治年间就已经有好几百年的历史了，“文革”期间曾经中断几十年，直到 20 世纪 90 年代中期开始扩大规模，主要位置是在北边长寿东西路与上下九步行街商圈路之间，华林寺前、西来正街、华林新街、茂林直街、新盛街、兴华大街附近，有好几千家摊商在这里经营翡翠、白玉、水晶、珍珠、彩宝等生意。其中又以名汇国际珠宝玉器广场、华林玉器广场、荔湾玉器广场、蓝港国际珠宝交易中心较为知名。这里吃住及交通都十分便利，广东粥、牛肉肠粉等各式小吃相当便宜。附近连锁旅馆（如家、7 天）一晚都在 200 ～ 300 元，记得要提前预订。

广州地铁在长寿街站下车，可搭车到白云机场去。华林玉器广场旁有专车前往四会与平洲，买卖翡翠进货相当方便。上下九步行街相当热闹，吃、喝、衣服、包包、鞋子样样有，不输台北西门町，都是 20 岁左右的年轻人在逛街。

一大早七点左右就有路边摊小贩在华林寺前面摆摊，这边可以大大地砍价，可以批发

广州名汇珠宝城

不同成色的翡翠戒指

也可以零售，议价空间比较大。这批小贩都是在华林玉器城（西来西）摆摊，由于时间早，就来摆地摊。华林玉器城一楼主要是卖翡翠与淡水珍珠，二楼则批发碧玺、水晶、玛瑙、玉髓、琥珀、青金石、葡萄石等。

名汇珠宝城一楼为翡翠彩宝批发零售，全国各地业者都来买货。后半段有玉雕摆件成品与半成品，也有抛光服务。普通的雕件一件 2 万～ 3 万元，高档的十几万、二十万元以上的都有。华林寺前看到几家摊商贩卖染色翡翠、B 货以及有色抛光粉的手镯，在此观光旅游买翡翠最好要有鉴定证书与商家保证书，避免以后发生纠纷。笔者喜欢带学生来这里淘翡翠，主要是可以捡漏。有些地摊卖一些边角料或者是批发来的蛋面，整手拿相对便宜。这里有看不完的手镯，小几千元到大几万元都有，可零买有时候也要整手拿，如果来广州玩，可以顺便来这里逛逛。多讲一些专业术语，买了货记得要打证书和名片，如果只是想找一万上下的手镯，基本上不会吃亏到哪去。在这里要看几十万、上百万的货通常不会在小铺子上，需要有人介绍。这次我们也到朋友的小工作室看货，看完之后才知道自己口袋太浅，翡翠这一行真的是在看实力，想拿几百万元来买货，说不定都买不起一只手镯。这几年翡翠造就许多亿万富翁，每天摊家在这里资金流都是几万到几百万元的买卖，所有人手机转现金在几秒内能轻松搞定。快递也是今天寄明天到的节奏，真的是前所未见。

2016 ～ 2017 年这两年是翡翠市场最萧条的时候，我的几个台湾朋友都把店关了，在广州贴招租的店家相当多。直到 2017 年底左右，直播大军兴起，翡翠商家又打了一针强心剂，很多商家改成直播间或直播大楼，每一个人都是摩拳擦掌，看准了这一波市场，要来一个大翻身，成不成看 2018 年就知道了。

## 平洲

平洲到广州有交通车可到，也可以搭地铁到西站，再转乘第一巴士商务专线四到平洲。平洲玉器分老区与新区，最早期专做平安扣、镯心加工，改革开放后开始做手镯与玉雕。21 世纪初平洲玉器开始扩大规模，由原本几千人增加到一万多个会员，平洲玉器协会有三万多个会员，是目前全国规模最大的玉器协会（年费四百元）。这几年经济不景气，会员流失得很厉害。

平洲也是全国最大的手镯批发市场，整个市场约有七成是做手镯批发，一手一手的翡翠手镯，等待全国批发商的青睐。紫的、绿的、黄的样样有，从几百元到几十万元，甚至上百万元一只都有，看得你眼花缭乱。

平洲人大多到缅甸公盘买原石或者是到腾冲、盈江、瑞丽去找料回来切手镯，由于工厂多，加工快且手工好，很多云南卖场商家也在此批货回去卖。在这里买货只要是整批就好谈价钱，有人说砍到 1/3，有人说先砍一半，这都是要看自己的经验。由于加入平洲玉

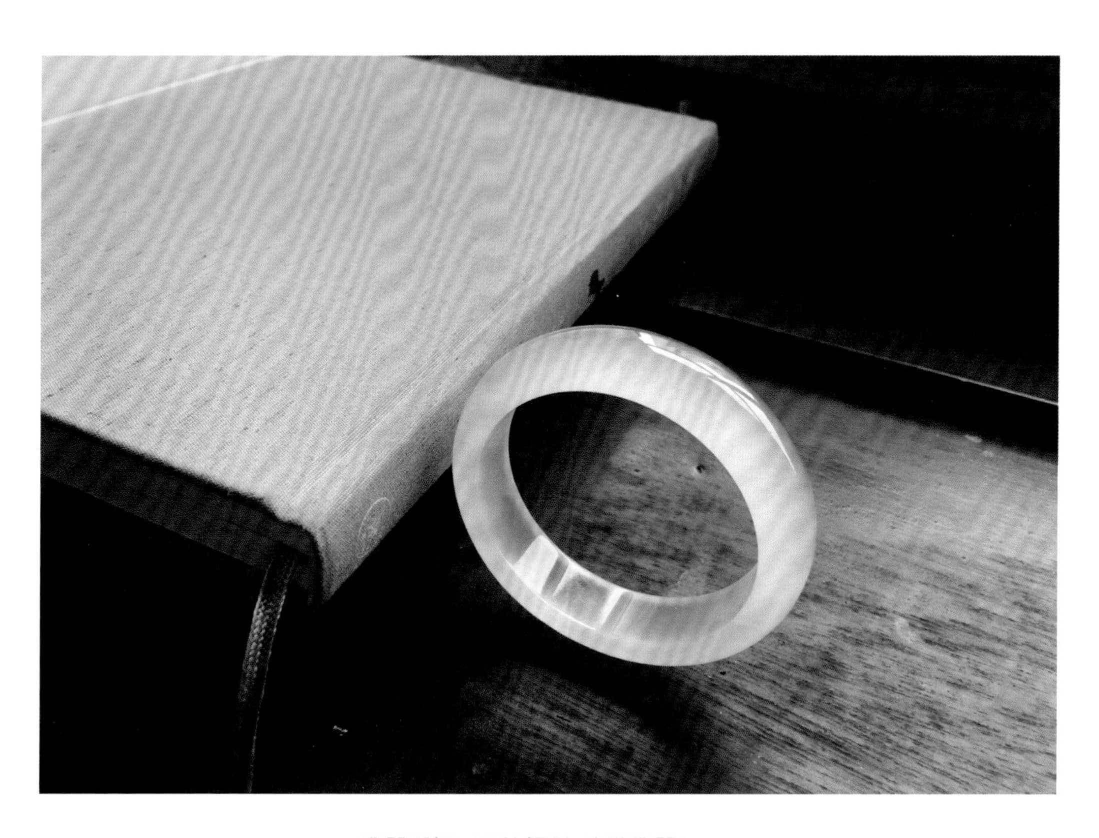

翡翠手镯（图片提供 志臻翡翠）

器协会规定严格，在这里买到 B 货可以申诉，但还是要记住从哪买的，拿一张对方开的收据或名片，而且这里做鉴定证书很方便，可以要求全部打印证书给你。老区都是门前小店铺，一间店面一到三个老板，新区的规划摊位较多，空间宽敞，全天冷气开放比较舒适。最近几年翡翠遇冷已经萧条许多，与三五年前比真是相差太远了。

平洲也有翡翠毛料公盘开标，好多会员都进场去标原石。这也是国内最大的翡翠公盘，前几年出现“面粉比面包贵”的现象，很多标得的翡翠毛料都不敢切，原料一直涨，买气跟不上来，主要高端翡翠市场萎缩，很多高货都找不到买家，日子过得挺苦的。虽然每一年买气不佳，但是大家还是拼命买原石囤货，缅甸时常有战乱等因素，所以并非年年都可以开公盘，这更增加玉商的担忧，一部分在缅甸公盘标到的翡翠，也躺在海关的仓库里面，层层的关税，翡翠商人的抢标，让翡翠涨势大好。

传统大楼内许多商家都收了，另一个商场又盖好了，搬进去许多商家。这是否应验风水轮流转？在平洲也有几家店卖高端的蛋面戒指，一些老客户也会过来找货。手镯这里水平较高，几千元到几百万元都有，我学生买了一对木那手镯花了 52 万元，还说真是值得。我跟他说自己喜欢最重要，买货一定要看眼缘，木那手镯不是想找就有，有它的稀有性。通常过了这一村就没有这一店，他回去想了一晚，隔天还是去拿了货。国内大多数的商家都会来这里挑手镯，不管你买不买，这里每天都敞开门欢迎您到访。

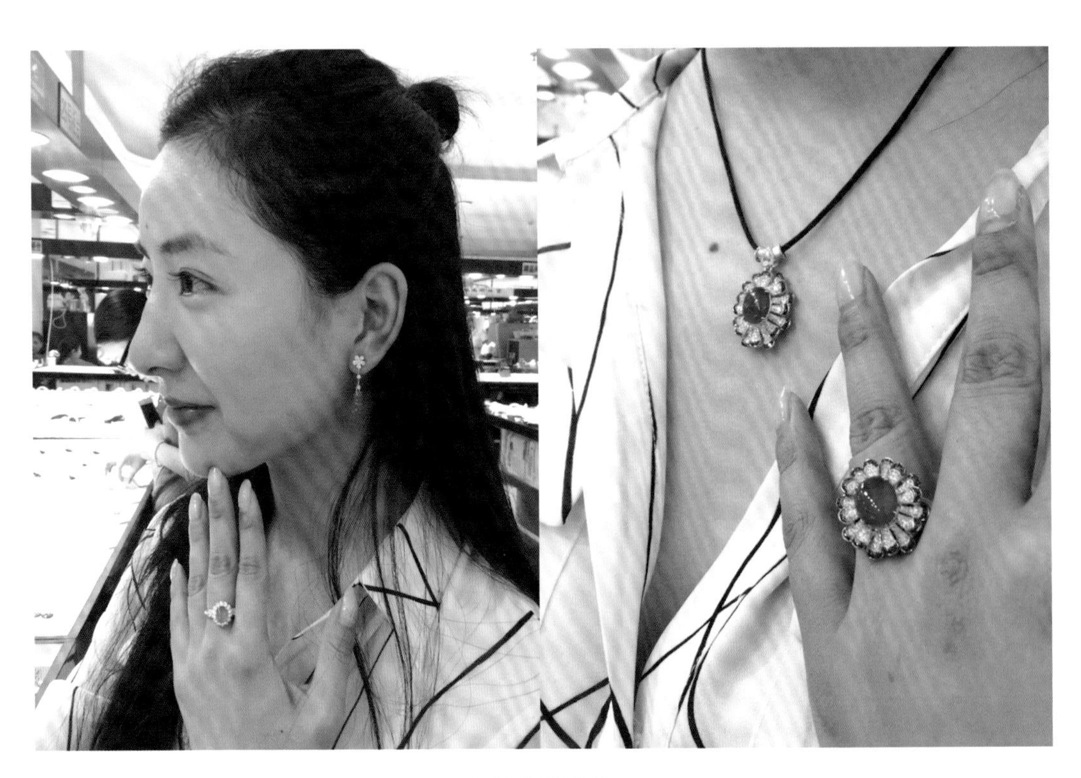

翡翠饰品配戴

## 四会

四会主要以翡翠半成品、花件与摆件为主。天光墟非常有名，就在四会大道上。从平洲开车过来需要 50 分钟左右，在广州华林玉市也有班车。从广州白云机场有班车到四会大中酒店，车程约 90 分钟。天光墟市场早上约四点就开始营业，接着到天亮又有一批人来替换。到这里买货必须要有体力与眼力。前一天必需早睡，由于人挤人，扒手也特别多。提醒一些想学习翡翠的朋友，在拥挤的人群中，除了小心皮包外，也要注意背在后面的包，不要在转身的时候翻倒翡翠雕件，以免惹纠纷上身。看货需要带强光手电筒，路边都有卖，除此之外也要带一包面纸，可以擦掉一部分油，也可以垫在翡翠底下看有无裂纹。

买半成品（未抛光）也要特别注意，主要是因为有部分杂质与绺裂还要赌，所以就把风险留给下一个买主。有些人说是刚做出来的半成品，因为缺钱就赶快卖掉，有钱就可以买料回来雕刻。除此之外，颜色在灯光下与太阳光下感觉是不一样的，这里的抛光工厂代工特别多，从小花件代工费用几十元到大摆件上千元的都有，论件计酬。看完天光墟的市场后可以稍作休息吃个早餐，或者先回饭店补眠，也可以再往天光墟对面四会翡翠摆件第一城继续看。这里有成品与半成品摆件，大多数都是各地玉商来挑货，有些人就交给工厂抛光，也有些人自己来抛光。这里有玉石原石市场，供给玉雕师傅批货。这里河南人雕山子，福建人雕观音与佛公。在各地总是要有当地人来带路，想看什么货色他都会带你

四会天光墟，以卖翡翠花件、摆件半成品为主。

去看。在这里住宿稍有规模的一晚 200 ~ 300 元，小旅馆几十元到 100 多元。四会这几年都在打击 B 货翡翠，但是仍然有一些商人鱼目混珠，半成品更加难以分辨。前几年的四会天光墟市场人稀稀落落。如今人潮回流，场子扩大整修，租金提高，受到微商与直播大军影响，每一个摊位就是一个直播间。在天光墟里有人靠直播每个月赚进上百万元的钞票，只要你肯工作，就不怕赚不到钱。时下年轻人肯吃苦又勤劳，每天播 10 ~ 12 小时都不喊累。他们不知道这股热潮何时退去，这一波游资不抢更待何时？

四会天光墟，来这里挑选翡翠吊坠一定要带笔灯，主要是看裂纹。

十八罗汉翡翠雕件摆阵。四会是全国最大的摆件批发市场，几乎全国所有的翡翠摆件都出自此地。

许多人在这里安家扎营，准备长期抗战。一清早就起来播毛料，到了六七点回家睡个觉，下午起床后又跑出来播手镯与吊坠，这样单打独斗的有，2 ~ 3 人成一个团队的也有，以公司行号聘请 10 ~ 20 人的阵仗也有，公司需要包吃包住，并且提供宿舍，还要给基本薪资。我问了当地的朋友，人气主播，一个月领 2 ~ 3 万元是有的。差一点的也有几千元。刚开始只能在旁边当助理，帮忙拿货，协助出货，两三个月后熟悉直播流程，懂得专业术语与客户互动后，就可以试播。因为用的是公司账号，已经有固定粉丝，因此不怕没人捧场。这群夜猫子生理时钟都有点乱，常常一两点结束直播，跑出来吃消夜，这已经是这里的常态，年轻时偶尔还可以熬夜，过了 40 岁身体老化速度会加快，熬夜还是很伤身体的。

四会天光墟，河南人在雕刻翡翠山子，半成品预估价30万～50万元。

四会天光墟，以卖翡翠花件、摆件半成品为主，由于未抛光，不少摊商会在玉器表面泡油，因此要注意小裂隙。

## 揭阳阳美

阳美玉都真是一个传奇，原本只是一千多户人口的小村，到现在成为尽人皆知的高档翡翠批发集散地。村子里以夏姓人口最多，其次是林姓与陈姓。改革开放以后，村子里的翡翠加工业开始兴盛起来，几乎家家户户都从事与翡翠相关的行业，从集资赌石，到包机参团去缅甸公盘标翡翠，展现出阳美村人的智慧、团结与霸气。从小在家耳濡目染看父叔辈赌石，慢慢地也会有心得，十几岁当老板开店也不是什么大事。目前到阳美买翡翠有些人住在当地人家里面。宾馆大部分集中在阳美国际大酒店方圆五公里内。这里住宿一晚 250 ~ 400 元，附近也有一家 7 天连锁酒店。从广州到揭阳开车一趟就六七个小时。如果不熟悉路况，可能会更久。建议大家搭飞机前往揭阳潮汕机场，南方航空班机比较多，其中广州一天有八班，义乌一天有四班，其他各大城市都有一班。

揭阳国际大酒店，几乎前来买玉的人都会在此住宿。

这里的商家主要是香港、温州、福建、河南、云南、台湾与当地居民。想看最高档的翡翠这里都有。好多人反映说，真的不敢问价钱。因为问了也不知道如何还价。在中国玉都展销中心内，都是种、水、色俱佳的商品，看了眼球都会蹦出来。在展销中心四周有数百家的一楼店家，价位在几万元到上百万元都有，这次去恰巧遇到平洲开公盘，卖货的人比买货的人多，很多店家干脆关门休息。村子小巷内，有许多小型加工厂，有的三五人，有的十几二十人。这里分工非常细，有切石头与做手镯粗胚的，有手镯抛光的，有的是花件雕工，有的是花件粗抛，有的是

中国玉都展销中心，是揭阳主要的高档翡翠销售中心，全国最高档的翡翠都集中在此，吸引全国各地买家前来批货。

细抛。基本上揭阳重翡翠质量与手工精致。通常做翡翠都是全家出动，一家四五口人可以开三四家店。年轻人早早就结婚，多一个媳妇多一个帮手。来潮汕地区几乎家家户户都泡工夫茶，连旅馆也不例外，想吃饭差不多就在阳美国际大酒店对面马路，有名的牛肉火锅、牛肉丸、砂锅粥不可以错过。潮汕地区的卤水都很有特色，基本上去人多的地方吃就不错，中午吃完饭可以回饭店稍作休息，下午继续看货。

这几年揭阳翡翠市集规模一年比一年大，除了在老城区外，现在市集往外扩张到乔南市场，有上千家厂商在此设点。揭阳看货重点就是吊坠、接口、成品、手镯等。好的货都是要去私人会所打开保险箱来欣赏。这次很荣幸参观岭南派大师张炳光先生的工作室，了解张大师的山水画雕刻功底，从选料到制作成品都不马虎。我们从小细节看到张大师一丝不苟的精神，只有这样才能把作品融入大自然与生活里。学员也非常开心与张大师合影并且拜读张大师的大作，真是获益匪浅。

在揭阳想看的东西太多，因为时间因素我们只能待三天，下次要多待几天，把许多地方走一走，学生这次在此淘了许多成品与墨翠，这趟揭阳之旅总算没有空手而回。

## 缅甸曼德勒（瓦城）

缅甸瓦城是一个很古老的交易市场，人们从密支那、勐拱或各矿区运来原石在这里进行交易与拍卖。除了翡翠原石外也有红蓝宝石、尖晶石、琥珀与各类水晶等。这里采用最原始的方法抛光翡翠，用脚踩的抛光机器，这大概只有亲眼看到才能体会。抛光一个低档翡翠蛋面只需要 3 ~ 5 元人民币。整个交易市场经过整顿后变得整齐干净多了，外国人到翡翠市场参观要买 2500 缅币的清洁费。整个市场分毛料区与成品及切磨区。毛料区有两个大铁皮棚子，有好几百户商家，摆着各式各样的毛料与切片，有部分是赌石。有一个学生不听劝告花了 500 元人民币买一粒赌石切出一颗菜头出来，自己都笑出来了。毛料区适合初学者在这学习，想找到赚钱货不是不可能，但是要靠经验。在大棚区外路边，约有 100 米路是传统的毛料区，不受管辖，是最早期的毛料销售模式。低档的手镯几年前一手走一个 50 ~ 100 元人民币。这里真假翡翠混乱，需要识途老马，也需要中间人来保证。

很多人直接站在路边交易，假如您看到染色或者 B 货后，马上就会有一群人围起来要你买，这时候你就差不多知道上当了。只有去过很多次的人或者有熟人引荐才有机会看到好货，通常是以蛋面翡翠为主，戒台为便宜的铜台。

从早期台湾人去收购到现在满街都是内地商家。想在当地吃得开，就得敢买几十万元到上百万元的高档货，下次肯定有人会去机场接机，也会有一堆人排队卖货给您。

缅甸的工艺比较差，通常只能拿蛋面与手镯，最近几年也有一群内地的玉雕师去设厂，开始在瓦城附近生产雕件，未来工艺水平会大大提升。如今也有平洲与四会的商人，带货来瓦城卖，已经分不出是哪生产的了。

在瓦城卖翡翠赌石的人也相当多，早期上当受骗的概率相当高，千万不要贪小便宜，几万元到几十万元的买。有做假皮，也有挖空内部的原石，层出不穷，千奇百怪，学费就是这样累积起来的。买完货要拿回家也是个问题，一定要去打税金，还要注意是不是店家的收据。

笔者在缅甸仰光机场遇到海关人员跟旅客用生硬的北京话要小费，你可以装傻，但是他也会跟你硬碰硬。麻烦的是会搜你全身与整箱行李，有人会塞给几美元了事，这是潜规则。如果自己买很多货，还是得先准备多张 1 元美元放在不同口袋里，以防突发状况。要是旅行团就需要导游事先去疏通一下，免得耽误上飞机时间。

在缅甸当地学几句缅甸话是必要的，学穿纱笼、抹脸、穿夹脚拖鞋也是入境随俗。缅甸菜油腻且辣，很多都是生食青菜，通常点一个主食，生菜可以无限量供应，一顿简单的饭 5 ～ 12 元人民币。缅甸币值波动很大，买货通常需要用布袋装钱，通常也不会有人去算（缅币与人民币的兑换率 1000：7.5）。缅甸人很多在家用餐是坐在地上用手抓饭，小朋友边吃边流鼻涕，苍蝇飞来飞去。因为缅甸时常停电，家家户户备发电机，到处是柴油味道。加油站更是奇怪，路边用大小罐宝特瓶加油，只分汽油与柴油。缅甸汽车都很耐用，通常开个四五十年没问题，轮胎通常要磨到没纹路破掉才会换。这里造车技术一流，只要有引擎，想要什么款式的车，都可以手工打造，量身定做。6 万～ 15 万元就可以打出很漂亮的新车（旧引擎与零件），长途旅行要注意安全，不要轻易给路边小乞丐钱，这会引来整村的人要钱。总之，缅甸是一个非常淳朴的国家，除了去买翡翠外，也可以多观察当地的人文状况与不同的生活方式。

在缅甸瓦城玉市里的一个金工制作现场，买到翡翠蛋面可以来这里加工，但是工艺水平较低。

竹筒抛光，属于细抛。抛光一个蛋面也只要1～2元，这种古老的抛光方式现在只有在缅甸能看到了。

脚踩的翡翠抛光机器，抛光一个蛋面1～2元人民币，属于粗抛。

# 行家这样拍翡翠——如何拍出翡翠大片

现代生活中手机与我们的工作越来越紧密，手机也有了越来越多的功能，用手机拍摄已成为最方便、快速的方法。想进一步提升拍摄质量，或者进军淘宝网拍市场，如何在家里或工作室内，用有限的经费布置一个简易摄影棚？如何用一些背景道具来做拍摄效果？灯光该怎样打？如何将拍摄好的照片经修图软件修出与翡翠实物一样的颜色与光泽？下面笔者与大家分享自己多年的网拍经验与拍摄心得。

## 拍摄前的准备工作

拍摄翡翠作品前，要做一些准备工作，归纳为以下几项，依据实际拍摄情况，与各位进行分享。

### ⊙ 拍摄工具

拍摄工具最基本的要有手机、手机支架、灯箱及灯光，合理、高效地利用以上工具可以拍出效果很好的作品。

**手机**

如果从单一的手机来测评拍摄效果的话，iPhone 系列可能不是最好的，但却是最稳定的。当然，现在市场上也出现了越来越多的国产机，拍照效果可以艳压群芳，笔者发现华为 mate10 等产品，效果也不错。同样的货品，形成对比，仅供大家参考。

| iPhone5s | 全新相机镜头，屏幕分辨率：1136 像素 ×640 像素。 |
|---|---|
| iPhone6s | 后置摄像头 1200 万像素，前置摄像头 500 万像素。摄像头对焦更加准确。 |
| iPhone8 | 后置 1200 万像素双摄。 |
| 华为 mate10 | 主屏幕分辨率 2560 像素 ×1440 像素，摄像头像素 1200 万彩色 +2000 万黑白。 |

翡翠作品可能存在很小件货品，在使用手机拍摄过程中可使用放大镜协助完成拍摄。

以下照片，是一件翡翠挂件在同光源下用不同的手机所拍摄的实况，提供给大家参考。就这四张图来看，拍摄出的翡翠的色调、明度、饱和度以及与背景的对比度均有所不同，大多数人可能会更偏向于 iPhone6s 的拍摄效果。若您已有手机其实也不需要去换，不过若是您有意向做微商但还没有选好手机，从拍摄效果对比来看，iPhone 可能会是更好的建议。

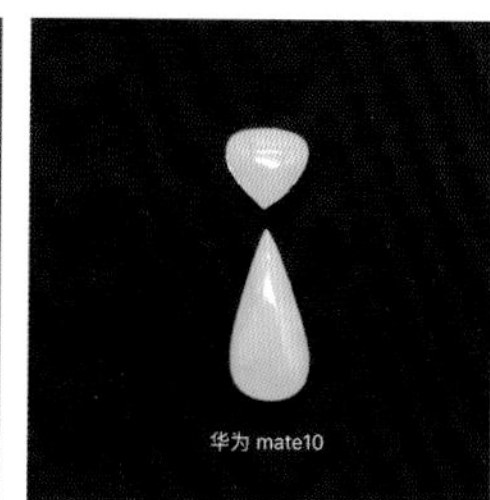


**手机支架**

品牌不拘，购买前可先试用，手机夹需要可伸缩，具有一定的稳定性，夹口适用于 6 寸以下的手机。

**灯箱**

品牌不拘，自带 LED 灯，可依据实际需要自行调节。

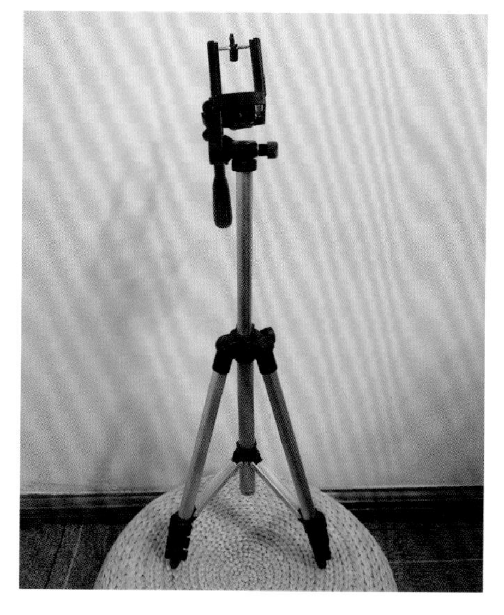

手机支架

灯箱

灯

布景道具木屏风

**灯光**

一般来说，拍摄的最佳光源非阳光莫属，晴天时间在上午十点到下午二点，因为在这个时间段内光线最强，拍摄出来的翡翠作品最为饱满与清晰，也能清楚地拍摄到翡翠的细节，这也更便利于客户看翡翠的全面性。但是因为天气情况无法控制，所以多数选择在光源稳定的室内进行拍摄，借由灯箱和聚光灯来完成拍摄。至于光源的色泽、色温可根据翡翠的自身和使用设备的实际情况来调节。

⊙ 布景

布景大致以黑、白、灰这三种色系最为常见，拍摄翡翠以黑色布景为最佳。在拍摄翡翠的过程中也需要添加一些道具来增强图片整体的美观性，可购买一些小道具，比如干燥花、实木摆台、黑色岩石、竹条等作为辅助，但凡您觉得合适的物品，色系能与翡翠相搭配，皆可拿来当成拍摄翡翠的布景，但不宜过分杂乱和花哨。

⊙ 清洁作品

拍摄翡翠时尽量选择戴干净的白色或者黑色手套，避免指纹和灰尘残留，再用擦拭布认真擦拭翡翠，细致清理翡翠作品，以达到最佳的拍摄效果。带有金属镶嵌的翡翠，在擦拭的时候要小心，凹槽部分可借助柔软的毛刷轻轻刷掉灰尘，清洁过程中一定要注意不能刮伤对象，小心物品安全。

⊙ 作品安全性

拍摄翡翠这类价值较高的对象时，需要特别注意，要确保其安全，建议拍摄地距离地面越低越好，地上应铺设较厚的地毯。

以上准备工作都完成之后，就可以正式进入拍摄环节啦。

## 拍摄工作

### ⊙ 光源选择

如果使用灯箱拍摄，在正式拍摄之前需调试灯光，依据拍摄翡翠种水色的实际情况，调至最佳状态的色温。如果是自然光下拍摄，笔者的经验是在落地窗旁边进行拍摄，以“散射光”的形式进入镜头，光线不会太灰暗，也不会很强烈，在柔和的光源下拍摄翡翠，比较容易拍摄出成功的作品。

### ⊙ 布景摆放

拍摄时应该先构思好整个布局和整张照片需要呈现的最后效果。背景的选择并无特别规定，为了体现翡翠的最佳状态而不失真，一般会选择黑色或者深色的背景，如果是墨翠或者较深颜色的翡翠，则需要选择白色或灰色等较浅的背景拍摄。拍摄时可以为了达到整体画面较好的效果，搭配一些小道具稍作点缀。在拍摄耳环、戒指、项链、胸针、戒面等物品时可借助一些摆台来完成拍摄。或者放在手指上，也可以当比例尺。为了能直观地看到翡翠的大小，一组照片里会拍摄一张对比的照片，比如与一元、五角硬币或者香烟，一般也会拍摄一张人物佩戴图，以便消费者能更好看到佩戴效果。

合适的布景

用柔和光源拍摄翡翠

### ⊙ 正式拍摄

在拍摄时，要以翡翠为构图中心，轻点屏幕进行聚焦。拍摄较小翡翠时，可进行放大拍摄，但不要太大，过于放大会降低照片的清晰度，适度放大可以使其细节呈现更清楚。拍摄雕工作品，可以通过透视光拍摄一张，以呈现玉雕的神笔。透光图也能使翡翠的种水以及内部杂质等瑕疵，更加真实地反映给顾客。最好是一件翡翠作品配一个视频，而且正反两面都要拍摄，能更真实、客观地接近实物，更全面地让顾客选择。在不同的背景、光源，不同的色温，不同角度下多拍摄几张，最后再从照片里挑选一些拍摄成功的照片。

此图拍摄物偏下，未居中，应以被拍摄物为主来进行构图。

此图背景较为烦琐，突显不出被拍摄物。

⊙ 修图

以实际的拍摄作品来反映说明拍摄需要注意的事项。

剪裁：很多照片拍摄的角度、选光都很好，只是存在构图的小问题时，可以通过重新剪裁对照片进行调整，也可以根据所需的尺寸大小进行剪裁。

调节：对于一些照片，在保证不失真的情况下，可以进行适当的美化调节，增加照片的清晰度。

编辑：在照片的适当位置可以添加一些必要的文字说明和讲解，尤其是物品的尺寸、大小、规格，以便顾客更清楚地认知。

总之，用手机拍摄翡翠不仅需要合适的拍照设备，还要充分考虑照片的整体构图、光线、布景等因素。所以在拍摄的过程中，需要大家根据被拍摄物的实际情况来调整拍摄方法，笔者只是提供一些自己长期拍摄的心得体会，希望能给大家带来帮助。

## 拍摄相关道具及价格

| 拍摄相关道具 | 价格 |
|---|---|
| 灯箱 | 约 300 元 |
| 珠宝聚光灯 | 约 150 元 |
| 手机三脚架 | 约 120 元 |
| 布景：背景布、摆台、干花、木盒等 | 依据实际情况而定 |
| 手套 | 约 10 元 |
| 擦布 | 约 10 元 |
| 货盘 | 约 280 元 |
| 手机镜头：微距镜头、高清镜头等 | 约 120 元 |

此图拍摄构图完美，光线恰到好处，能如实地展现翡翠的美。

1

2

3

1.翡翠沿对角线放置，黑色背景，在图片中比例恰当。
2.利用桌面对角线透视效果，拉长景深，增强空间感。
3.利用黑色石头做背景，一百次都不失误。
4.倾斜放置，黑色背景，简单大方，突出主题。
5.利用合适角度下皮肤的色彩衬托宝石，展现翡翠的佩戴效果。
6.利用手指和简单布景衬托翡翠主角，文字和花朵突出意境。

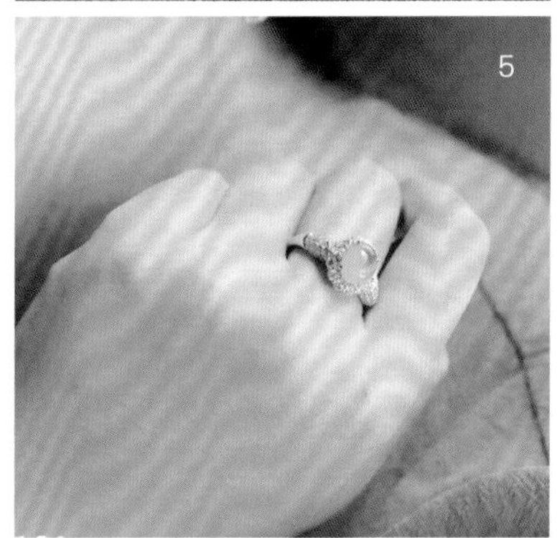

# 翡翠的经营方式

## 翡翠买卖行规

所谓“国有国法，家有家规”，入了翡翠这一行也有行规。这行规是不成文规定，只要是业内的人都会遵守。那你会问万一不遵守呢？那可能就会被商家拉入黑名单或者是“奥客”(拒绝往来户的意思)。翡翠这圈子说大不大，说小也不小。只要你常在这圈子走动，提到谁的名字，打听一下都会知道。某某人在哪开店，就是打扮很时髦的那个，头发长长的，烫个大波浪卷，满身名牌，每次来光问也不还价，老是说我东西贵，哪有买翡翠“对庄”(看上眼、喜欢)不还价的啊。台湾来的年轻小伙子，就是理个小平头那个，每次都是快要休息的时候，挑好两只飘蓝花镯子，没给订金，要我帮他保留，等了一个多月也没来拿，连一通电话也没有。上次上海城隍庙那位李小姐，要我帮她拿货，货拿来一个多月了，也不来看。别说了，北京爱家那个老王，就是那个胖胖的，秃头那个，拿了我十只手镯，之前交易蛮顺利，这次说钱带不够，先给我三成订金，一个多月过去了，也不打一声招呼，我打去问，结果电话也不接了，真是急死人了。你们都别说了，我更惨。前天有位中年男子，第一次来买，说是大连来的，来挑好几只镯子，要我算便宜点。一开始还很高兴，今天一早终于开张了，给了我一千订金，说要晚点来拿。今天晚上可以去KTV唱歌喝酒庆祝了。下午等到快收摊也不见人影，我盘点了一下，少了一只冰种手镯啊，随便一只也要几十万元啊。真是赔了夫人又折兵，调虎离山之计，先让我卸下心防，东挑西选，还跟我话家常，讲我的家乡话。这下子我做一年都赚不回来了，晚上只能吃沙县小吃或方便面了。诸如此类的事情，天天在各地卖场上演。景气差的时候很多人有一个月没开张的，连租金与水电费都交不出来。景气好的时候很多人一个月的收入可以买车买房，天天晚上去KTV包厢。生意冷清时，三个人就凑起来玩“斗地主”打发时间，输的人晚上这顿饭就埋单。有的下象棋，旁边“插花”与围观的人也不少。总之，就是打发时间。喜欢泡茶的店家，泡起工夫茶，嗑瓜子，聊聊去哪看到好货，哪个老板卖出去多少货，谁看走眼买一颗烂石头回来。拜科技所赐，年轻人低头用手机上网聊QQ或者上微博。不然就用笔记本电脑、iPad上网看电影，打魔兽。如果是公司小职员，没客人的时候就得擦擦玻璃，浇浇花，不然就得看看书，充实翡翠知识。

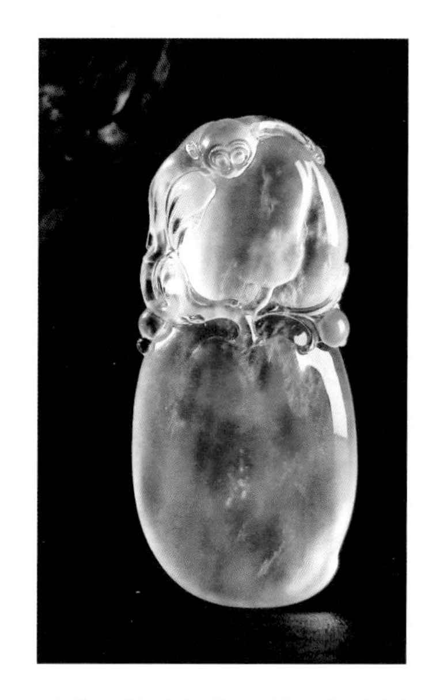

玻璃种猴子献桃吊坠（图片提供 翠灵轩）

**⊙ 有两三个人看上同一批（组）货，谁先出价，不要插进来加价**

一群好友去买货，同时看中一手手镯（同一块翡翠切出来的手镯，不论几只，称“一手”）或小蛋面，同一手手镯颜色分布与质地透明度都略有差异，单价不会一样，整手拿会比较便宜，可是难免有几只里面会有石纹与裂隙，通常只要卖出一两只品相好的，其他几只手镯都是赚的。其中有人开始问价并且还价后，这时候就不能开口加价，这是同行最忌讳的。一直要等到对方不加价了，放弃了，如果自己有意愿，再去谈价钱。看货抢货最令同行厌恶，没人会跟你做朋友，也没人会跟你一起看货，更不会有人给你提供小道消息，甚至有机会时会做陷阱让你跳下去。

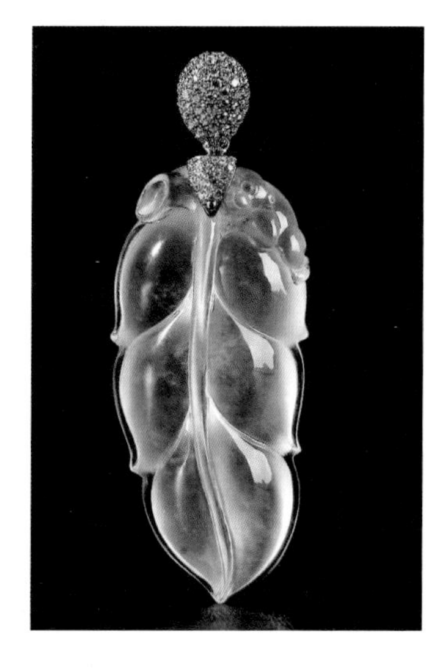

玻璃种金枝玉叶（图片提供 翠灵轩）

**⊙ 一群人在挑货时，不要当场杀价**

一群陌生的人在一起买货，若看中其中一颗坠子或手镯，不要当场杀价。通常要等到人群离去，你再跟老板讨价还价。买翡翠内行人问价钱，通常老板会拿计算器打价钱给你看，如果你真的有“对庄”（对庄就是这货你喜欢，颜色、雕工或造型都喜欢，可以买），货很满

《麦穗》（图片提供 大树）

糯冰种百财吊坠（图片提供 莲叶翡翠）

意，再谈价钱。因为要是你杀得很低，老板卖给你，其他人也会跟进狠狠地杀价，所以绝对不要在一群人中直接跟老板杀价。

⊙ **不要每种翡翠都问价钱，问价钱最好能还价**

每一个老板都不喜欢只问价钱却不还价的客人。因为不还价，就永远不知道行情到哪。翡翠买卖市场，通常开价都是很高的，往往开价 2 万～ 30 万元，成交价却是 3 万～ 5 万元。很少看到市场上把价钱标出来（北京莱百例外）。除非你是熟客，老板才会开比较接近的行情价给你，不然生面孔总是会开很高，来测试你对货品价钱的熟悉程度。还价可以还很低，再慢慢地拉高，景气好可能很难杀到很低的价钱，景气不好时，议价空间就很多。不是还价老板就会卖，通常老板会达到一定利润才放手。当然缺钱吃饭或者缺钱要补货的时候，价钱就好商量。

⊙ **初次买货，就算贵一点，也要买一件成交**

第一次到陌生的市场或者是摊位店家，如果里面的货有喜欢的，就算是比以往买的贵几百块，第一次总是要互相留下好印象，下次来就是老客户，自然老远看到就会打招呼，甚至拿出压箱宝给你看，无形中就会挑到好东西。做生意嘛，买卖双方都要赚钱，质量好的东西，价钱相差几百几千元都有可能，每一个月的进价也不相同，不能老拿年初或者上年买的价格相比。如果感觉老板讲话投机，想多交一位朋友，顺便得到一些小道消息，无论如何第一次也得成交一件。有一次在上海，朋友介绍一个卖小把玩件的朋友给我认识，看了一些小雕件，价钱没有我在台湾进货便宜。虽然贵了几百块，为了多交一位朋友，我也挑选一件买了。现在回想起来，如果当初整手都买了，至少都涨五到十倍了。而且每次去上海，他都热情招待我吃香喝辣，除了做生意，也多交一位朋友，不要因为斤斤计较，而失去一位好朋友。

### ⊙ 委托找货，到时候又不拿

好多时候，买客都会请店家帮忙找一个手镯或蛋面。这时店家会跟朋友打听或者是自己去产地进货。如果不是很熟悉，而且不确定你要哪些品种，通常不要委托店家去找。跟朋友调货，通常价钱就会再高一点，如果是买断源头的货，价钱就可以便宜一点。委托买货尽可能告知颜色、手围尺寸、种地、宽度等。另一重点就是，价位在多少以内。如果很急，就说帮我找，我已经有客户要了。如果不急的话，就说去补货时顺便带，我看喜欢就挑，不要太刻意买。因为没讲清楚，店家刻意帮你买断了货，结果你看了才说客人又不要了，不然就说款式不对、颜色不对之类，最令店家恨得牙痒痒的就是，不好意思我没时间来看。如果要成为好客户，有时候请店家帮忙找货，会先给订金，或者一半的订金，以增加自己的信誉。做翡翠生意圈子很小，好的事情传千里，不好的事情可以传万里。好的是口碑，不好的是口臭，信誉是比金钱甚至生命还重要的事。

### ⊙ 还价了就要买

这是翡翠交易不成文规定。当业主或店家开价之后，您也努力砍价杀价，最后谈妥交易价格。通常双方会握手，表示买卖成交。在付钱之前或者付完钱之后，您又感觉老板怎么那么大方卖了，还是旁边有朋友说您买贵了，此时有些买家会后悔，当场说不买了，或者是还要再杀价。这种都是属于意志不坚定的买家，容易受朋友所言改变主意。如果常常在这圈子里这样，就会传遍整个卖场，以后想在这里混就很困难。

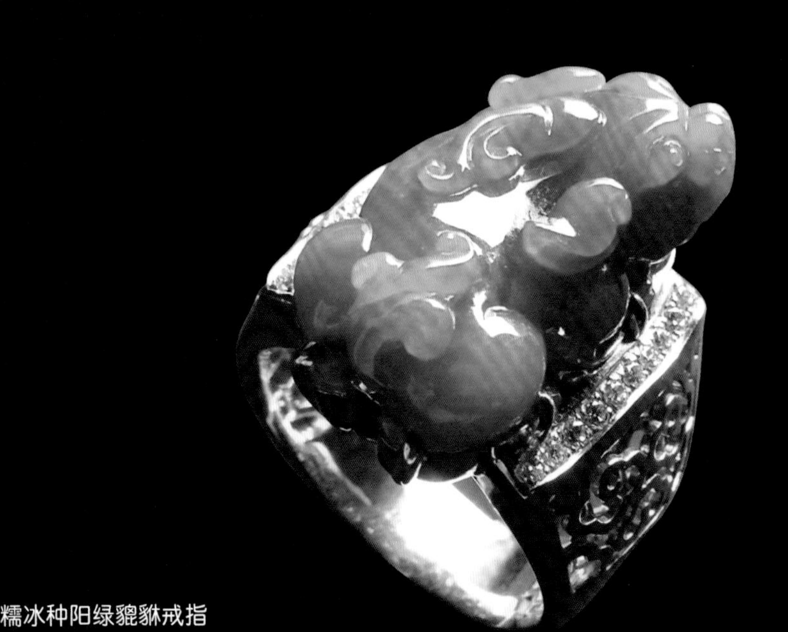

糯冰种阳绿貔貅戒指

### ⊙ 买完以后要退货或换货

翡翠买卖就是拿钱买经验。买翡翠需要眼力与胆识，很多时候买货会看走眼，不同灯光与时间看翡翠的颜色会有深浅或色调差异。这是常有的事，连自称专家的也不例外。买翡翠除非是买到 B 货或是染色的 C 货，可以要求对方退货或换货，不然是不能以颜色不对，雕工或款式不合来搪塞要求退货。有一种情况例外，就是有瑕疵裂纹。买完之后，又当场检查出手镯有天然裂纹或人为裂纹，因为灯光不佳没看清楚，或因为自己老花近视等，通常店家都心知肚明知道自己的手镯状况，也会退款或换货给你。要切记如果已经离开卖场，甚至隔天才发现手镯有人为裂隙，这时候想要再换货或退款就有理说不清了。因为如果是几百元的便宜货，通常老板也是无所谓给您换，如果是几万元或是几十万元的手镯，这就很难说清楚谁造成的。在选购时一定要仔细观察，不可大意马虎。

### ⊙ 买货不付款或拖欠尾款

这种事情都是在成交几次以后，也变成好友了。这时候通常会说身边刚好钱没带够，下个月再汇款过来。基于之前好几次的交易，也有一定的熟悉与认识，就会爽快答应。在台湾做珠宝生意前辈有一句话，生意做得越大，也就越容易被倒。如果没被倒过（收到空头支票，无法兑现），就是自己生意做太小。做珠宝生意小则几千几万元被倒，多则几十万几百万元，甚至上千万元被倒。有的是故意倒的，而且倒之前先大量进货，从好几家厂商进货，然后就说货被抢被偷或者是他也被人倒了，手边也没钱，不然你看要怎样。身边做生意的朋友几乎每一个都中过枪（被倒过）。我有一个大学学长，他跟我拿了一批货，只给两成订金，说是下个月方便再给。想到是自己学长，另外之前两次成交都没事，也就答应他晚一点给钱。生意人都有困难的时候，有时候总会像任贤齐唱的“心太软”，

翡翠手镯（图片提供 王俊懿）

就给对方方便。哪知道一拖好几个月，从年初到年尾，打电话不接，不然就是说回台湾再处理，就这样拖了一两年，我就知道钱已经收不回来了。区区台币几万元，他说现在的人只有打落水狗的多，没有人肯雪中送炭。“哦，算了吧，就这样忘了吧。该放就放，再想也没有用，傻傻等待，他也不会回来，你总该为自己想想未来。”当你信用用完的时候，有了这种不良记录，很容易就传遍圈内，没人愿意借你货，更不会跟你打交道。你只能不断地改名字，换店名，搬家，最后消失在这圈子里。

## 如何开一家翡翠店

开任何珠宝店都要有决心且得到家人或朋友支持，不管是物质还是精神支持。很多学生或网友都想开一家店，但是老犹豫不决。开店这事，是得慎重，也不是儿戏。它可以分成好几个阶段，是年轻创业，还是中年转行，或者是老年退休后再创第二春。

⊙ 20 ～ 35 岁

很多人二十几岁就创业了，我很佩服。在内地这种例子不胜枚举。在深圳很多人刚大学毕业，刚要找工作求职，寄履历表。当然年纪轻轻有可能是“靠爸族”（靠爸爸资金帮助），也可能筹措一些资金跟同学合伙。这年纪可能在珠宝店或者是翡翠店上过两三年

冰种飘花凤凰观音挂件（图片提供 莲叶翡翠）

班，有去广州、平洲、四会、揭阳进货经验或者销售的经验，并累积了一定的人脉出来打拼。这些人的优点是大多未婚，单身，可以到处跑，没有家庭因素烦忧。战斗力超强，体力好，熬夜坐车开车都没问题，看货眼力也好，每个礼拜跑平洲、四会、揭阳也没事，到瑞丽、腾冲看毛料也是说走就走，胆子大，敢赌敢冒险。通常希望自己早日成为大老板，所以做事很积极，也很会钻门缝。通常比较想一夜致富，玩大一点，有一次的赌石成功后，就会乐此不疲，不到两三年光景，自己就开店当老板了。

⊙ 35 ～ 50 岁

这个年纪有一定的工作经验与人生经历，也掌握一些人脉，累积一些资金。或许是人生第二春，改行投入翡翠行业。所有做珠宝翡翠生意的这年纪最适合，不论是体力与经验都丰富。或许你也想要转行，也是喜欢翡翠，自己也收藏一些，平常也是爱买一族，朋友介绍就买。这一族群，亲友很多都是公司老总或经理以上级别，不乏认识一些地产商、领导与干部、社会精英族群等。平常都精通投资理财，也会有一些闲钱来买翡翠犒赏自己或者投资。开店不是每天把店门打开，客户会自己走进来，因此勤交际，多饭局，是必不可少的。这年纪的人都有一些事业与经济基础，有时候喜欢就买了，也不管多少钱。总觉得人生嘛，生不带来，死不带去，辛苦打拼，总得犒赏一下自己。而且女人嘛，谁不爱美，谁不想出去聚会时被亲友赞美一下呢？这也是行头的一种，地位与权力的象征。

⊙ 50 ～ 65 岁

这年纪有些人已经退休，也有人中年转业。拿到退休金，又不想待在家里没事做，太早含饴弄孙，就想再给自己一次创业机会。这时的想法比较保守，不能连退休老本也没了，经历过社会的大风大浪，看过人生千奇百怪，做起生意就是要稳扎稳打。太冒险的事不做，怕心脏受不了，有时也是会替下一代着想，先开的店，累积人脉，未雨绸缪，让小孩大学毕业后可以看看店有事做。

有些人是怕无聊而开店，也可以认识一些爱翡翠的朋友，大家闲暇无事就约在店里泡茶聊天，看看货，聊聊当年英勇事迹，聊聊谁家小孩上清华、北大，老李的小孩去美国哈佛读书，王妈的小孩生个小胖孙，日子过得挺悠闲的。买翡翠很多都是套交情，你开店肯定比我懂，不管买给自己女儿孙子戴，还是要送礼，当然要找熟人才靠谱。尤其是翡翠这种单价高的宝石，跟不熟的人买多危险啊，很容易就被忽悠了。

## 新兴的销售模式（渠道）

⊙ 微商

微商兴起应该就在这 5 年左右。微信原先只是朋友间传递日程生活消息的通路，没想到竟然是一个“商业革命”。透过微信朋友圈贴 9 张图，把翡翠产品正反面、局部放大图、自然光下、手电筒打光、比例尺、光标卡尺显示尺寸、佩戴效果等显示出来。文字描述会用到翡翠属于哪一品种，水头、颜色、尺寸、有无起光、起莹、起胶等商业术语，描述有无毛病、瑕疵、绺裂等，最后就是要卖多少钱。有些时候价高，不会明讲，就会写大五或者是小六等专业术语，避免同行刺探行情，最后会写有意者私洽询问。除了图片外，另一个会上传 10 秒的视频，主要让买家看到翡翠转动的视觉效果。微商大军如蝗虫入境，这 5 年来让很多珠宝城店家收起来了。很多开店的店家经不起这一波改革大浪，要不然就加入，否则就等着关店。各地翡翠批发商，不用成本，只要一台手机就可以干起大生意。平洲、四会、揭阳、瑞丽、姐告、曼德勒翡翠批发市场，许多年轻人拿着一盘又一盘的货在拍照。有人做高端几万元到几十万元的货，也有走低端几百元到几千元的货。每天发 50 ~ 100 件货。有单枪匹马一个人经营，也有开起公司找 5 ~ 10 人拍照传信息。有的产品多样化，什么产品都有，也有专做单一产品，如手镯。有的人经营很多号（3 ~ 10 家微店），分成手镯号或是蛋面号或者是专做吊坠号或摆件号。有人在瑞丽专营赌石，在四会则是专做毛料（未经抛光的货），大多是吊坠或摆件。重点是每天在朋友圈发这么多照片洗版不会被朋友拉黑屏蔽吗？相信多多少少都会的。

**做微商会赚钱吗**

肯定是会的。利用空闲时间转图，无论你懂不懂翡翠，做一个月大概就了解来龙去脉了。朋友看你天天发图，从旁边慢慢观察到买一件试试看，反正多数微商都有 2 天 48 小时的鉴赏期，到现在都还没听过不能退货的（除非特价品不议不退）。一开始从几百几千元的转图，慢慢就可以几千到几万元的转图。微商适合正职或兼职朋友。可以是在家的全职妈妈，在家待业的朋友，也可以是上班族利用下班或假日时间打工。长期做下来，每一个月要增加几千到上万元的收入不是难事。先决条件，是你的手机里面要有朋友，当然越多人，不同族群的人，不同年纪的人最好。大学生以下通常朋友消费力差，也不懂翡翠，想要让他们消费也难。

难道做微商真的这么简单吗？当然不是。专业一定要有的。首先要会拍照，要拍得刚刚好。拍得过美，容易被退货；拍得不美，不会有人下单。如果自己不会拍照，转别人照片也可以。相机品牌不一样，显示效果也不同。因此微商大军通常会说明自己拿的是什么牌子型号的手机，最常见的就是苹果 6 plus。

**购买微商翡翠要注意的事**

多数微商还是希望翡翠拍得美，八成都会比实际漂亮。以前拍翡翠要用单反相机在专业摄影棚内，现在只要几件小道具，在窗边或者户外就可以拍出职业水平。

紫罗兰翡翠通常颜色拍出来都会比较深，收到货后通常会失望。室内灯光效果又会加分，最好是在户外拍。

绿色翡翠有些蓝色调拍不出来，收到以后没那么翠绿。

部分翡翠薄，都会垫锡箔衬底，可以请求对方拍一张没衬底照片或视频。

室内或户外拍通常颜色鲜艳度不一样。如果加上各种灯光照明差异更大。因此需要详细询问照片是在哪些光源下拍摄的。

紫罗兰翡翠拍图和上身效果有差异，收到可能会失望。

用游标卡尺测量翡翠尺寸。

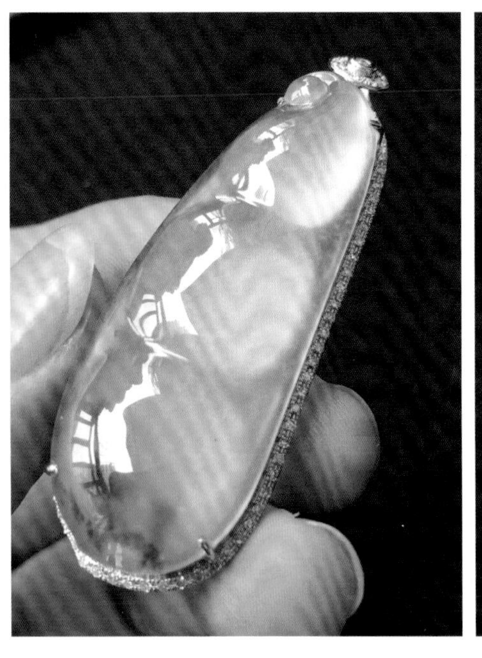

冰种起胶飘花福豆

冰种起莹飘花福瓜

起胶：起胶不是翡翠有注胶，是翡翠一眼望去就像一块凝固的胶水，当你转动的时候，随着表面光线作用，看起来就像流动的胶水一样，光线在翡翠表面所折射出来是整块的、连绵不绝的。这种表现通常会发生在无色高冰或者玻璃种翡翠上。其中又以蛋面与吊坠及手镯最常出现此现象。翡翠能够起胶代表翡翠高质量，玉质细腻，当光线进入翡翠产生奇妙折射变化自然显露出来的现象，也是晶体排列无序造成的光学效应。

起莹：起莹不是翡翠在荧光灯下有荧光反应，是入射光在翡翠内部产生的漫射现象，只有矿物颗粒细到一种程度，透明度极佳，才会在翡翠表面产生明暗对比现象，这也是晶体排列有序所造成的光学效应。当我们晃动无色冰种翡翠或玻璃种翡翠，在翡翠表面上可以观察柔和的、有明暗对比的现象。种水差的翡翠、不具备透明特性的翡翠无法出现此现象。

放光、起光：翡翠质地细腻，晶体排列特别紧密，表面光感很强很清楚，给人凛冽刚毅的感觉。不同于起胶与起莹等现象，也有人称起刚。

晴水与蓝水：常听见有人称翡翠是晴水底，晴水底就是翡翠整块料带有淡淡的绿色调。晴水可以是玻璃种、冰种与糯种。如果豆种带绿色调我们会称为豆青种，如果带有蓝

冰种晴水蛋面项链（图片提供莲叶翡翠）

冰种蓝水福豆吊坠

高冰起光佛公

色调，我们就称这块翡翠为蓝水。晴水与蓝水通常是相对干净无棉，不带蓝或绿色，也就是不是飘蓝花或绿花。晴水通常为浅绿色，蓝水有深蓝色有浅蓝色。过深偏灰或者暗蓝色其价值就会偏低。晴水翡翠适合小资女，蓝水翡翠适合有个性的白领族或是低调不张扬的男士。

色根：翡翠色根就是翡翠颜色聚集在一起的现象，有细丝状、带状、团状、片状等。并非所有翡翠都有色根，龙石种与芙蓉种、满色高档老坑玻璃种翡翠颜色非常均匀是看不到色根的。色根有蓝有绿也有紫与黑色。可以由深绿色慢慢过渡变成浅绿色。如果色根过度集中，会形成深绿或墨绿色条带或斑点，行业也有人称为“癣”。色根会不会扩大或越来越绿？这也是行业里有争议的问题。有人认为是会的，笔者个人认为颜色变绿变鲜艳都可能是接触的皮肤中的油脂跑到晶体内，造成油脂润泽现象，视觉效果就会产生绿色加长或变艳绿色的视觉效果。在珠宝界里，有些人认同色根的说法，也有学者不认同，读者可以自己判断。

照片效果会把翡翠拍得很大，通常不会注意尺寸。这些商品都会打出特价，在几百元左右，不得退换货，因此要看清楚尺寸再下单。可以要求对方在翡翠旁放一枚一块钱硬币做比例尺或者戴在手上或脖子上看效果与大小。由于翡翠已经镶嵌在台面上，光标尺不太容易量翡翠本身厚度，因此都是含台面的厚度。镶嵌好的吊坠有厚度厚薄的问题。

拍摄通常不太会把缺点拍出来。绺裂与棉看法不同，拍了正面不拍反面，如果自己不注意，收到后往往还要退回。

不给退换的翡翠要考虑清楚再买。几百到小几千元就算了，要是大几千到上万元就要考虑清楚。多一点钱宁可买可以退货的，毕竟翡翠是看现货为准。

微商是不是比实体店便宜？微商通常免开店成本、免装修，最省人力。许多人都是薄利多销，并且微信商家众多，许多人都有 5 ～ 10 个朋友做翡翠微商，因此都会比价。贵的翡翠几十万元到上百万元的货通常会到珠宝城或百货公司购买，微商就是几百元到小几万元最多，超过六位数成交概率就不大。

微商转账方便。通常是利用微信、支付宝或银行转账，在几秒内就可以成交。省去以往到银行排队的困扰，大大促成交易。

翡翠金额过高，邮寄通常要保险，不满意邮资是小事，但一次可能要损失几十元到几百元的邮资也是一笔费用。

运送过程怕寄丢，都会使用运费对方支付，并且保价让收件人签收等防范措施。不过还是会有没收到包裹或者是内部物品短缺的问题。通常只能通过客服申诉得到赔偿或者自认倒霉。寄来的物品短缺，就只能跟对方去沟通协调看如何补救赔偿。一件包裹从寄出到收件通常本区 1 天，跨省 2 天内就可以收到，遇到天气不佳或者过年前可能要 3 天甚至更多天。现在快递业者的包装基本上是滴水不漏，层层封锁，很少听过翡翠有压坏、破损等问题。

收到翡翠货品马上检查与照片有无色差，产品有无毛病，尺寸是否适当。如果不满意就得马上退还，商家收到货之后，就会把钱退给买家。

越是诚信的微信商家，越是会把产品描述得更清楚，这样可以降低退货率。其中颜色、毛病、尺寸（厚度）是关键点。

掌握以上几个诀窍，你也可以买到性价比高的翡翠。在家转发照片内文，一个月赚几千元到上万元也是轻松愉快的事。

学做翡翠微商你也要懂几个商业术语。

价钱有些时候不想让同行知道，就会打一个模糊的数字。比方说价钱是小五，就是 5 位数，几万块。小五是 1 万～ 3 万元，中五就是 4 万～ 6 万元，大五就是 7 万～ 9 万元。

### ⊙ 直播

直播是继微商之后，最新的一种翡翠销售模式。就是卖家将翡翠拿给主播做现场直播买卖。生意好的主播每天总有播不完的货，甚至卖家有时候还会插队或是吵着谁先来的。

直播热已经席卷全国各地两年多了。有的网红主播一个月收入几十万元甚至上百万元，免库存、免管销，天天有播不完的货，甚至有厂商24小时轮流请人直播，让半夜三更睡不着觉的夜猫子也可以购买翡翠。在广州、平洲、四会、揭阳、瑞丽、姐告等地很多商家直接把店面重新装修成直播室，甚至整栋珠宝大楼，整片区域都改成直播区。直播室不用什么装修，只要有1～2台手机，一个布条、1～2盏灯，一张桌椅、一个直播架，准备好得标标签袋等工具就可以上工。直播的好处是有互动，可以看到现货，可以要求主播找自己想要的翡翠。直播翡翠可以分为以下几种形式。

**零元起标型**

拍卖有底价加价型与砍价型。买家喜欢零元起标拍卖，不管最后喊多少钱都要卖。这样卖家就有所顾忌，毕竟不是每一件都能拍到成本以上，如果不到成本就卖，那就亏本了。当然这也是消化库存最好的拍卖方式，不管最后拍出多少钱都可以回一些本钱。如果有本钱，又不想每一标都亏本，有些拍卖主就会安插自己人来抢标，以免亏本。不过做久了，也会被眼尖买家发现，人气就会渐渐退去。主播通常收卖家5～10个点，卖出1000元就跟业者拿50～100元。

**有底价型**

卖家直接喊一个价钱开始拍卖，每一次加价不一。可以几十元也可以几百几千元。通常为了不赔本，主播会从翡翠本钱或者比本钱低一点的价格开始拍卖，避免赔本太多。这种有底价的拍法，可能需要靠送礼物来维持人气，拍卖的种类也要多元化，避免观众看久了就可以猜出某一种翡翠大概多少钱是底价。对于卖方只能销库存，买方如果不增加人，很容易都买过了流标。因此货源不同家、种类多，才能让买家有新鲜感。有底价型拍卖，拍卖者可能跟卖家以多少底价为成本，往上拍的价钱利润对半，或者往上拍的部分归拍卖者所得。3～4年前有朋友在微信群做拍卖，因为只想清掉自己的库存，拍卖种类只有十几种，重复率高，容易被买家知道底价，不愿意出高价购买，刚开始拍还有人气，发发微信红包，久了以后就卖不动了。如果没办法增加新客户进来，这个拍卖也是容易失败的。

这种模式要求产品必须有特色，让买家有抢购欲望，才能把拍卖价提高。但也有缺点，第一，容易流标，很多顾客都不敢出价，观望的人多。通常会先做零元起拍，等到跟客户熟了以后，才会转做有底价拍卖。第二，业者往往会安插自己人抬价，买家自己得多留意，按照预算加价，超过后就不要勉强。

**直接砍价型**

主播要对产品价钱有一定的了解，也就是拿一堆货来，卖家开一个价钱，主播会根据自己的专业判断砍价，再问问有没有现场观众想要。也可以按照观众提出的价格与卖家砍价，最后双方磋商各让一步成交。成交之后，主播收取成交价一成服务费。也就是买到1000元翡翠要交1100费用。另外快递费每一家主播规定不一样，有的要消费者自己负担，鉴定费与盒子由主播负担。这种砍价模式通常不能退换货，因此需要当场沟

黛缘年华（图片提供 廷砡珠宝）

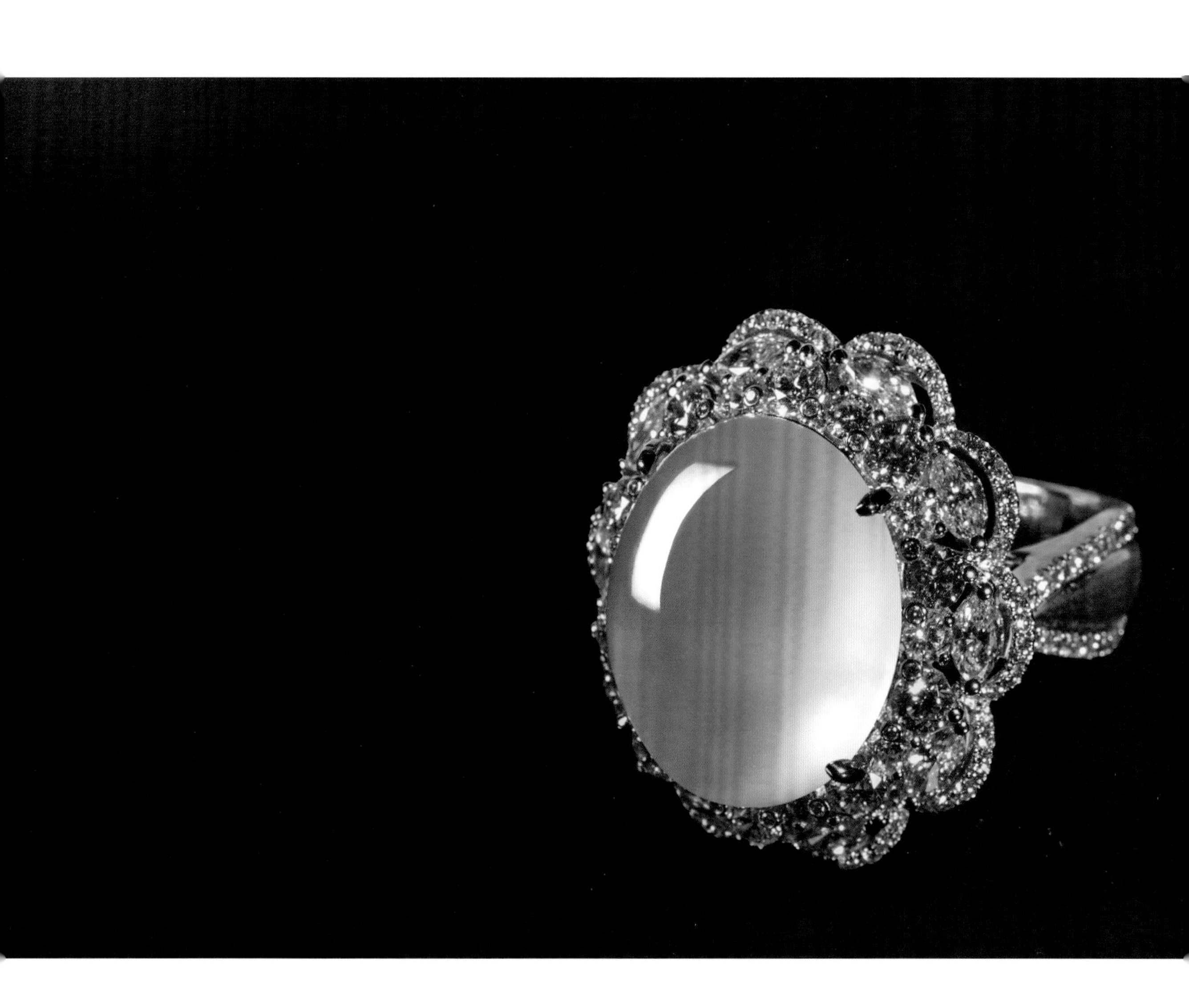

通，把翡翠的状况有无绺裂毛病说清楚。消费者汇款进入指定户头后，主播才算是真正成交，因为总会有人不汇款而流标。这种砍价模式在平洲、四会、揭阳、姐告、曼德勒天天进行着。

由于看到翡翠直播市场这么热，就这样被吸引进入直播市场。有来学习的，也有刚入门的，更有接触翡翠生意几十年的沙场老将，年纪有十七八岁，也有五六十岁的，多数是二三十岁的年轻人。我在姐告遇到过博士毕业生想了解翡翠直播市场进入这领域。主播有露脸也有不露脸的，全凭自己的个人魅力，看了几次直播后，久而久之在这种氛围下，也会下手去买。好的主播不会冷落客户，看到客户进来直播间，一定会嘘寒问暖，顺便聊几句天。在姐告与曼德勒这里直播就叫"砍老缅"，能砍多少算多少，缅甸人若不卖还会被数落几句。主播声音越大声，越激动，人气越旺。从一大清早的姐告玉城三角片区直播，到夜晚瑞丽的原石直播，人声鼎沸，在这里看不到不景气，直播不分男女老少，就看自己缺多少钱，想要赚多少钱。一个主播通常播 8 ～ 10 个小时，几乎没什么休息，声音沙哑是一定的。这工作比在工厂还是来得好。因为认真播，很少一个月收入低于一万元的。当然吸引客户送礼物抽奖是不可少的，只要分享就可以抽礼物，甚至可以抽现金。直播热在两岸都掀起热潮，我也建议年轻人趁这波热度，离开舒适圈，直接到四会、平洲、瑞丽、姐告、曼德勒闯出一片天。我相信 2 ～ 3 年在当地买房买车不成问题，如果愿意也可以在当地落户发展，开展自己的事业。听一位行业内的朋友说，在四会一对夫妻 2017 年靠直播第一个月就赚了一百多万元。当然参与直播的人越多，竞争力也会越大，就看个人的口才魅力。直播基本上是个体户，顶多是朋友一起，互相帮忙出货，因为谁都可以播，免学历，免证照。许多人应征主播，等到半年一年成熟后，就自己去闯，因为赚的都是自己的。如果刚学校毕业，没钱买货销售，我都建议去当主播，因为只有卖多卖少，赚多赚少的问题，不会有人一整个月没赚到钱。主播一定要尽力帮客户砍价，这样才会吸引更多客人进来买。

主播长时间讲话很容易声音沙哑，喉咙长茧，要多喝水多保养喉咙。主播除了要尽力帮助买家杀价，另外也要帮买家找产品，并且为质量把关，这样才会生意兴隆。好的主播，要具备专业知识，最忌讳串通业者误导消费者。不能把糯种说成冰种，把冰种说成玻璃种。颜色不是每一个产品都说成阳绿，存在的毛病、石纹、绺裂在表面或者里面都要交代清楚，其次是大小比例尺问题，放在手上，直接量尺寸都可以。我看到很多直播者一天播 8 ～ 12 个小时，非常辛苦。为了吸引更多客户，最多的主播就是分享讯息送赠品。另外主播也有观赏人数达几百或几千人后抽奖金。有的主播在得标 1000 元以上，甚至可以玩猜扑克牌游戏，拿出四张扑克牌，分别是 A、2、3、K 扑克牌给得标者抽，抽到 A 总价减 100 元，抽到 2 总价减 200 元，抽到 K 就不减价，刺激消费者喊价。颜值高身材好的主播当然就会露脸露身材，有的时候达到几百或几千名粉丝时就会高歌一曲，或者是跳一段舞，这样有特色的主播也会吸引大批粉丝天天上线观看购买。

目前直播的翡翠价格仍然以几百元到数千元最多，少数可以卖到小几万元，大家对这个价位不会太介意。有些人对产品期待太高，收到翡翠的时候并不满意，或许就不会再跟对方买了。也有些人觉得就这些钱，也不可能期待太高，反正买来送人，也无所谓了。另一种人觉得比他自己去商场买便宜太多了，反正有证书不会是假的，真是太划算了。如果自己跑产地太累，拿他们的货还可以转手卖，在家就可以做生意，省得舟车劳顿去找货。

**一条龙直播**

翡翠直播除了播蛋面、原矿、吊坠、手镯、珠链外，现在也兴起一条龙式的翡翠直播。他们可以先玩赌石，马上可以开料，帮你取手镯或者是蛋面及片料。片料取出来之后可以沟通画图及雕刻内容。如果是蛋面翡翠也可以委托镶嵌戒台、耳环、吊坠等成品。这样子就解决了买原石不知道如何做出成品的困扰，只是收取买家代工费用，从产地直销通过 C2C 的消费模式，减少许多中间人经手的环节，通过便捷的快递运送，并且可以随时追踪包裹，这种营销模式已经严重威胁中低端翡翠商家的生意，迫使店家关店或者转换经营模式。

**什么样的人适合做直播**

想自己当老板，赚大钱的人；没有颜值，但是有口才，幽默风趣的人；有颜值、有身材的人；不想领死薪水，想自己创业的人；吃苦耐劳，想出人头地的人；从小穷怕了，想在翡翠这行业翻身的人。

**直播的未来前景**

最早的直播方式应该算是十几二十年前的电视购物。利用现场播放让消费者在家里可以打电话下单购买。电视购物的辉煌时期，创造出许多佳绩，让许多开店店家恨得牙痒痒。翡翠直播未来加入的生力军会越来越多，会向网红型以及专业型发展。人长得漂亮，长得帅，肯定会吸引异性粉丝关注购买，业绩当然会好。另外一条龙的服务，也是未来的发展趋势，专业售后团队不可少。如何挑选性价比好的产品、有特色的玉雕产品、专业讲解与诚实地告知，会提高消费者继续购买的欲望。因为除了消费者来看，也会有同行业者来买。看直播通常就是想捡漏，用同理心帮客户去找货，相信在短短几年内，可以达到青年创业的梦想。未来名气越大，播的时间越长，天天播的人自然就会有相对的报酬，播 2 天休息 3 天的人，想做大也难。由于基础设备条件低，人人都可以播，前一个月算是练口才熟悉翡翠专业术语与研究翡翠相对底价，第二个月就可以上手了。通常好人才是留不住的，往往做得好，学到所有技巧后就会独立门户，变成自己的竞争对手。每一场直播有 20 ～ 30 人下标抢标就算是不错了，如果能有上百人抢标生意就做不完了，上千人来抢标那就要很多人帮忙做幕后工作，每天出货几十件到几百件，数钱数到手抽筋。您也想做直播吗？可以试试看，尤其是对翡翠热爱的朋友，刚出社会或者是在校学生都可以试试看自己的口才与专业能力，我对直播的前景是看好的，尤其是在中低端翡翠这一领域，买气不受经济影响，未来 5 ～ 10 年我相信直播的产值会越来越高的。

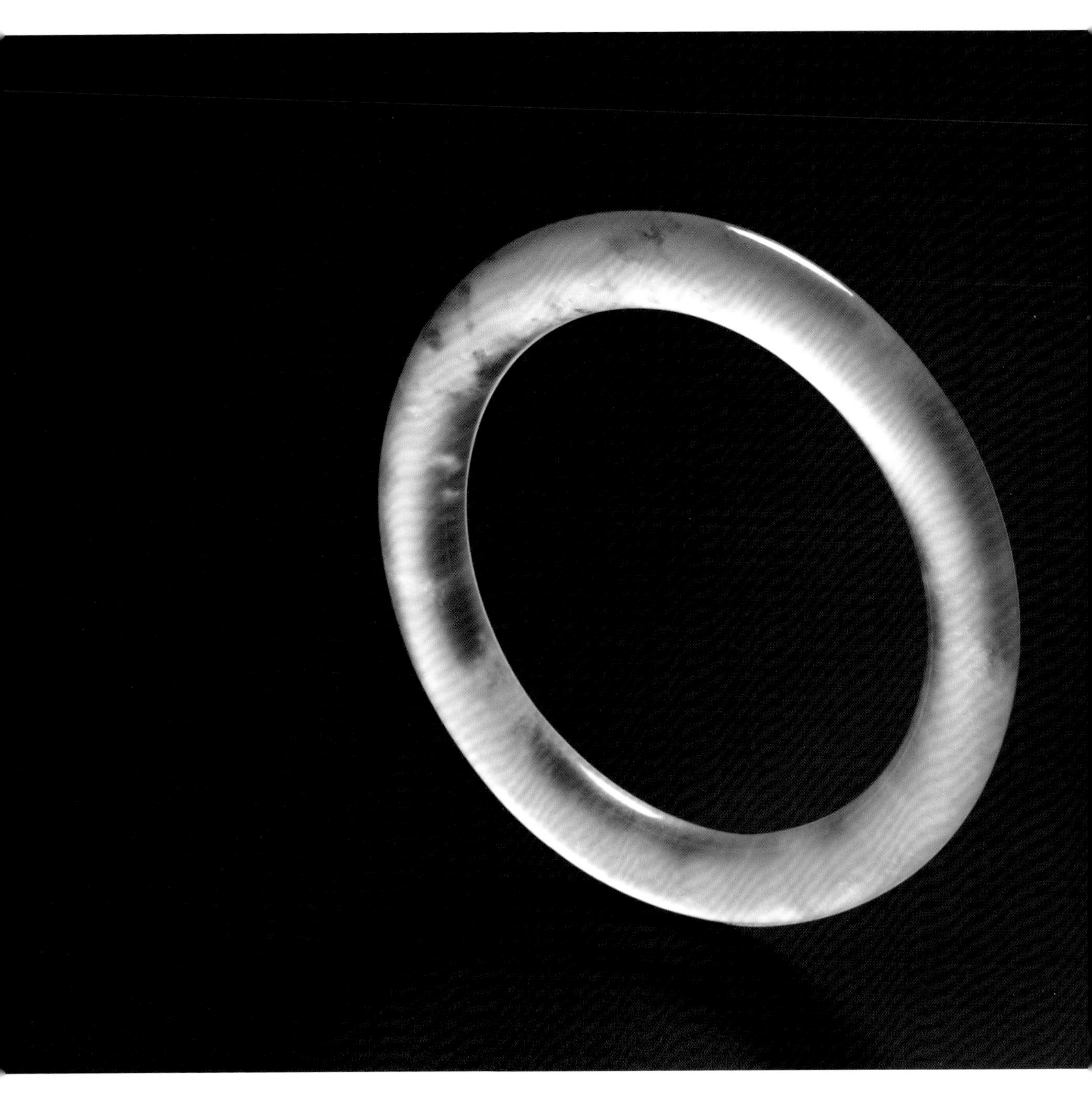

在水一方（图片提供 廷砺珠宝）

福禄寿（图片提供 张炳光）

瑞丽德龙玉市

## 如何开价买翡翠

爱要怎么说出口。面对一个心仪的人，如果你都不表达，有一天他（她）就会被别人追走，同意的请举手。看到喜欢的翡翠，就像看到帅哥美女，想追求，每天回去做梦也在想它，偷偷在店外看它，就是没勇气告诉它，这样是不行的。美玉是很多人都欣赏的，因此当你茶不思饭不想的时候，就要行动，问问老板，这个翡翠要卖多少钱呢？通常老板有两种回应，一种是直接告诉你多少钱，一种是问你，你有多少预算。如果他告诉你多少钱，你千万别被吓到，就说谢谢再联络。因为翡翠买卖是要经过一番讨价还价的，也就是得杀价才能买到宝物。

你一定会问我砍多少好？这真的没准，七成、五成、三成、一成都有。一下就卖给你，你可能会吓到，认为买贵了。老板通常开价高是很正常的，除非您是老客户，才会开接近卖价。比方说你看到一只喜欢的手镯，老板开价十万元，你一定不要被吓到，这是在测试你对翡翠价钱的了解程度（懂不懂行）。你可以说我只有一万五千元的预算。这时候他要真的不能卖，就会跟你说差很远。如果他请你再加一点，这代表有希望，可能再加个三五千元或一万元就会卖你。也有可能会对你说，昨天有客人出六万元我都没卖。这说法你听听就好，因为有可能他是瞎编的，也有可能确有其事。您也可以依照自已预算，请老板拿出相应价值的翡翠让你挑。

买货不要让老板一眼就看出你非常喜欢，非买不可。买卖是一门学问，更是一种心理战术，还没成交前，都不知道价钱如何。

**⊙ 第一招，哀兵法**

老板我最近手头很紧，小孩要缴学费，房子也要贷款，手机欠费三个月了，所以能不能降价再降价。这是最常用的一招，哭穷。有时候还真管用，老板心太软，就卖给你了。

冰种飘绿花观音吊坠（图片提供 莲叶翡翠）

有时候老板开价一万元，想杀到三千元，就说口袋只剩三千元，晚点连坐车回去的钱也没有，吃饭钱也是跟朋友借的（语气要装得可怜），这个就卖给我吧？其实另一口袋还有两万元。如果朋友一同去，可以在老板面前跟朋友借钱，我是借钱来买的，身上一毛钱都没了。用这一招杀价千万别全身穿名牌衣服，戴劳力士，要是我是老板也不会便宜给你的。

**⊙ 第二招，讨救兵**

找熟人拉关系。老板我是你的老师阿汤哥介绍来的，他说你的货都很棒，也很实在，价钱能不能再算低一点呢？虾米（什么），连老师都搬出来了，老师最近还好吧？听说去内地做生意，出了几本书。你是汤老师学生，我们算是学姐学妹，我都要算便宜，好吧，便宜卖给你了。或是你老家隔壁巷口老王的大女儿，小华你认出来没，都十几年没见了，都长得亭亭玉立了。出门在外就是最想听到家乡口音，回忆以前故乡的事情，不算便宜都不可能，自动减价三成。

**⊙ 第三招，阿谀奉承**

大家都想听赞美的话，哪怕是一听就知道是假的，也甘之如饴。来一段吧！老板好久不见了，你皮肤越来越白啦，脸上一点皱纹都没有；说到头发，最时髦的大波浪卷，看起来像二十几岁小姑娘；最近看起来瘦很多，身材越来越苗条哦，看起来只有 90 斤（听起来真爽)。年轻帅哥老板，满面春风啊，昨天又去KTV唱歌了吧，看你桃花运很多，有机会也分一个给小弟，很感恩呢。通常这样灌迷魂汤之后，已经把距离拉近，做生意最忌讳见面就问价钱，拉近距离后价钱好商量。

### ⊙ 第四招，挑毛病

靓女老板你看看，这手镯上面是裂还是有冰裂纹？我买回去自己戴，不是做生意，有瑕疵算便宜点。这一手圈口超小的，买回去要卖给小朋友(鬼)啊？我看你放很久了(明明月初刚进货回来)，便宜一点卖我整手拿。少年哥哥，这一手10只手镯要种没种，要色没色，还有小裂，我要过年回家送亲戚当礼物，一只五百元卖不卖？有些时候老板并不注意，被你这样一说，感到非常不好意思，扫货底，就算不赚或是小赔本也卖给你了。

玻璃种满绿钻饰叶子吊坠（图片提供大曜珠宝）

### ⊙ 第五招，选对时间与时机

买东西选时间有两种状况，不是一大早就是要收摊的时候最便宜。商家都相信开市后（第一个顾客)，今天生意会源源不断，因此第一个客人成交开市，是好兆头。如果是傍晚要收摊了，今天都没有客人，这时候去谈价钱会比较有机会，赚个晚餐钱(奶粉钱)也可以。

### ⊙ 第六招，型男靓女攻势

这是针对男女之间异性相吸原理的，通常大家都喜欢看帅哥美女。因为你多站在柜台前面一会儿，老板就可以打发一天烦闷的时光，暑气全消。另外，男生会因为老板娘长得漂亮而去光顾，甚至买的价钱比别家贵都无所谓。自古以来，这道理都是一样的。帅哥去大姐姐那边买货，如果嘴巴甜一点，相信还会买一送一，买大送小，晚餐都会请你吃也说不定。如果老板要到你电话，还会不时打来说什么时候要来看货喝咖啡呢？把握住自己优势，做好人际关系，老板都不用你开口就主动一降再降，打折打到腿骨折，这招真的挺管用的。

石英岩质玉，挑选时要注意分辨翡翠与仿冒品的区别。

⊙ **第七招，一回生二回熟**

看到一家店有你要的货，总要时不常跑去聊两句。交换名片，说自己在哪个地方开业，有多大。找机会成交一项，所谓见面三分情，下次来就是老主顾。有了成交一次的经验，下次议价空间就可以更高。如果可以，也可以带当地土特产来送他，把店家当朋友，下次好货进来，就会先通知你来挑，这是千载难逢的机会。被挑剩下的，通常有这样那样毛病，因此记住老板何时补货回来，一定要第一个看货，这样才能买到质地好的翡翠。

⊙ **第八招，找老板熟人去讲价**

看到一件高档翡翠，价钱也好几次谈不下来，这时候可以打听谁认识他，可以从中间协调。这些朋友，可能也是同行，常在一起吃饭唱歌喝酒，酒足饭饱后，通常对价钱也不会太坚持，说不定不小心就讲出多少钱进价，在软硬兼施下，就可以买到。不过找人去讲，在行规里也要包个红包给中间人，有人会收，有人不收，看你跟他的交情。

⊙ **第九招，找人砍价**

一件高档的货品，要卖掉不太容易。常常要半年一年，甚至更久都有可能。如果你看中意，也杀过几次价都没成功，那就用这招试试看。找三五组人马分不同时间去看货，每次出的价钱都比你低很多，唯独你出的价钱最高，如果老板不耐烦了，就会把货卖给你了。

⊙ **第十招，声东击西**

这一招不能常用，不然就会变“奥客”(很难相处、乱砍价、问价不买等)。通常喜欢一两件东西时，可以挑出其他五六件商品，老板一定会很开心，这时可以要求一件一件降价，五六件加起来再去掉尾数零头。或者说买这么多再打个八九折，等要付款时，才说手

翡翠龙纹戒指（图片提供 志臻翡翠）

边只剩多少钱，不如先拿这两件自己喜欢的，其余的下次拿货（月底）过来拿。老板有时会捉大放小，大件货利润多，小件的就加减卖，因此就有可能买到那两件小件而且很便宜。不过这招若常用，茶余饭后在商场上传开，就会被列入黑名单，以后出价再高，也没人想理你，因此要特别注意。

⊙ 第十一招，以退为进

买卖双方都是想取得最好的利润，这心理是可想而知。如果自己有很好的管道出货，又没太多时间挑货找货，通常会找中间人帮你穿针引线，甚至出的价钱比别人高。这时候并不是想能杀多低，而是想怎样能买到客户预订的货。有实力的商家，一到某地区商家买货，下飞机马上被接待吃饭喝酒唱歌，隔天一早整屋子人排队拿货等你过目挑选，这时候你就是全村子最受欢迎的人，会把最好的货拿给你看。好货出稍微高一点价钱买，不怕脱不了手，过一段时间就会涨上来。好货想买便宜，只能靠运气。翡翠这行靠的是实力，口袋有多深，才能讲多少话。十几年前有一位学生没事就跟姐妹淘一起出去逛珠宝店买翡翠，因为兴趣收藏了不少高档翡翠。每次回去都怕被老公念叨，又出去买珠宝了，又不能吃，买那么多做什么。有一次我带她们出去看苏富比预展，看到展览的翡翠都没她买得好，她就很开心。以前十几万、二十几万台币买的老坑玻璃种翡翠，现在价钱都要几百万台币，也就是至少都涨十倍、二十倍以上，老板常打电话来要五倍收购，至今她连心动都没有。不缺钱就继续放着吧，改天儿子结婚娶媳妇的时候，卖一块来买一间房子，老师你说好不好？这时候我们都哈哈大笑，好啊好啊。

## 开翡翠店的形式

做珠宝的话，翡翠是一条不归路，很多人投入后就很难改行了。有人三年不开张，开张吃三年。平常看店也没多少事干，一早来打扫清洁后，年长者看看报纸，年轻人听听歌玩玩手机上上网，一下子就吃中餐了。下午有客人就跟客人聊聊天，泡泡茶，没客人就是把上午报纸再看一遍，不然就是上上网，看看电影，很快一天就过去了。假日人潮多，手忙脚乱，一下要看这个，一下要拿那个，挑完货还得杀价。一天下来成交几件，晚上笑呵呵喝酒庆功去。

翡翠行业没人生下来就会。通常是夫妻、姊妹、父子、兄弟、叔侄、朋友、同学档。一个教一个，从小看到大，不会也得会。平常没事看看书，上网查查知识也行，再不懂问问隔壁开店较久的王伯伯、李叔叔，现在客人越来越懂翡翠，有时候讲错还会被纠正，不能乱说话。开店是个苦差事，怎么说？因为一年到头都得营业，很多地方都得天天开业，如果有两个人看店还可以轮流看，一个人的话就比较麻烦。开店得天天开，准时开，不能看心情，这一点台湾与内地不太一样。台湾有些小店可以是老板出国买货，员工公休几天。

内地翡翠商家常见的形式有珠宝城、古玩城、百货公司、市集、高级会所、工作室、电视购物台、网络、珠宝展等。

### ⊙ 珠宝城与古玩城

珠宝城与古玩城的形式有点一样。珠宝城内多半会以卖翡翠、钻石为主，白玉为辅，加上少数的彩宝、珊瑚、珍珠、寿山石、琥珀、水晶、绿松石等。古玩城主要以翡翠、白玉、寿山石（鸡血、田黄、青田、冻石）为主，岫玉、独山玉、瓷器、木雕、沉香、珊瑚、字画、唐卡、佛像、古玉、紫砂茶壶与茶叶、铁壶、钱币、邮票、彩宝、琥珀、天珠、水晶、绿松石、黄龙玉、南红玛瑙、核桃等为辅，品项比较杂。

每一个摊位月租看面积大小计价（平方米），通常全国各地因地段、楼层、位置不同，价位也不一样。通常月租费用 2000 ~ 10000 元，不包含电费与税金。在此开店有老珠宝城与新开珠宝城之分，老珠宝城都位于市中心，开业时间十年以上，交通便利，可停车，也有公交车、地铁可以到。假日人潮多，扶老携幼，情侣夫妻，门一开，就自然有人上门看货询价；新珠宝城就不太一样，知名度较小，连出租车司机开到门口都不知道在哪。就算假日人潮也较稀疏，需要长时间培养客人，要有 1 ~ 3 年长期抗战的打算。通常选择新珠宝城都是贪图租金便宜，相对的购买力与陌生客人就只有老珠宝城的 1/5 ~ 1/3。新珠宝城适合已经有 1 ~ 2 家分店的连锁店，或是自己有稳定忠诚的老客户，不管你搬到哪都会跟着你走。不时看到有店家贴转让，通常转让金在 10 万 ~ 30 万元，可以议价。

### ⊙ 百货公司

百货公司珠宝专柜算是一级战区。租金最高，人力成本也最高。通常得聘请员工轮班看店。租金的算法，要视品牌大小与业绩好坏而定。通常业绩好的店家有 3 ~ 4 成的提成。名气小，业绩少的店家，通常就是固定租金收费。一般来说，百货公司逛街人潮最多，珠宝店通常位于最靠大门的地方，因此租金也最贵。百货公司适合做黄金、钻石、翡翠与彩宝。通常消费者对品牌的忠诚度较高，认定百货公司就是质量保证，至少靠谱一点，不会买到假货。要在百货公司设专柜，自己本身要有相当知名度或者是加盟品牌。其次是要有好的管理制度，专业形象，礼仪与专业营销训练。每次周年庆或者换季打折拍卖，总是会有一堆人挤破头抢赠品、刷爆卡，在这里消费大多数都要刷卡，累积购物点数，刷卡也比较不痛不痒，珠宝业者通常乐意接受。消费人群多，也要小心扒手。

糯冰种红翡关公挂件

冰种小和尚吊坠（图片提供 金玉满堂）

⊙ 市集

就像广州华林玉市、瑞丽姐告玉市、平洲、四会、揭阳阳美村、台北建国与光华玉市、香港甘肃街玉市、北京潘家园，摊位集中管理，消费者很多都是慕名而来，当然也是有业者去补货调货。有些是天天都开，有些是假日才有。玉市里面高手云集，摊位有的固定或者是每年抽签换一次，也有临时摊位。摆摊位常常就是一小桌，长 1.5 米，宽 1 米左右。每个月租金从几百元到两三千元不等。玉市通常会有工会，选出会长与自治干部，定期举办会员大会选举会议、会员联谊及珠宝知识讲座，处理消费者买卖纠纷。由于名气大，来自各省的人都会前来补货，这里翡翠毛料、赌石、成品、摆件应有尽有。好多翡翠店家会固定几个月来补货挑货，有的去找雕工，有的找金工，有的找抛光半成品。摊商的翡翠等级高高低低都有，有几十块到两三百块的送礼小吊坠或手镯，也有冰种或玻璃种上百万元的高档翡翠。摊位通常非常抢手，想要知道有无空位需要靠运气或者是有朋友在里面摆摊。转手权利金也不便宜，在台湾玉市有人喊到 300 万台币（60 万元左右人民币）。市集是大家淘宝寻宝的地方，常常人头攒动，有同行补货，也有消费者来看货。每天大江南北形形色色的人都来了，听口音是南方人或北方人，知道他们喜欢哪一种颜色或种的翡翠可以特别介绍，要收摊了随便卖，你看对不对庄，你看多少价呢？现在不买下次这价钱又买不到了。跟你有缘，你就开个实在的价吧？老板，开这么高，要卖给火星人吗？市场很低迷，客户杀得很凶，你就再算便宜点？这已经很便宜啦，你再考虑考虑，想好再来找我。小兄弟，介绍你这一手一定赚钱，赚到钱记得请老大哥喝茶哦！老板，你这里有三彩福禄寿，圈口 56 ~ 57mm 扁镯吗？玉市通常是武市，老板草根性很强，讲各地口音，都是识途老马，在玉市里闯荡多年，哪种客人没见过呢？建议大家见面三分情，多套交情，第一次看喜欢最好能成交一件，下次好相见，变成老客户，想看什么货，更容易了，就算没有货也会介绍同行给你认识。

⊙ 高级会所

会所顾名思义就是私人俱乐部，有的是有固定聚会地点，有的是不固定聚会地点。每一个参加的朋友都要有邀请函。一般成员都是社会精英，医生、律师、土地开发商、企业老总、银行经理、教授、艺术家、分析师、名模等。开的是高级红酒，有精致茶点，古典音乐，豪华家具装饰，来聚会就像来参加盛装派对，卖的东西就不一定是翡翠。举凡有价值可收藏的东西都是标的物，彩钻、翡翠、白玉、珍珠、彩宝、腕表、梨花木家具、紫檀、红酒、雪茄等，因此主人必须要有广阔的人脉与交际手腕，好客那是必要的。这里的产品必须高级，做工精美，也需要豪华大气。珠宝要顶级与大颗，翡翠颜色要翠绿饱满，珍珠要珠圆玉润，彩钻都是 Fancyintense 浓彩以上、红蓝宝石都要无烧的产品。

⊙ 工作室

工作室的工作方式比较有弹性，有事情就可以离开，随时可以邀请朋友来坐。商品主要是自己编织或者设计的翡翠与珠宝产品。工作室可以是在自己家，也可以在外租屋，面积不需要太大，一间房到两间房都可以，每个月主要开销就是房租、水电费与网费，加上自己一个人或请一个助理。工作室可以布置得很温馨，有自己的风格，一进去就要让朋友感觉你很有艺术家的品位。作品可以不用多，也可以很小巧玲珑，强调纯手工打造与独一无二，也是靠自己专业收集而来。咖啡与茶点必不可少，来的都是熟人，动人的音乐与灯光效果缺一不可。适合单身女性或是职业妈妈经营，没客人的时候也可以兼做网拍。来的都是白领阶级，各自在不同领域，热衷于美食与宠物，男性朋友爱品茶谈股票与房地产投资，女生喝咖啡聊国内外影星、女明星八卦，看到主人身上戴的翡翠与珠宝，一件一件扒光，当作自己的最佳战利品。

⊙ **电视购物平台**

这是这几年最常见且销量最大的经营模式。从业者需要对电视购物平台生态有一定了解。不管在台湾还是内地，电视购物卖珠宝翡翠都曾创造一小时上百万元的佳绩。常见的翡翠电视购物产品有：貔貅、观音、弥勒佛、平安扣、豆荚、生肖、手镯等。购物平台的产品属于中低档产品，追求销量，有退换货机制，价位在 1000 ~ 3000 元最容易销售。通常这些价位，消费者也不会考虑太多，如果是要送礼给晚辈过生日，也不用出门挑货，而且不满意还可以无条件退换货，翡翠有包装盒与鉴定书，省去自己鉴定的麻烦。手镯通常

冰种晴底金枝玉叶吊坠（图片提供 莲叶翡翠）

销量最大，也是最大宗的产品。消费者收到后一定要检查有无明显可见石纹与裂纹。

在购物平台贩售翡翠产品，由于量大，每个月有好几档，因此也要注意自己资金流是否可以应付。很多翡翠产品都是利用中国结或者结艺来设计，不需要用到K金与金工，可以省下许多费用，降低单价成本。另外购物台最喜欢买一送一的桥段，让消费者感到非常划算，性价比很高，毫不犹豫地刷卡。当然还有一些算错价钱，还是临时加码送小产品，消费观众看得都乐不思蜀，就算没买也是茶余饭后在家消磨时光的消遣。“您还在等什么，快拨打热销专线……前五位观众再享九五折优惠。”

### ⊙网络销售

网络上销售翡翠珠宝，一直是最近十年的新趋势。中国网络销售市场一年以几百亿元的业绩前进。网络销售以网络拍卖（淘宝）与电子商务网店为主。上网购物的年龄层在20～50岁，因此年纪轻的大多找自己佩戴或者是送长辈礼物的产品，金额当然不高。通常是几十元到两三千元的产品最好销售。网络购物要注意网络的信用评价，跟对方聊天（阿里旺旺）是否服务态度和善，是否在7～10天内可以退换货。切勿贪小便宜，以为很绿的翡翠能够用几百几千元买到。只要是染色的翡翠C货通常在100～200元。由于看不到真实的产品，往往收到后会与心里想的有些小误差，最主要是颜色差异。这差异来自不同相机、光源、背景、修图、荧幕显示器与拍摄技巧。同样翡翠由不同人来拍，用不同相机会有不同效果。拜手机所赐，现在很多人传照片给客户，都是用手机拍摄，通过QQ、邮箱、微信、WhatsApp等工具，快速地与客户沟通。通过智能手机的各种功能，在国外看货，马上可以传给老板或消费者。

网络销售讲的是诚信，很多消费者第一次跟你购买后，取得信任后就陆续购买，或者介绍朋友来买。如果有实体店铺加上网络销售更好。不过中国太大了，就算有实体店铺，也不是每一个人都能顾的。开网店的费用就比开实体店铺来得低，适合年轻人，天天坐在计算机前，善于沟通，一台相机，懂得拍照原理与修图技巧，就可以开始运营了。网络拍卖风险最低，但是需要时间累积正面评价，有时还得吃闷亏。建议刚踏入翡翠这行的朋友，不妨考虑网络拍卖与营销，上网看看哪几位评价上千破万的，学习他们的拍摄技巧与货品种类，找一些热销商品。种类越多，成交率就越大。由于网络上需要定价钱，竞争厂商也多，可以上网查询参考同行价位，毕竟网络就是透明化，薄利多销就对了。有信誉的网络店家，通常会随产品附上鉴定书，以确保产品质量。

### ⊙珠宝展

参加珠宝展的厂商，有些自己开店，有些只是专门跑展览。珠宝展几乎已经成为近五年来兵家必争之地。珠宝市场最近的消费习惯，有将近1/3的消费者选择去珠宝展购买。每一次珠宝展厂商会在前一两个月就摩拳擦掌，积极备货，总而言之，就是精锐尽出。在雷曼兄弟经济危机后，台湾的珠宝市场简直是哀鸿遍野，很多家珠宝银楼店干脆收起来，把黄金卖一卖，店面租给人家收租，养老去了。年轻的珠宝商，尤其是在台北建国玉市的摊商，看着内地经济起飞，买气超强，尤其是高档翡翠，价钱起码都是台湾的 5 ～ 10 倍，就开始纷纷打探如何进到内地市场。由于在内地开店需要长时间在各地耕耘，而且要熟悉各省法令与人情，最简单的方式就是参加各省举办的珠宝展，一年展 8 ～ 10 次，总比在台湾守株待兔来得好。在《珠宝世界》杂志社邱惟钟社长与台湾珠宝协会林嵩山理事长领军下，展开内地各城市的珠宝展会。几个比较有名气的珠宝展有北京、上海、杭州、苏州、昆明、成都、深圳、厦门、大连、西安等地。几乎每一个城市 3 ～ 4 个月就会办一次展览，这几年下来，每一场有好有坏，有些厂商做一场可以休息一年，有些厂商做一场，连员工出差费与场地费都不够。其中中国馆最引人注目的就是翡翠与珊瑚这两项产品。台湾翡翠厂商累积了二三十年的实力，在翡翠最便宜的时候已经大量地囤货与收藏，早年觉得看不起眼的边角小雕件，如今个个立大功、赚大钱。台湾厂商除了有高色老坑的翡翠蛋面与手镯外，精美的设计与精致的镶工，更引起内地消费者啧啧称奇。除此之外，通过中国结艺设计将翡翠与珊瑚或彩宝做搭配，十足的中国风，搭配传统服饰旗袍，更有画龙点睛的视觉效果。

冰玻种阳绿福瓜吊坠（图片提供 莲叶翡翠）

一场展览开销不少，除了基本展费（一个单位）4 万 ～ 5 万元外，3 ～ 5 个工作人员，食宿与机票出差开销也不容忽视。就像赌石一样，展出前心情的期待与忐忑，到结束的最后一刻，几家欢乐几家愁都是很正常的。每次展览小货是最好卖的，价位在几百元到一万元左右。另一种

秘密花园紫翡戒指（图片提供 黄湘晴）

就是几百万元到上千万元的高价翡翠，不到半小时就刷卡成交的也有。

笔者2011年遇到一位不到30岁的年轻女读者，在机场买了我的书《行家这样买宝石》，就去成都珠宝展拿书去找宝石。因为第一次买宝石没有经验，就通过微信与我联系，让我看照片与证书，是否适合投资。在短短一天时间，她买了一颗5克拉缅甸红宝石、15克拉斯里兰卡蓝宝石，还有72克拉金绿猫眼，总共花了500多万元，真是有胆识。内地买气分淡旺季，旺季，比方说“五一”“十一”大假，母亲节、情人节、圣诞节、春节，都是人山人海地采购珠宝礼品。淡季就是寒暑假有钱人都出国度假或是回去做“移民监”，大学开学后缴学费等时间，股票连跌半个月时，买气特差，几乎门可罗雀，能摊平展览会费用已经是祖上积德，上帝保佑了。这几年几乎能走能爬的台湾商人都来内地发展了。他们把这三十年的台湾成功经验，在内地各地重新复制一遍，也纷纷在各省开起连锁店，慢慢建立起自己的人脉，为珠宝事业再创第二春。

⊙自己收藏

没有店面，平常也有固定工作，就是利用假日到处去搜集购买翡翠。一心很想开家店，除了资金不够外，又不想被店绑住，家人也不懂翡翠，无法帮自己看店。这样适合独来独往，平常就是自己佩戴，当同事或朋友询问时再跟他说是自己收藏，如果对方愿意收藏，就转手卖给他。每个月有基本工资3000～5000元，再加上偶尔卖几件翡翠收入，至少可以松一口气开车上下班与交际应酬，上上馆子，唱唱歌。若是运气好，甚至可以买房子，步入有房阶层。这样收藏做个三五年，同事朋友都会介绍亲友来购买，客户也会越来越多，相信有一天也会有机会开店的。

## 翡翠投资与收藏

翡翠收藏与投资分短期与长期的选择。短期在两三年内会脱手赚钱。长期就是十年二十年。也有人留给后代传世，成为传家宝，那就永远不卖。如果后代子孙不识货或是没兴趣收藏想换现金做生意，就有可能拿出来拍卖。

⊙翡翠投资

老实说，笔者现在也不太敢躁进到翡翠市场投资了。投资必须是闲钱，不能影响正常生活，也不能去黑市借钱或是向亲友借贷。台湾很多人拿翡翠珠宝成品出来要脱手，往往当年买50万～100万台币，请朋友估价或是到当铺银楼去，不是碰了一鼻子灰，就是估一个根本不想卖的跳楼价钱（20万～30万台币）。投资翡翠珠宝的资金，通常不要超过你现有资金的1/3，最多是1/4～1/3。保留1/4现金做生活、教育、娱乐费与杂费，1/5保险、基金（或股票）与医疗费，1/10做慈善公益费用。

### ⊙ 翡翠投资的基本功夫

看货口诀：色、质、杂、形、工、体。

| | |
|---|---|
| **色** | 颜色要正、浓、阳、匀、俏。<br>正：正绿，不偏蓝或偏黄，最好的翠绿色有人称帝王绿。<br>浓：颜色要浓不能过深而偏暗淡，也不能太浅。<br>阳：颜色必须鲜艳，而不能暗淡。<br>匀：颜色均匀程度。<br>俏：指雕工颜色分布巧妙，或是多种颜色。<br>质：质地，越透越好。可分全透（玻璃种）、半透（冰种）、表面微透（糯种）、不透（豆种）。 |
| **杂质** | 就是白棉絮、黑色矿物、裂隙。 |
| **形** | 就是切工厚薄与长宽比例，如同身材，不要歪斜不对称或厚度不一。 |
| **工** | 就是雕工与抛光。雕工要细腻且有创意巧思，会运用颜色与避杂质。 |
| **体** | 体积大小。翡翠原石以千克计价，成品以件大小计价。 |

比较受关注的几个翡翠投资项目有手镯、蛋面、珠链、蛋面套链、豆荚、葫芦、观音、佛公。老坑玻璃种优先。冰种以上满色紫罗兰或春带彩（紫中带绿）。无色玻璃种需放光（荧光）且无棉或带飘蓝花。红翡、黄翡、三彩与墨翠视个人喜爱而定，一样要注意上述几点（色、质、杂、形、工、体）。

### ⊙ 翡翠收藏

身家几十亿元到上百亿元的收藏家每件收购金额都在几百万元到上亿元，老坑玻璃种的手镯五千万元到一亿元都不会考虑半秒，更不会皱个眉头。建议您多参加国内外拍卖会（苏富比、佳士得、保利等），了解国内外拍卖行情。翡翠手镯，上千万元的有几只收几只。有白棉或者没有满色都不要考虑，手镯圈口不要太小（56 ～ 58mm，台湾围 17.5 ～ 18.5 号），以圆镯为主，扁镯为辅。其次是翡翠珠链，越大颗越好，一定要透，也不能有杂色与裂纹。一串珠子要同样质量很难得，价钱甚至比镯子价钱高。你看大富大贵人家，嫁女儿、娶媳妇，当婆婆的哪一个不是戴上一串翡翠珠链与手镯，来的贵宾是企业老板、影视圈名人、大学教授与医院院长，展现主人家交友广阔与海派，换句话就是可以呼风唤雨的。其次是翡翠蛋面套链，大小都要比大拇指头大，越大颗成套越难找。现在住一栋上亿元的别墅也不是稀奇的事，戴一只上亿元的翡翠手镯或珠链在身上那才叫雍容华贵。还有大师级玉雕作品，有创意巧思，工法独特，雕工细腻，有一系列大型的玉雕创作作品摆件，常得奖或在荧幕曝光，这都得去关注。

五千万元到一亿元的收藏家每件收购价钱在几十万元到两三百万元。这些都是改革开放后的企业家，有的从基层干起，靠苦干实干成功的。有的得到天时地利的帮助，农田变成建地变成大业主。有的是开餐厅，开放加盟，没几年就成为几百家连锁店的大老板。也有些电子新贵，自己和朋友共组公司，没三五年时间，就挂牌上市了。人一生要成功的机会很多，投资要敏锐，也要有胆识，专业知识不可少，把握时机，下手要快、狠、准。个人建议几百万元到上千万元的冰种带帝王绿（1/2 ～ 3/4 绿）的手镯，几百万

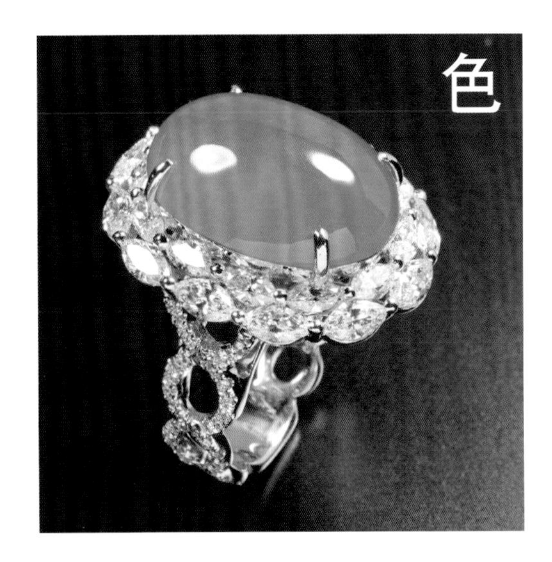
色

质

杂

形

工

体

元的紫罗兰全紫手镯，或者冰种春带彩（紫带绿）、玻璃种飘蓝花、全透无棉玻璃种无色手镯都是考虑的投资对象。另外，上百万元的玻璃种观音与佛公，几百万元的翡翠小蛋面套链都是不错的选择。同样可以参考国内外知名的珠宝拍卖，也可以到知名的翡翠专卖店比较选购（昭仪、戴梦得、秋眉翡翠、七彩云南、勐拱翡翠、健兴利、蔚明、米兰、大曜、佳达、嘉宝）。

一千万元到五千万元的收藏家每件翡翠收购价在几十万元到上百万元。可以考虑三彩、冰种飘蓝花、墨翠、紫罗兰、黄翡、红翡等手镯，坠子、蛋面。原则上还是要考虑种，因为种是涨幅最大的因素。选择坠子仍然要注意雕工，雕工精致，种水好才有升值空间。一些著名大师、玉雕师的作品也可以考虑收藏，小配件或把玩件，时间久了就会看到它升值。大型的玉雕可以在家当摆饰，要注意看它雕哪些题材，是不是跟自己现在的心境一样，或者自己特别喜欢的题材。例如，福在眼前、花开富贵、三阳开泰、马到成功、岁寒三友、观音等，都可以投资或收藏。

一百万元到一千万元的收藏家每件收购价钱在几万元到几十万元。不管镯子、坠子或蛋面都要选择冰种以上。绿色深浅与均匀程度会影响价钱，宁可小也不要大而不当。不要好高骛远想要全绿的手镯，没有一千万元以上是买不到的。翡翠高档市场只有往上爬，很少往下掉。或许几百万元的手镯你会看不上眼，那也只好努力赚钱，有朝一日也可以买到上千万元以上的手镯。

一百万元以下的收藏家每一件收藏价钱在 2 万～ 5 万元。主要是以自己搭配衣服、装饰为主。每一种翡翠都要注意不要有过多的白棉或黑蟒。能买到冰种最好，外形要完整，不要歪斜缺边。买翡翠不能心急，要给老板预算，请他帮您介绍哪些产品价位适合你。假日或平常没事最好去逛逛珠宝城或古玩城多认识老板，或者找开翡翠店的朋友，话话家常，拉近关系，看看各种翡翠品种与雕工，只有熟人才会拿出好东西分享，交换意见。

**⊙ 无价的收藏**

常会有人送你一些翡翠饰品，有些是染色或是 B 货，也有些根本不是翡翠。这些都是对方的心意。几十块几百块，都是小老百姓可以掏出来的，或许他一个月只赚一两千元，在出去旅游时，舍得花两三百块是他一周吃饭的钱，买一件翡翠手镯送给你。当然他不懂挑选，也不知道好坏，但这心意比花几千几万元还多。他知道你在故乡或者出门在外，需要保护，需要平安，但他不能随时在你身旁，他送你一件手镯或玉佩，当你戴着它就好像他跟你在一起。每次同事或朋友问，就会很自豪地说，是我男（女）朋友（或长辈）送的，满脸的笑容，就算在外面吃多少苦，也都会烟消云散。这才是真的亲情与爱情，是无法用金钱衡量的。前一阵子有个电视节目，有位女生拿干爹送给她的坠子去鉴定，结果专家鉴定出是假的，处理过染色的。笑坏所有来宾与电视机前的观众，干爹坑人啊。有可能干爹不懂货，也是被人骗。倒底是干爹拿假的来骗她，还是电视节目的娱乐效果，我们不得而知。不过节目播出后，很多人拿翡翠送去各地鉴定，这节目还是有警示作用的。

### ⊙翡翠未来看涨还是跌

说这句话要看是在哪一个时间点，如果是在 2011 年，九成的人都会看涨，2020 年后，看涨与看跌的人几乎各占一半。翡翠跌或涨，商家最知道。翡翠为何会涨要从各个原因分析。

**来源拍卖上涨**

翡翠主要产在缅甸，最近 3 ～ 5 年缅甸公盘交易金额，屡屡创下新高。云南省国土资源厅副厅长李连举表示，缅甸第 48 届玉石、宝石、珍珠拍卖会在新首都内比都（第二届公盘）举行（2011/03/10 ～ 2011/03/22），不论是展出的数量、参加的人数、单项翡翠的价格、总成交量都纷纷创下历史纪录，展出 16926 份，6838 吨翡翠产品，参加投标人数多达 12000 人，成交率高达 78%，成交金额 170 亿元人民币。比起 2010 年 3 月，成交金额从 30 亿元到增长到 170 亿元（人民币），增长了 6 倍之多。第一高价，标号 16754，得标金额 33333333 欧元，约 3.3 亿元人民币，重 112.8 千克，是一块糯冰种春带彩（绿带紫）的手镯料。不管懂不懂货，是不是业界的朋友，大家都来凑热闹抢食大饼。面粉涨价了，面包哪有不涨的道理。

**进口关税上涨**

长期以来缅甸政府一直处于不稳定状态，翡翠要从矿区运到中国云南境内需要经过层层关卡（5 ～ 7 个）。目前原石进口到国内需要缴纳 33% ～ 37% 的税金，早期翡翠商人会以矿石或建材来通关，以减少成本。这几年翡翠价格高涨，也慢慢受到海关的高度重视，因缴不起高额税金，躺在海关仓库等待报关领取的翡翠原石，一堆堆多到吓人。很多商人盘算着，翡翠的投标价已经这么高了，还要再加上高额的关税，每一箱几乎都有拍卖成交价格记录，也无法以多报少，加上最近翡翠景气低迷，市场销售不如预期，大家都裹足不前，就看后面如何去交涉。

**预期资源越来越少**

大家都知道，天然的矿产资源，经过人类无穷尽地开发，终有一天会被挖光枯竭。瑞丽宝石协会副会长、瑞丽缅甸籍商会会长彭觉，这位在瑞丽翡翠界无人不晓的人物，提到翡翠的价格大多都是从业商人希望它涨。不管是缅甸政府还是经营原石的终端销售者，大家拼命传递消息翡翠快要挖光了，快要没货了。因此不管你懂不懂翡翠，一听到这消息，买几件回去收藏，以后就有可能涨个 5 ～ 10 倍。

瑞丽宝石协会副会长彭觉提到，缅甸政府发现了新的矿区，基本上会让它在深山老林里面睡大觉，等着给后代子孙去挖掘。翡翠开采最早从英国殖民地开始，将每一个场口设为一“岗”，每一岗租任期为三年，缅甸独立以后继续沿用此制度。从 2007 年开始，缅甸政府划分出 319 个矿区，以便收取更多的税金，基本上所有原石交易都需要上税 10%（最近已经提升到 30%）。1995 年前几乎都是人工拿铲子一铲一铲地挖，现在基本上每天都有

翡翠首饰套装（图片提供 典华翡翠）

上万台怪手（挖石机）与几十万人在矿区开采翡翠，用挖掘机一铲一铲地挖，卡车一车接着一车地载，在山坡上成千缅甸贫民蜂拥而至、携老扶幼在废料堆中捡漏，找个五年十年，希望有一天有机会能够实现“一夜致富”的梦想。全世界有 98% 的翡翠产在缅甸，也就是集中在缅北 3000 平方千米的区域范围内，仰光市缅甸华侨、东枝珠宝董事长熊豪贵说，翡翠开采差不多只剩 5 年的寿命而已。云南省国土资源厅副厅长李连举指出，经过这二十年的强挖猛采，很多场口都挖到底层（黑色层），最深露天开采场已达 400 多公尺，他估计 10 年后就没有玉可以开采。瑞丽宝石协会副会长彭觉表示，目前开采量大概是储藏量的 1/4，一切都在缅甸政府的控制中。综合以上前辈与学者专家的评估，高档质量的翡翠一年产量就在几吨到几十吨，只占全年开采量的百分之一而已。

**投资与投机客大量涌入**

在台湾，从笔者 1990 年初接触翡翠到 2000 年左右，翡翠价格基本是稳定增长，顶多就涨个 3 ～ 5 成或是一两倍，就已经非常吓人。随着内地经济改革开放，企业不断地扩大，在房地产受到宏观调控的控制下，遭受巨大的影响，很多游资纷纷抽身寻求巨大的利润。从这几年平洲玉器协会会员从一万多人增加到三万多人，就可以看出想从事翡翠生意

翡翠手镯（图片提供 志臻翡翠）

的人越来越多。

根据“2010胡润财富报告”显示，目前中国千万富翁已达87.5万人，亿万富翁5.5万人，1900位十亿富翁与140位百亿富翁。中产阶级人数在1.755亿人，约有五千万个家庭属于这一个阶层。当然这报告已经过去多年，贫富差距正越来越大，千万富翁或者亿万富翁的人数会逐年往上攀升。根据专家分析这几年翡翠投资年收益可达40%（高端翡翠收益应该不只如此）。清朝以来，翡翠一直是玉中之王，王公贵族的最爱，不管是慈禧太后还是前几年过世享年过百岁的宋美龄，都是翡翠的拥护者。根据广东揭阳阳美村党支部书记夏奕海的说法，这些年来高档翡翠的消费族群都在一些权贵阶层手中。云南省珠宝协会副会长马宝忠提到，在许多翡翠原石拍卖会上，地产商、煤老板、大型企业家在拥有大量资金的后盾下，狂轰猛炸。在“拥原石为王”的概念下，翡翠价格就像坐直升机一般，几十倍几百倍地狂涨。很多人买到之后就马上转手赚取几十万元到几百万元的利差，短短三五年时间，可以从几十万元的价值炒到好几百万元，每一个人心里都梦想翡翠未来还会再继续涨，所以没有一个专家能说得准，只能说大家自求多福，千万别贷款借钱来玩翡翠，这市场还是消费者最大，聪明的消费者会判断时机逢低进场，不是盲目地追高价钱。

翡翠胸针

翡翠珠链（图片提供 志臻翡翠）

**近几年从事翡翠买卖的店家成倍增长**

翡翠为什么这几年会这么火热，是因为大家一窝蜂投入这行业，认为这是一个高获利的行业。最常听到一句话，“金有价玉无价”，十几年前在台湾几乎所有的翡翠都有行情价，因为台湾赌原石的非常少。另外是因为台湾南北 300 多千米，地方不大，卖翡翠的地方集中在各地银楼珠宝店或玉市，很多时候价钱一问三四个店家就可以知道行情。相反地，内地幅员辽阔，翡翠从缅甸千里迢迢运到中国来拍卖，一手换过一手，只要开个小窗口，认为有赚就脱手，从原石就换过 N 个人的手，价钱也一再刷新，云南与南方价钱不一样，南方与北方价钱也不会一样。同样一块翡翠，在昆明、广州、厦门、杭州、上海、北京、青岛、成都、银川、长沙、武汉、西安等地价差都有可能差 2 ~ 3 倍。改革开放后大家开始有钱，买车买房已经无法满足心理欲望。古人说，君子必配玉，而且玉有五德，赌玉总比去赌博好。只要野心不要太大，小赌怡情，大赌益智，赌光输光为国争光。一刀穷，一刀富，赌赢吃鲍鱼鱼翅，赌输吃过桥米线，赌赢出门开奔驰，赌输出门靠“11 路公交车”。花个一两万元，来做做梦也好，有梦最美，剖开见真章。退休金，房屋拆迁补偿费，卖房子赚了钱，地被征收了，就来做翡翠生意吧。拿三五十万元开店，或者集资三五百万元，资金多一点的就是企业几千万元到上亿元。全国各地珠宝与古玩城每一年一家一家盖，每个珠宝城从事翡翠生意的店家至少六七成，少说也上百家，这些还不包含个体户跑单帮、个人工作室、玉雕工作坊、高级会所、玉市摆摊的人。从事翡翠生意的人口几乎占珠宝市场人口的六七成，而且只懂翡翠，其他彩宝、钻石、白玉就一窍不通。很多

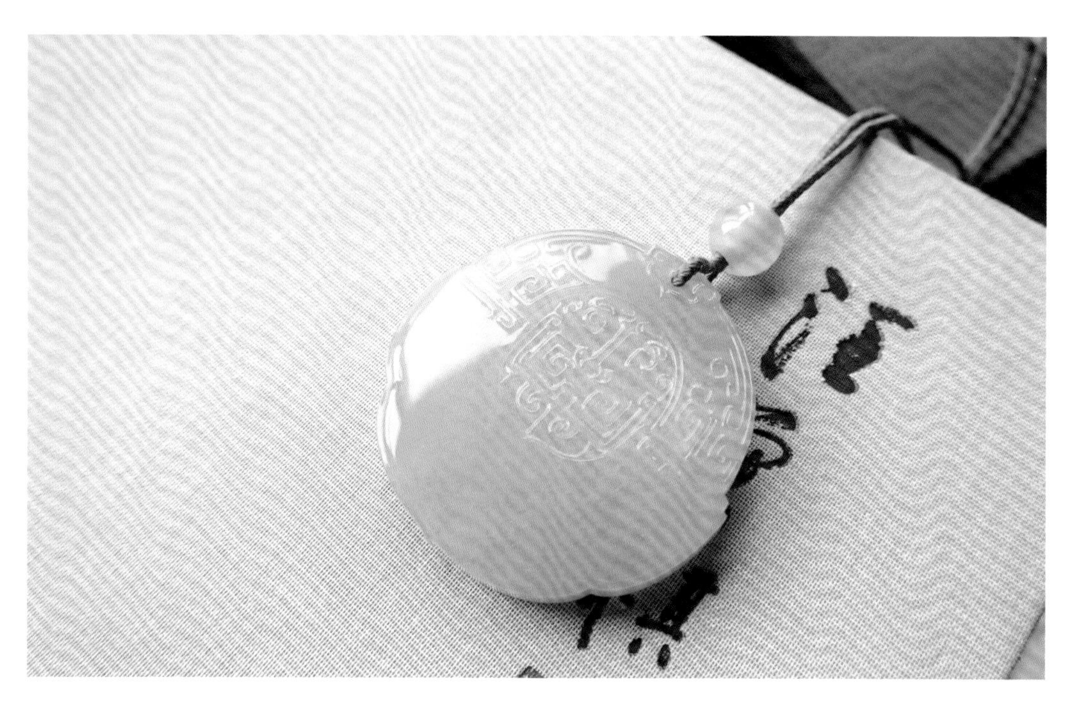

翡翠挂件（图片提供 志臻翡翠）

人就是边买边学营销，没几个真正去学校上课拿鉴定文凭，钱也是照样赚得行云流水。

翡翠由于没有定价，就是买卖双方议价，凭大家本事，卖一块翡翠，有人赚几百几千元，也有人赚几万几十万元。高档的翡翠更是几十万元到好几百万元地获利。赚了就马上再补货，货越买越多，大家生怕买不到好货，会越来越贵，只好大量囤货抢货。这样恶性抢货的结果，肥了缅甸做玉石的矿主，苦了真正想买翡翠的消费者。

景气好的时候，真是眉开眼笑，月收入上百万元没问题。但是景气不好的时候，店家比客人多，没客人时就你看我我看你，不然就上上网喝喝茶，消费者真的怕了，连很多店家都认为翡翠玩过火了。从事翡翠交易30年的摩老师斩钉截铁地说，翡翠拐点了。从2011年10月起经济开始下滑，中高端翡翠有行无市（几十万元到上百万元），低端翡翠就是卖一些几百上千元低档的旅游送礼市场。越来越多店家的资金被套在货里，一两年内应该就会有撑不住的商家倒闭或赔本抛售，毕竟翡翠不是民生必需品。

所谓翡翠跌价，也就是店家利润压缩降低几成，甚至不赚钱。首当其冲是单价在几十万元到上百万元的产品，由于经济收入减少，身边现金为王，投资欲望降低，想要卖出去就得降价求售。光是这两个月，要找满绿老坑玻璃种手镯的人还真不少，这意味着身价几亿以上的人，几千万元的手镯是不会让他皱个眉头或心痛半下。至于几百元的低档翡翠，一直不会受影响，行情再差也会有一堆人买。股票基金、房地产、金融业对珠宝业有指标作用，你问我翡翠行情何时能复原，买气何时能回升，我只能大唱“大约在冬季”。

## 2020年翡翠的未来展望

历经了经济空前的低迷，这几年来翡翠市场几乎就是跌跌撞撞。几位好朋友都大叹翡翠生意难做。我们宏观看了国内几个翡翠批发市场、珠宝城，收摊的收摊，转租还不见得有人接手，大家大叹不如归去。现场来到广州的华林寺附近，许多店家拉下铁门，开店的店家也在等待顾客上门。难道说翡翠就这样没落下去吗？其实大家也不要太悲观，许多店家都有长期的老客户，这是长期辛苦经营与售后服务结果。另外改变思路加入微商或直播行列，相信也可以吸引一些游离客户。因为赚钱不容易，以往大客户买翡翠大多送礼，转变成现在自用的模式，消费者精打细算，总是想找性价比高的翡翠甚至捡漏。翡翠到如今的确部分无色冰到糯种白翡有下行趋势，另外少了很多经销商的环节，通过微商与直播大大降低翡翠售价。这两年消费者真的感受到翡翠价格不再像以前那么爆涨，很多真正的买家也陆续进场，回到温和的消费模式。自己买给自己收藏，当然就会杀很低的价，商家可以卖也可以不卖。很多商家摆摊好久没成交，经过一次两次或多次斡旋，最后都会下调利润脱手。展望未来，个人相信，不会更好，也不至于太坏。有钱人追求的是玻璃种到冰种阳绿的手镯或蛋面与吊坠。这几年很多大师也受到不景气影响，也开始销售小几万元的玉雕翡翠。大家都在求生存与转型，为的就是打长期抗战，减少不必要的开销，把开店面转变成工作室或会所。有些人也不摆摊了，省掉人力与租金，有客户要再拿出来给他们面交。另外许多人到台湾收一些 80 ~ 90 年代的翡翠，刚开始还可以赚一些钱，现在几乎收不到了，价钱也非常透明无法捡漏。

玉雕工厂还是把早期赚来的钱努力囤积原石，相信好的原石只会越来越少，不会越来越多，的确在 2018 年的缅甸公盘，许多老行家都这么认为，好货一年不如一年，有好货就抢着收，走入这一行想改行还真困难。对于许多市井小民，小几百元到几千元的翡翠市场一直不受经济影响，这是最接地气的消费。要注意的是挑选无绺裂与黑色杂质，至于棉肉眼不可见即可。毕竟想用几千元买到高质量的翡翠，就算是行家也很难达成您的愿望。

个人建议收藏家与爱好者，要提升自己的眼光和鉴赏力，多收一些有创意、特色的吊坠，是否是大师制作的并不用太多琢磨。除了绿色翡翠外，紫罗兰、黄加绿、春带彩、墨翠、黄翡、红翡可以依照自己的兴趣按比例投入收藏。个人更提倡以翡翠会友，更多志同道合的人一起欣赏品味翡翠的真善美，这是在个人事业外，艺术涵养的呈现，通过翡翠结识各行各业的同好。

## 投资翡翠去哪卖

几乎买翡翠的人都会有自用兼投资的想法，以后我投资的翡翠去哪卖呢？能赚钱吗？以台湾十几年前为例，买了翡翠后，几乎没有管道回收，假使有回收也是很低价位赔本卖。台湾银楼基本上不收其他店家卖出去的翡翠，一方面不太懂货的真假（B 货太多），就算收购也是不到市价 1/3 ~ 1/4 的价位。看到很多学生拿翡翠要脱手的，不是卖价太贵

翡翠福贝挂件（图片提供 志臻翡翠）

就是质量太差。究其原因就是对翡翠的鉴赏能力不足，种不好、水头不足、色不均、杂质多，雕工简单或太差，镶嵌工太差或款式老旧，另外是当初购买时不懂行，金额过高。大多数人只能找有钱的亲友帮忙，在半买半帮助的情况下脱手。

**⊙ 转卖亲友**

一开始玩翡翠，都是一种机缘与冲动，看到别人买就想跟着买。也不太懂翡翠的鉴赏与行情价位，更不会看真假与有无处理，就下手买了。这段时间几乎都是在花钱买经验。再怎么经验老到的人，也会有看走眼的时候，买回来卖不掉。玩翡翠通常是一群人，尤其是一群同事或是社团朋友，很多人刚接触翡翠，会对你的收藏有兴趣，就可以趁此机会脱手。翡翠没有二手老旧问题，如果表面没光泽或磨损，通过重新抛光，就可以跟新的一样。如果是翡翠 K 金戒台变色重新电镀就可以完好如初。卖货给亲友通常不敢卖太高价钱，因为怕被说闲话，亲友有时候是喜欢你的翡翠跟你买，有时候是因为你遇到困难（经商失败或是小孩出国留学缺钱）想帮你渡过难关。笔者的学生也常遇到这种事，经常遇到经商失败的朋友，把手边的翡翠珠宝拿出来卖，只卖他当时买的时候的价钱。我会跟她说，钱在你口袋，如果你真喜欢这一批翡翠，也是多年姐妹淘，那就伸出援手帮帮她。至于价钱，就看自己能力能出多少，毕竟不是每一个人都懂翡翠行情，买贵都有可能。也可以跟她说，钱先拿去用，东西先寄放在我这里欣赏，改天等你手头方便，再拿回去当传家宝。如果她是用这借口在卖珠宝，你当然不需要去帮她，因为天助自助者，老是用这种烂招老梗，只会被识破成为亲友与乡里间的笑谈。

⊙ 典当行

在内地各地都有典当行，可以去买翡翠，当然也可以去卖翡翠。台湾当铺收翡翠的店家并不是每一间都有，要看他们的专业经验与规模。品相好的，他们当然不会错失良机，但要是不“对庄”（喜欢），档次太低的，不是不收就是出一个相当低的价格让你欲哭无泪。很多人不知道爷爷奶奶的传家宝的价值，甚至有些只是玛瑙与染色的手镯，自始至终都以为超级珍贵，遇到家庭变故缺钱，需要拿出来典当时才知道一文不值。当然典当翡翠在规定时间内，按月缴利息，就可以把它赎回来。如果您当初买的时候眼光好，现在拿去典当行周转现金，应该会有不错的价钱。因为这几年翡翠价格涨得太快了。典当行的好处就是可以马上拿到钱周转，不像拍卖行需要几个月时间展览与一些佣金提成及保管、保险费用。

⊙ 拍卖行

如果您早年（十几二十年前）收藏的色种好水头足的好翡翠，如今的价值早就可以让你下半辈子高枕无忧了。手边有这么多的好货，怎样才能卖到好价钱呢？当然首选送拍卖行。国内外知名的拍卖公司，国外有苏富比、佳士得。国内有保利、荣宝斋、翰海、匡时、甄藏、华南国际拍卖等。送拍程序每一家都是大同小异，都是要先送选，通过评选后，再评估底价与鉴定。之后会再拍照制作图录，各地城市预展，最后就是拍卖。整个过程需要三个月至半年，不管是否拍卖出去，都会收取图录费用与保险费用。如果拍卖成功，也会收取拍卖价 10% ～ 15% 的提成。如果您不急着用钱，确实可以通过拍卖行的途径销售，往往比自己亲友介绍或者是珠宝店介绍的客户价钱要高出许多。缺点是如果没有卖出去，也得付出一笔小费用，自己可以先衡量自己的翡翠是否能拍出去再做决定。

⊙ 珠宝店

当初您在哪家珠宝店买的，现在就回去问问它要不要回收。它若愿意现金收，而且用之前购买价 3 ～ 5 倍的价钱回收，那代表当时你买的时候眼光不错。如果连回收都不回收，代表你当初买的翡翠不怎样。翡翠这十几年来中高档货品的涨幅基本上有 3 ～ 5 倍，冰种或玻璃种质量的随便都有 10 ～ 20 倍。如果自己没有人脉，也不知道如何脱手，回去找当初购买的珠宝店比较快。我有一个学生当初买几块老坑满色翡翠，前年店家打电话说要买回去，以三倍价钱回收。如果是你，你会卖吗？她心里想，现在如果去买都得上百万元了，我怎么可能二三十万元卖给你呢？还是继续收藏吧，反正不缺钱。我二十五年前卖掉几个三彩玻璃种翡翠镯子，当初卖一只才八九千元，现在十倍价钱我也敢买回来，因为这样的手镯最少可以估到一两百万元。如果珠宝店熟识，也可以放在那边寄卖，给对方一个底价，卖高就归珠宝店。至于如何定价钱，可以问问玩翡翠的朋友，也可以跟珠宝店商谈。如果价钱超过好几百万元的翡翠，可以等珠宝店找客户来看时带过去，这样自己也比较安心。

⊙ 翡翠社团（网络论坛）

现在网络上有很多珠宝翡翠论坛，有的是收藏家，也有刚入门新手，还有很多都是老板。一开始可以发表意见，也可以分享自己的收藏经验，熟了之后大家可以约见面，看看各家的收藏，这都是经验与知识交流。新手可以在此学到一些选购知识与杀价技巧，也可以知道自己买的贵不贵。在这里千万不要怕别人笑，当然老鸟（资深者）也不要取笑刚入门的人。刚进到论坛里面，要主动打招呼，说自己住哪，从事什么工作，请前辈多多指教。多看看别人的交谈与留言，若不懂专有名词要发问，看看哪位大哥最热心回答问题，哪位是来捣乱的，只要留意一星期大概就可以看出来。不要一下子就要贴卖自己的宝贝，可以先请前辈帮你看看自己的收藏，值多少钱。过一段时间后可以通过论坛看谁想收这宝贝。论坛里，很多都是识途老马，真假都看得懂，价格也很清楚，只要是好货，相信都会有人想收藏。双方面只要看得情投意合，就可以握手成交。现代人需善用手机各种功能，qq、微信、微博、快速传递照片等，走到哪拍到哪传到哪，问价钱、看质量、与朋友分享成果都行。如果还不会用，就得花点时间学习。

翡翠吊坠

冰种雪花棉赫赫有名挂件（图片提供 莲叶翡翠）

翡翠万佛朝宗摆件（图片提供 莲叶翡翠）

# 致谢

《行家这样买翡翠（珍藏版）》能顺利付梓，首先要感谢文化发展出版社社长武赫与肖贵平及孙烨老师与全体工作同人的协助，让《行家这样买翡翠》断了三年的书可以修正再版。同济大学乔鑫研究生夜以继日地协助编辑，让这本书能顺利付梓。七年多来翡翠市场的变化，不得不将一些不合时宜的内容删除，并且增加许多内容。感谢刘天琳、魏丽娟助理，一起到瑞丽与姐告考察市场。莲叶翡翠老总叶剑兄在瑞丽与姐告接待。SUBARU老总周振刚兄的一路相伴，多年来还是一直挺小弟。吴时壁兄在瑞丽翡翠原石照片的协助。为这本书修订，再次到广州、平洲、四会、揭阳、瑞丽、姐告、曼德勒考察翡翠市场，将最新状态呈现给各位读者。这本书要感谢中国地质大学（北京）珠宝学院余晓艳教授、河北地质大学宝石学院院长王礼胜教授、广州钻石交易中心总经理梁伟章博士拨冗斧正内文并撰写推荐序，让晚辈能发现更多的缺失订正，谢谢你们。感谢全国珠宝玉石标准技术委员会副秘书长王曼君女士、欧阳秋眉老师、云南省珠宝玉石质量总监研究院邓昆院长对于文中文献的贡献与指导。

感谢玉雕大师王朝阳、王俊懿、叶金龙、黄福寿、张炳光，珠宝设计师张漫、刘明明（大树）、王月要、黄湘晴、郑敏聪，提供这么精彩的玉雕与翡翠设计作品，李存福先生提供机雕设备发展过程图文、魏丽娟提供翡翠摄影图文，分享给广大的读者。

感谢瑞丽俊宏缘珠宝、腾冲艺盛和翡翠、北京泰隆珠宝、聚玉轩、天归藏、翠祥缘、翠灵轩、台北邹六老师、吴照相、吴琮任、崔奇铭、林书弘、同济大学宝石学教育中心（TGI）、北京仁玺斋、云宝斋、腾冲小李、罗加佳、遗宅堂、雅特兰珠宝施进条、大曜珠宝蔡庆祥理事长、上海吴君、厦门GRACE、上海阙雨、徐翡翠徐翔、台北典华翡翠、翠大大珠宝、香港翡翠妹、上海胜子珠宝、陈玉蝉、志臻翡翠、勐拱翠翠、甄藏拍卖、吉品珠宝、莲叶翡翠、金玉满堂、乐石珠宝、延砡珠宝等，还有不想具名的朋友提供精彩照片，谢谢大家。

感谢家人对我的支持，感谢他们总是在我心灰意冷时不断地支持，感谢所有支持我的粉丝。由衷地感谢大家，祝福大家身体健康，家庭快乐，事业有成，升官发财。

2019.9.于台北

# 参考文献

[1].叶剑、善文、王海波.翡翠，还能涨多久[J].翡翠界，2011(1)：22-27.

[2].李连举.翡翠为何如此疯狂[J].翡翠界，2011(1)：28-31.

[3].西格尔、彭觉.翡翠上涨四大因素[J].翡翠界，2011(1)：32-34.

[4].刀磊.东方金钰对局 翡翠软着陆[J].翡翠界，2011(1)：36-39.

[5].刘海鸥、摩休.翡翠拐点到了[J].翡翠界，2011(1)：40-44.

[6].张竹邦.腾冲翡翠盛衰因由[J].翡翠界，2011(1)：89-93.

[7].摩休.危急关头，翡翠业如何应对[J].翡翠界，2012(2)：39.

[8].王曼君.翡翠分级国家标准简析[J].翡翠界，2012(2)：46-49.

[9].严军.翡翠的4C2T1V[J].翡翠界，2012(2)：50-53.

[10].摩休.翡翠级别样标之翡翠价值标准框架[J].翡翠界，2012(2)：54-57.

[11].若选、夏奕海.揭阳态度[J].翡翠界，2012(3)：48-49.

[12].包尔吉.玉雕比赛评什么[J].翡翠界，2012(3)：77-79.

[13].刀刀.姐告玉城实业为何逆势火爆[J].翡翠界，2012(3)：102-103.

[14].玉石学国际学术研讨会论文集编委会.玉石学国际学术研讨会论文集[J].北京：地质出版社，2011：389.

[15].邓昆.翡翠评价等级来了[J].翡翠界，2012(2)：58-62.

[16].西格尔.让标准成为定价的基础[J].翡翠界，2012(2)：68-70.

[17].袁净.商业民主的猜想[J].翡翠界，2012(2)：94-102.

[18].金玉满堂栏目.翡翠遇冷[J].翡翠界，2012(2)：110-112.

[19].四水归堂柳柳.批量翡翠的高质量摄影[J].翡翠界，2012(2)：144-147.

[20].汤惠民.辉玉的矿物学研究[D].台湾大学地质研究所硕士论文，1996：67

[21].吴磊.缅甸玉地产状与特征[J].吴照明珠宝学刊，1991(3)：63-66.

[22].华国津、张代明.玉雕设计与加工工艺[M].昆明：云南科技出版社，2011：164.

[23].奥岩.玉成壹心——中国玉石雕刻大师——王俊懿[M].北京：地质出版社，2010：307.

[24].郭颖.翡翠收藏入门百科[M].长春：吉林出版集团有限责任公司，2007：287.

[25].包德清、杨明星.翡翠商贸[M].武汉：中国地质大学出版社，2010：169.

[26].郭颖.翡翠图鉴[M].北京：化学工业出版社，2011：129
[27].李永广、李峤.翡翠玩家必备手册[M].北京：中国书局，2012：202.
[28].万珺.讲翡翠收藏[M].长沙：湖南美术出版社，2010：116.
[29].万珺.鉴识翡翠[M].福州：福建美术出版社，2006：76.
[30].林益弘.钙镁铁辉石之拉曼光谱研究[J].台北：台湾大学地质研究所硕士论文，1995：74.
[31].欧阳秋眉、严军.翡翠——实用翡翠学[M].上海：学林出版社，2011：236.
[32].欧阳秋眉、严军.翡翠选购[M].上海：学林出版社，2011：230.
[33].肖永福.翡翠精品鉴赏[M].昆明：云南科技出版社，2010：139.
[34].肖永福、饶之帆.翡翠鉴赏与投资[M].昆明：云南科技出版社，2010：107.
[35].胡楚雁.翡翠大讲堂[M].昆明：云南人民电子音像出版社.
[36].张竹邦.勐拱翡翠经[M].昆明：云南人民出版社，2007：240.
[37].姜云宝.怎样购买翡翠[M].长沙：湖南美术出版社，2011：135.
[38].徐军.赌石珠宝玉石投资[M].昆明：云南人民出版社有限责任公司，2010：84.
[39].江镇城.翡翠原石之旅[M].林玉琴出版，1996：256.
[40].摩休.摩休识翠[M].昆明：云南美术出版社，2010：176.
[41].袁心强.应用翡翠宝石学[M].武汉：中国地质大学出版社，2009：256.
[42].苏富比珠宝拍卖图录（2007~2012）
[43].佳士得珠宝拍卖图录（2007~2012）

## 推荐翡翠珠宝杂志

[1].《珠宝商情》台北+886-2-23250020
[2].《珠宝世界》台北+886-2-27477749
[3].《中国宝石》北京010-58276035
[4].《芭莎珠宝》北京010-65871720
[5].《中国翡翠》0871-3177621